21世纪高等学校土木建筑类
创新型应用人才培养规划教材

工程力学 （第二版）

陈云信　编著

U0249956

WUHAN UNIVERSITY PRESS
武汉大学出版社

图书在版编目(CIP)数据

工程力学/陈云信编著.—2版.—武汉：武汉大学出版社,2017.2(2023.7
重印)
21世纪高等学校土木建筑类创新型应用人才培养规划教材
ISBN 978-7-307-12122-5

Ⅰ.工…　Ⅱ.陈…　Ⅲ.工程力学—高等学校—教材　Ⅳ.TB12

中国版本图书馆 CIP 数据核字(2017)第 013033 号

责任编辑:胡　艳　　　责任校对:汪欣怡　　　版式设计:马　佳

出版发行:**武汉大学出版社**　　(430072　武昌　珞珈山)
　　　　　(电子邮箱:cbs22@ whu.edu.cn　网址:www.wdp.com.cn)
印刷:武汉中科兴业印务有限公司
开本:787×1092　1/16　印张:20.75　字数:503 千字　　插页:1
版次:2013 年 4 月第 1 版　　2017 年 2 月第 2 版
　　2023 年 7 月第 2 版第 3 次印刷
ISBN 978-7-307-12122-5　　定价:40.00 元

再 版 前 言

为了适应新时期计算工具及计算技术高度发展的情况，在课程内容、习题和例题的编排上降低了对计算能力的要求，删减了一些对提高学生素质并不重要的内容。将有限的学时用于加强基础，重视概念的拓宽与更新。在工程力学教学中引入有限元 ANSYS 软件，分析研究教学中的一些疑难问题，其强大的数值计算和直观的图形显示功能，能将抽象的概念形象生动地表现出来，使得学生更易于理解和掌握该课程的基本概念，同时也拓宽了视野，培养了兴趣，也为学生今后走上工作岗位应用有限元技术解决工程实际问题打下良好的基础。

编 者

2016 年 11 月

前　　言

　　工程力学是高等学校建筑学、城市规划、交通工程、工业设计、工程管理、环境工程、水利水电工程、包装等专业的重要技术基础课程，是将理论应用到工程实际中的一座重要桥梁。工程力学为上述各专业后续专业课的应用和拓展奠定了很强的理论基础，也为大学生毕业后运用力学知识，在实际工作中正确使用、维护、保养机械设备和建造公路与桥梁，正确分析和解决生产中相关的力学问题提供了知识上的保证，对提高大学生的实际操作水平和技术应变能力都具有至关重要的作用。

　　近年来，随着高等教育改革的不断深入，工程力学的课程内容、体系、学时等各种因素也在变化中，作者根据工业设计、建筑学、交通工程、环境工程等相关专业的教学实际需要编写了本教材。本教材综合了理论力学、材料力学、结构力学等基础力学知识，在编写过程中，注重基本概念、基本理论，但不过分强调理论及公式推导，而更注重结合工程实例，应用其基本计算方法解决工程实际中的计算问题，以加强学生工程意识的培训。本教材编写力求做到取材合理、内容紧凑、结构严谨、叙述简明、深入浅出、计算方法演示简捷，示例精典，本教材各章后配置了适量的思考题与习题，有助于读者掌握相关力学知识。

　　工程力学的内容是经典而实用的。多年的教学实践告诉我们，工程力学的学习不可一蹴而就，必须经过必要的时间积累和基本技能的训练，才能掌握工程力学的基本内容，为后续专业课的学习夯实基础。同时工程力学学习对于启迪学生们的思维也非常有益，在崇尚素质教育的当下，作者认为，学习好工程力学是最有效的素质教育之一。一个小小的杆件模型，对应于非常多的工程结构：小到一根轴，大到一艘船、一幢高楼等，其间无不凝聚着力学先驱者的奇思妙想，构成了工业文明进程的一个缩影。因此，本教材着力突出工程力学的基本内容和相应的工程背景，并保持基本理论的通用性和完整性，避免知识点的跳跃。

　　根据本课程学时少(64学时)、涉及面较广以及内容较多等特点，作者在编写中力求重点突出、简明扼要、通俗易懂；在论述中，力求概念准确、条理清晰、层次分明；在论证方法上，注意贯彻理论联系实际的原则，运用深入浅出的表述方法。

　　本教材在编写过程中，注意突出以下几个方面：

　　一、以应用型人才培养为目标，坚持加强基础并拓宽学生知识面的原则，并吸取同类教材的精华，重点把握教材的科学性、系统性和实用性。理论推导严谨、文字表述简明。

　　二、重组教学内容，优化课程体系，突出重点，加强前后内容的贯通与一致性；对传统的工程力学教科书的结构和内容进行了调整、更新和充实，例如将静力学的平面汇交力系、平面力偶系、平面任意力系归纳成平面力系，其为静力学的重点；将弯曲内力、弯曲应力、弯曲变形归纳在一章，其为材料力学的重难点；利用平面结构的几何组成和静定结构的内力分析的紧密关系，将常规教材的平面任意力系中的实用计算桁架部分和平面结构的几何组成安排在一起，构成了相关专业需要的结构力学的知识点。

　　三、材料力学部分着力突出基本内容及相应的工程背景，并保持基本理论的通用性和完整性，避免知识点的跳跃，这样更便于教与学。知识体系是以杆件的基本变形到杆件的组合变形为主线，讲述材料的力学性能、内力、应力应变与变形，分析杆件的强度、刚度及稳定性。

　　四、通用性，如统一将弯矩图绘制在梁的受拉侧，这对于机械类专业的后续课程毫无影响，也与土木建筑工程专业的后续课程有良好的衔接，并辅以不同类型的例题和习题，使之能适合建筑学、城市规划、交通工程、工业设计、工程管理、环境工程、水利水电工程、包装等专业的教学需求。

　　五、结合教学心得，在关键问题上采用启发式陈述方式，以便学生在较短时间内掌握相关内容，继而培养他们独立思考问题的能力和创新能力。

　　本教材由陈云信主编，石晓东主审。各章具体编写分工如下：

　　夏燕编写第 1 章；陈云信编写第 2 章~第 14 章及附录。

　　本教材在编写过程中得到了江汉大学力学教研室的全体同仁的支持和帮助，参考了许多专家的相关著作、兄弟院校的教材以及相关文献资料，其中主要资料已列入本书的参考文献，在此谨向各位作者表示由衷的感谢！

　　编写本教材时，运用辩证唯物主义阐述力学基本规律，贯彻理论联系实际，在反映工业设计、建筑学、环境工程、交通工程相关专业的需求方面，做了一些努力。但因时间仓促，并限于作者的水平，本教材缺点、错误在所难免，恳请各位同行专家和广大读者不吝赐教，以便今后改进。

作　者

2016 年 9 月

目　　录

第1章　绪论 ⋯⋯⋯⋯⋯⋯⋯⋯⋯⋯⋯⋯⋯⋯⋯⋯⋯⋯⋯⋯⋯⋯⋯ 1

1.1　工程力学在实际工程中的应用 ⋯⋯⋯⋯⋯⋯⋯⋯⋯ 1

1.2　工程力学的研究内容 ⋯⋯⋯⋯⋯⋯⋯⋯⋯⋯⋯⋯⋯ 6

1.3　工程力学的研究方法 ⋯⋯⋯⋯⋯⋯⋯⋯⋯⋯⋯⋯⋯ 7

1.4　有限元软件 ANSYS 在工程力学中的应用 ⋯⋯⋯⋯ 7

　　思考题与习题 1 ⋯⋯⋯⋯⋯⋯⋯⋯⋯⋯⋯⋯⋯⋯⋯⋯ 8

第2章　静力学基础 ⋯⋯⋯⋯⋯⋯⋯⋯⋯⋯⋯⋯⋯⋯⋯⋯⋯⋯ 9

2.1　静力学基本概念 ⋯⋯⋯⋯⋯⋯⋯⋯⋯⋯⋯⋯⋯⋯⋯ 9

2.2　静力学公理 ⋯⋯⋯⋯⋯⋯⋯⋯⋯⋯⋯⋯⋯⋯⋯⋯ 10

2.3　约束与约束力 ⋯⋯⋯⋯⋯⋯⋯⋯⋯⋯⋯⋯⋯⋯⋯ 12

2.4　物体的受力分析和受力图 ⋯⋯⋯⋯⋯⋯⋯⋯⋯⋯ 17

　　思考题与习题 2 ⋯⋯⋯⋯⋯⋯⋯⋯⋯⋯⋯⋯⋯⋯⋯ 22

第3章　平面力系 ⋯⋯⋯⋯⋯⋯⋯⋯⋯⋯⋯⋯⋯⋯⋯⋯⋯⋯ 24

3.1　平面汇交力系合成与平衡的几何法 ⋯⋯⋯⋯⋯⋯ 24

3.2　平面汇交力系合成与平衡的解析法 ⋯⋯⋯⋯⋯⋯ 27

3.3　平面力对点之矩的概念及计算 ⋯⋯⋯⋯⋯⋯⋯⋯ 32

3.4　平面力偶理论 ⋯⋯⋯⋯⋯⋯⋯⋯⋯⋯⋯⋯⋯⋯⋯ 36

3.5　平面任意力系的简化 ⋯⋯⋯⋯⋯⋯⋯⋯⋯⋯⋯⋯ 40

3.6　平面任意力系的平衡条件和平衡方程 ⋯⋯⋯⋯⋯ 46

3.7　平面平行力系的平衡方程 ⋯⋯⋯⋯⋯⋯⋯⋯⋯⋯ 48

3.8　物体系的平衡　静定和静不定问题 ⋯⋯⋯⋯⋯⋯ 50

　　思考题与习题 3 ⋯⋯⋯⋯⋯⋯⋯⋯⋯⋯⋯⋯⋯⋯⋯ 55

第4章　空间力系 ⋯⋯⋯⋯⋯⋯⋯⋯⋯⋯⋯⋯⋯⋯⋯⋯⋯⋯ 62

4.1　空间汇交力系 ⋯⋯⋯⋯⋯⋯⋯⋯⋯⋯⋯⋯⋯⋯⋯ 62

4.2　力对点的矩和力对轴的矩 ⋯⋯⋯⋯⋯⋯⋯⋯⋯⋯ 65

4.3　空间力系的平衡方程及其应用 ⋯⋯⋯⋯⋯⋯⋯⋯ 69

4.4　重心 ⋯⋯⋯⋯⋯⋯⋯⋯⋯⋯⋯⋯⋯⋯⋯⋯⋯⋯⋯ 71

　　思考题与习题 4 ⋯⋯⋯⋯⋯⋯⋯⋯⋯⋯⋯⋯⋯⋯⋯ 75

第 5 章　摩擦 ·· 78
　5.1　滑动摩擦 ·· 78
　5.2　考虑摩擦时物体的平衡问题 ·································· 81
　5.3　摩擦角和自锁现象 ·· 83
　5.4　滚动摩阻的概念 ·· 86
　　思考题与习题 5 ··· 89

第 6 章　平面结构的几何组成及静定桁架的内力计算 ············ 92
　6.1　几何组成分析的目的 ·· 92
　6.2　平面体系的自由度 ·· 93
　6.3　几何不变体系的组成规则 ···································· 96
　6.4　几何组成分析举例 ·· 97
　6.5　平面静定桁架的内力计算 ···································· 99
　　思考题与习题 6 ··· 104

第 7 章　材料力学概述 ····································· 107
　7.1　材料力学的任务 ··· 107
　7.2　变形固体及其基本假设 ····································· 108
　7.3　杆件变形的形式 ··· 109
　　思考题与习题 7 ·· 112

第 8 章　轴向拉伸与压缩 ··································· 113
　8.1　轴向拉伸与压缩的概念和实例 ······························ 113
　8.2　轴向拉伸或压缩时横截面上的内力与应力 ···················· 114
　8.3　材料在拉伸与压缩时的力学性能 ···························· 120
　8.4　许用应力与强度条件 ······································· 127
　8.5　胡克定律与拉(压)杆的变形 ································ 131
　8.6　简单拉(压)静不定问题 ···································· 135
　　思考题与习题 8 ·· 138

第 9 章　剪切 ··· 142
　9.1　剪切的概念与实例 ··· 142
　9.2　剪切与挤压的实用强度计算 ································· 143
　　思考题与习题 9 ·· 150

第 10 章　扭转 ·· 153
　10.1　扭转的概念和实例　外力偶矩的计算 ······················ 153
　10.2　扭矩与扭矩图 ·· 155
　10.3　圆轴扭转时横截面上的应力与强度条件 ···················· 157

10.4　圆轴扭转时的变形与刚度条件 ·························· 163

10.5　非圆截面的扭转问题 ································· 165

10.6　圆轴扭转变形的有限元分析 ·························· 167

思考题与习题 10 ······································· 171

第 11 章　弯曲变形 ······································ 175

11.1　平面弯曲的概念与实例　梁的基本形式 ················ 175

11.2　平面弯曲时梁横截面上的内力 ······················ 177

11.3　剪力图和弯矩图 ································· 180

11.4　剪力、弯矩与分布载荷之间的关系 ··················· 185

11.5　平面弯曲时梁横截面上的正应力 ····················· 189

11.6　弯曲正应力的强度条件 ···························· 193

11.7　平面弯曲时梁横截面上的切应力简介 ·················· 195

11.8　实际工程中的弯曲变形问题 ·························· 201

11.9　积分法计算梁的变形 ······························ 203

11.10　用叠加法计算梁的变形 ··························· 208

11.11　梁的刚度条件和简单超静定梁 ······················ 212

11.12　梁的有限元分析 ································ 218

思考题与习题 11 ······································· 227

第 12 章　应力状态与强度理论 ······························ 236

12.1　应力状态的概念 ································· 236

12.2　二向应力状态下的应力分析 ·························· 241

12.3　三向应力状态简介 ······························· 247

12.4　广义胡克定律 ·································· 249

12.5　强度理论简介 ·································· 252

思考题与习题 12 ······································· 257

第 13 章　组合变形 ······································ 261

13.1　实际工程中的组合变形问题 ·························· 261

13.2　弯曲与拉伸(或压缩)的组合变形 ····················· 262

13.3　扭转与弯曲的组合变形 ···························· 266

思考题与习题 13 ······································· 269

第 14 章　压杆的稳定计算 ································· 273

14.1　实际工程中压杆的稳定性问题 ······················· 273

14.2　细长压杆的临界力 ······························· 275

14.3　欧拉公式的适用范围　临界应力的经验公式 ············· 279

14.4　压杆的稳定计算 ································· 281

14.5　提高压杆稳定性的措施 ···································· 282

14.6　压杆的有限元分析 ··· 284

　　　思考题与习题 14 ·· 288

附录 I　截面的几何性质 ··· 293

附录 II-1　梁在简单载荷作用下的变形表 ······················ 300

附录 II-2　常用型钢规格表 ······································ 302

参考答案 ·· 314

参考文献 ·· 322

第1章 绪 论

工程力学是一门基础课程，研究自然界普遍存在的机械运动的规律，是自然科学的重要组成部分。工程力学又是许多应用科学的基础，广泛应用于建筑交通、工业设计、航空航天、能源工程、机械工程、材料科学、环境工程、生物医学等领域。

1.1 工程力学在实际工程中的应用

1.1.1 工程力学与建筑交通

从遥远的古石器时代到如今日益发达的社会，力学总是和人类的发展与进步息息相关。人类在远古时代就开始制造各种器物，如弓箭、房屋、舟楫以及乐器等，这些都是简单的结构。随着社会的进步，人们对于结构设计的规律以及结构的强度和刚度逐渐有了认识，并且积累了经验，这表现在古代建筑的辉煌成就中，如古埃及的金字塔，中国的万里长城、赵州桥、北京故宫，等等。建筑工程根据功能需求，选定所需材料，明确计算荷载，确定结构特点。所谓结构，是指采用一定的建筑材料，按照一定的力学原理和力学规律而构成的建筑物骨架。一幢建筑物，首先要确定的是骨架，使其满足功能、建筑经济与建筑艺术的要求，而建筑物骨架的核心问题是力学计算。任何建筑物处于自然空间之中，故结构要考虑自然"力场"的作用，还要考虑人为的"力场"作用。这些力是地心引力、风力、地震力、雪压力、各种车辆作用力，等等。工程力学合理地分析整体结构、局部构件的受力性能，研究整体结构与局部构件受力关系以及传力路线。工程力学为整体结构造型、局部构件截面形状提供了科学的依据。工程力学为合理选择建筑材料，充分发挥材料特性提供了科学依据，如砖、石耐压，悬索只能承拉，而钢筋混凝土利用了钢筋承拉、混凝土承压的特性。工程力学为建筑施工过程中机械强度的计算和合理操作提供了依据。工程力学也为建筑经济效益作出贡献。

图 1-1 是一个单层工业厂房承重骨架的示意图，单层工业厂房由屋面板、屋架、吊车梁、柱子及基础等构件组成，每一个构件都起承受和传递荷载的作用。如屋面板承受着屋面上的荷载并通过屋架将荷载传递给柱子，吊车荷载通过吊车梁将荷载传递给柱子，柱子将其受到的各种荷载传递给基础，最后将荷载传递给地基。

屋面板、屋架、吊车梁、柱子怎样合理搭配材料，使得结构既经济又满足使用要求？——需要掌握结构的力学性质；根据什么选择材料？选择多大的材料？——需要掌握材料的力学性质。组成结构的基本构件满足要求时，由构件组成的结构是否也满足要求？——需要进行力学分析。

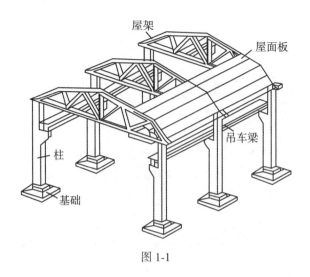

图 1-1

如图 1-2 所示的悬索桥，其主要承重结构为悬索，以拉力为主，通常使用抗拉能力强的材料。建筑物材料的选取应得当，这对建筑物质量和性能将产生本质的影响。不同的材料有着不同的强度、刚度、稳定性及疲劳破损等，在实际工程应用中要通过各种计算软件及实验进行模拟，使材料在实际环境中安全正常的工作。一些大型桥梁建筑中使用的钢结构梁和拉杆等，在长期的负载作用下如何保持结构的受力均衡和稳定，在建造过程中的步骤和难点都应该预计到，如钢筋混凝土的选择，斜拉杆的分布及个数的多少，这些都对实际工程的施工和寿命具有影响。所以在实际工程建造前必须有着严密的计算分析与可能出现情况的充分准备及解决方案。这些与工程力学是分不开的。

图 1-2

工厂车间里，起吊重量只有 5t 的吊车，如图 1-3(a) 所示，通过改进装置，结果就吊起了 10t 的重物，如图 1-3(b) 所示，这是因为采取了提高吊车梁弯曲强度的措施。

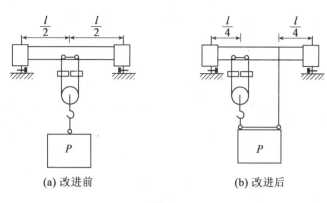

(a) 改进前　　　　　　　　(b) 改进后

图 1-3

　　1912 年 4 月 14 日晚，从英国的南安普敦首航美国纽约的"泰坦尼克"号撞上了一座巨大的冰山而沉入海底，除了船速太快以外，这艘船的铆钉质量太差可能是导致这场海难的主要原因。据相关考查资料，当时冰山不是直接撞在"泰坦尼克"号上的，而是冰山的尖端与船壳钢板相擦，钢板受到强大的剪切与挤压应力。在船壳受到冰山挤压时，壳体钢板间的铆钉承受了极大的剪切应力。这样，即使船体钢板质量再好，但铆钉材料不能抗高剪切应力，也会造成同样的断裂结果。调查发现，船上铆钉的材料力学性能试验数据是在室温下做的，而这些铆钉由于内在质量的原因，在零度以下的破坏应力要远低于室温下的破坏应力。因此，铆钉承受的高剪切应力造成船体裂缝，且长达 6 个船舱，而按设计，如果海水仅进入 4 个船舱，船是不会沉没的，但在 6 个船舱都进满水后，船体的头尾失去了平衡，头重尾轻，船体尾部翘起引起船从中部弯曲断裂，最后沉入大西洋底，如图 1-4所示。

图 1-4

　　如图 1-5 所示，平面弯曲带式输送机是根据力学平衡原理而设计的新型、高效煤矿运输设备。平面弯曲带式输送机是一种由若干曲线段和直线段组成，既能改变运行方向，又可实现长距离输送的胶带机。带式输送机在弯曲段，由于胶带具有张力，因此弯曲段外侧部分受力较大，使得输送带在转弯处外侧始终有向内侧跑偏的倾向。因此为使胶带机在转弯处正常运行，必须使托辊对胶带的横向推力与胶带张力所产生的向心力相平衡。

另外，输送带在带式输送机中既是承载构件又是牵引构件，输送带不仅要有承载能力，还要有足够的抗拉强度。输送带由带芯(骨架)和覆盖层组成，其中覆盖层又分为上覆盖胶，边条胶，下覆盖胶。

图 1-5

1.1.2 工程力学与工业设计

工业产品设计是研制工业产品过程的重要组成部分和第一环节。工业产品设计综合利用现代科学技术的成果，以系统工程的方法，用工程语言(图纸和技术文件)的形式指导工业产品的制造、实验和使用。同时，工业产品设计也是研究工业产品设计理论、方法和设计过程的一门综合性技术学科。

根据上述工业产品设计的定义可知，许多工业产品的设计都与力学相关。这项工作中可能用到的力学知识是非常多的，如静力学、结构力学、材料力学等。对于设计不同的产品或产品的不同部件，设计者将会遇到的力学知识内容也是不同的。

自行车辐条：自行车辐条虽不是绳索，但因其细长，事实上只能受拉、不能受压。自行车辐条内端通过轮毂、轴承与车轴连接，外端通过钢圈(轮圈)与车胎连接。车架上所承受的垂直荷载传递到车轴上，使车轴有向下(变形或位移)的倾向。但车胎与地面接触，除了适量的弹性变形外，车胎不可能陷入地面中去。如果不考虑钢圈的变形，也不考虑辐条的预紧，车轴要向下而地面和钢圈又不能再向下的必然结果是：在整圈辐条中，只有上半圈的辐条在承受拉力，而且离垂直位置越近的(也就是越上面的)辐条承受的拉力越大；下半圈的辐条全部处于松弛状态。

工作座椅：19 世纪中期以前，西方银行和邮局白领职员一直是站着工作的，后来雇主认为他们坐着工作可能效率更高，从此开始坐下上班。那么，座椅应当多高？座面和靠背应当设计成什么形状？座椅应当倾斜多大角度？表面应当采用什么材料？这些问题并不是由艺术设计决定的，而是由人体椎间盘所受压力而决定的。纳何森发现，椎间盘受到的压力大约等于椎间盘所承受人体重量垂直分量的 1.5 倍。如果以垂直站立时，椎间盘的压力为 100%，那么平躺时椎间盘受力为 24%，躯干笔直坐时椎间盘受力为 140%，向前倾斜弯腰坐时椎间盘受力为 190%，换言之，坐姿式下椎间盘受力比站立时受力大。当靠背倾斜 120°、座面倾斜 14°时，椎间盘和肌肉活动处在最有利条件，座椅舒服可以提高工作效率 24%。

根据这一研究结果，在座椅设计中既要求满足各种坐姿，又要减少脊柱承担的体重。上体重量大约是人体重量的一半，双臂和双肩占人体重量的 15%。座椅靠背和扶手可以帮助减轻椎间盘负担。相关研究表明，扶手可以减轻 25%~40% 的腰部受力。当靠背倾斜 20°时，座椅靠背可以承受 47% 的人体上半身重量。美国伊姆斯(Charles Eames)设计的著名软垫座椅如图 1-6 所示。

图 1-6

关于工程力学与产品的形态美有如下两方面：

(1)均衡与稳定是造型美的形式法则之一，均衡与稳定均来自于力学中的概念。

(2)形态的视觉心理感受与强度、刚度的合理性具有深刻的潜在联系。

因为均衡与稳定的造型法则来源于人们对事物安稳、可靠的心理要求，是由物体在重力作用下的平衡状态直接得来的。因为在力学上合理的物体视觉上也使人顺眼和舒服。如图 1-7(a) 的受力比图 1-7(b) 合理，在视觉上图 1-7(a) 也令人舒服。

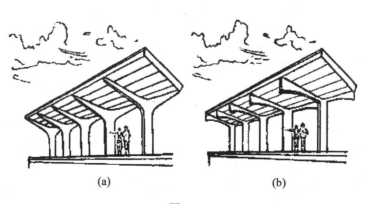

(a)   (b)

图 1-7

人们在生产和生活的实践中，可以发现许许多多力学与美学结合的巧妙奇迹！即使在遥远的古代，人类也知道和需要美，以举世闻名的河北省赵县的赵州桥为例。该桥为李春创于隋大业初年，是一座空腹式的圆弧形面拱桥，净跨 37.02m，宽 9m，拱高 7.23m。赵州桥的设计构思和艺术造型可以说是达到了力学与美学角度的和谐统一。在力学的自然现象以及人类行为的力学效应中，有一种自然美，这类自然美，可以常见于例如地应力的分布，土坡的圆弧滑动，以及表示裂隙光体渗透性的渗透椭圆等自然界力学现象中。

蓝天中的飞机，碧水中的海船，绿地上的汽车，那赏心悦目的流线外形由于阻力的减小，极大地提高了飞机、海船、汽车的运行速度。力学与美学形成了一个和谐的统一体。达·芬奇为 0.618 黄金分割是美的原则，比例 1∶1.618 是形式美的基本规律，人类正是利用了这个规律创造了美的奇迹，驰名世界的埃及胡夫金字塔其高度与宽度之比为 1∶1.6；风姿妩媚的爱神"维纳斯"和刚毅健美的太阳神"阿波罗"塑像，下肢与其身高之比例接近于 1∶1.6。在力学中已经证明，从圆木中切取矩形截面梁，从强度上考虑，最优的宽高比则为 $1∶\sqrt{2}$。而从梁的刚度出发，最优的宽高比为 $1∶\sqrt{3}$。我国宋朝李诚在《营造法式》一书中，巧妙地规定矩形截面的宽高比为 1∶1.5，李诚既考虑了梁的强度，也考虑了梁的刚度，$\sqrt{2}<1.5<\sqrt{3}$，更重要的是，他认为这更接近于黄金分割点。

1.2 工程力学的研究内容

1.2.1 实际工程中的力学问题

在工农业生产、建筑、交通运输、航空航天、化工等工程中，广泛地运用各种机械设备和工程结构，它们都是由若干个基本的零部件按照一定的规律组成的，这些零部件称为构件。当机械工作时，组成机械的各构件都会受到来自外部和内部的力的作用。这些力在工程中称为载荷。

在载荷的作用下，构件可能处于平衡状态或运动状态，同时构件也发生变形，这些变形可能是伸长或缩短，可能是弯曲，甚至是断裂等。由于构件的尺寸、材料等不同，构件的承载能力也不同。例如，起重机的横梁，若载荷过大，则横梁会断裂，起重机无法工作；机床的主轴若变形过大，将造成齿轮之间不能正常啮合，从而影响工件的加工精度，所有这些问题都是构件的承载能力问题。此外，在机械工程中也需要分析物体的运动状态，分析力与运动状态改变的关系。本书将为分析和解决这些问题提供必要知识和方法。

1.2.2 工程力学的主要内容和任务

工程力学是一门研究物体机械运动一般规律和有关构件的强度、刚度、稳定性理论的科学，工程力学包括静力学、材料力学、结构力学的有关内容，内容极其广泛，本书所述的是工程力学的基础内容。

静力学：研究物体在力作用下的平衡规律。即物体平衡时作用力应满足的条件、物体的受力分析方法。

材料力学：研究构件在外力作用下的受力、变形和破坏规律，解决构件的强度、刚度和稳定性问题，为机械零部件确定合理的材料、截面形状和尺寸，为达到既安全又经济的目的提供理论基础。结构力学是主要研究工程结构受力和传力规律，以及如何进行结构优化的学科。

工程力学的研究对象及模型，实际问题中构件的形状多种多样，任何物体在外力的作用下都要发生形变，根据问题的不同角度，将实际问题简化为不同的模型，当研究物体整体的运动，物体的大小和形状不影响所研究的问题时，可以将其视为质点。如地球绕太阳的公转运动；当研究物体平衡问题时，可以将其视为刚体，如起重机横梁的平衡问题；当研究物体受力作用产生变形效果时，物体就不能视为刚体，这时应将其视为变形固体，如起重机横梁的变形问题。质点、刚体、变形固体是理想化模型，相关概念将会在后续章节中介绍。

1.3 工程力学的研究方法

工程力学和其他任何学科一样，就其研究方法而言，都不可能离开人们认识过程的客观规律。工程力学的研究方法是：从实践出发或通过实验观察，经过抽象、综合、归纳，建立公理、提出基本假设，运用数学推理得到定理和结论，然后再通过实践来验证理论的正确性，再回到实践中指导实践。

（1）观察和实验是理论发展的基础。

（2）在观察和实验的基础上，用抽象的方法建立力学模型；如图 1-8(a) 所示为发动机原理图，如图 1-8(b) 所示为建立的力学模型。

（3）在建立力学模型的基础上，根据公理、定律和基本假设，借助数学工具，通过演绎、推理的方法，考虑到问题的具体条件，得到各种形式的具有物理意义和实用价值的定理和结论。

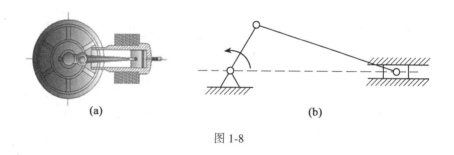

(a)　　　　　　　　　　　(b)

图 1-8

1.4 有限元软件 ANSYS 在工程力学中的应用

ANSYS 软件是美国 ANSYS 公司研制的大型通用有限元分析(FEA)软件，是世界范围内增长最快的计算机辅助工程(CAE)软件，能与多数计算机辅助设计(computer aided design, CAD)软件接口，实现数据的共享和交换，如 Creo, NASTRAN, Alogor, I-DEAS, AutoCAD 等。ANSYS 是融结构、流体、电场、磁场、声场分析于一体的大型通用有限元分析软件。在核工业、铁道、石油化工、航空航天、机械制造、能源、汽车交通、国防军工、电子、土木工程、造船、生物医学、轻工、地矿、水利、日用家电等领域有着广泛的应用。ANSYS 功能强大，操作简单方便，现在已成为国际最流行的有限元分析软件。

ANSYS 软件主要包括三个部分：前处理模块、分析计算模块和后处理模块。

前处理模块提供了一个强大的实体建模及网格划分工具，用户可以方便地构造有限元模型；分析计算模块包括结构分析(可进行线性分析、非线性分析和高度非线性分析)、流体动力学分析、电磁场分析、声场分析、压电分析以及多物理场的耦合分析，可模拟多种物理介质的相互作用，具有灵敏度分析及优化分析能力。

后处理模块可将计算结果以彩色等值线显示、梯度显示、矢量显示、粒子流迹显示、立体切片显示、透明及半透明显示(可看到结构内部)等图形方式显示出来，也可将计算结果以图表、曲线形式显示或输出。

通过采用 ANSYS 的数值仿真技术与工程力学紧密结合，利用 ANSYS 软件可对工程力学例题进行模拟分析，模拟显示构件轴向拉压变形、剪切变形、扭转变形、弯曲变形、应力状态、组合变形、压杆稳定等相关内容；充分利用 ANSYS 的强大功能和形象的图形显示特点，使抽象枯燥的内容变得生动、形象、直观；使学生能更加形象化地理解力学知识，加深学生对力学知识的理解，并培养学生的空间想象力、形象思维能力和计算机应用能力。

思考题与习题 1

1. 试举例说明工程力学在实际工程中的应用。
2. 谈谈日常生活中的力学问题。
3. 阐述工程力学的研究方法。

第2章 静力学基础

静力学是研究物体受力及平衡的一般规律的科学。静力学理论是从生产实践中总结出来的，是人们对工程结构构件进行受力分析和计算的基础，在实际工程技术中有着广泛的应用。静力学主要研究以下三个问题：

(1)物体的受力分析；

(2)力系的等效替换与简化；

(3)力系的平衡条件及其应用。

本章介绍刚体与力的概念以及静力学公理，并阐述实际工程中常见的约束和约束力的分析。最后介绍物体的受力分析及受力图，物体的受力分析是解决力学问题的重要环节。

2.1 静力学基本概念

2.1.1 力与力系的概念

力是物体之间相互的机械作用。这种作用使物体的机械运动状态发生变化或使物体的形状发生改变，前者称为力的外效应或运动效应，后者称为力的内效应或变形效应。在静力学中只研究力的外效应。相关实践表明，力对物体的作用效果取决于力的三个要素：(1)力的大小；(2)力的方向；(3)力的作用点。因此力是矢量，且为定位矢量，如图2-1所示，用有向线段 AB 表示一个力矢量，其中线段的长度表示力的大小，线段的方位和指向代表力的方向，线段的起点(或终点)表示力的作用点，线段所在的直线称为力的作用线。

在静力学中，用 F 表示力矢量，用 F 表示力的大小。

在国际单位制中，力的单位是牛顿(N)或千牛(kN)。

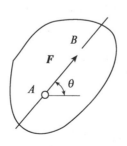

图 2-1

平衡是指物体在力系作用下相对于惯性参考系处于静止或作匀速直线运动的状态。

力系是指作用在物体上的一群力。若对于同一物体，有两组不同力系对该物体的作用效果完全相同，则这两组力系称为等效力系。一个力系用其等效力系来代替，称为力系的等效替换。用一个最简单的力系等效替换一个复杂力系，称为力系的简化。若某力系与一个力等效，则这个力称为该力系的合力，而该力系的各力称为这个力的分力。

2.1.2 刚体的概念

刚体是指受力作用后不变形的物体，是静力学中对一些工程构件进行抽象化后的理想的力学模型。在实际工程中，如钢、铸铁、混凝土、木材、陶瓷等常用的构件材料均有足够的抵抗变形的能力，这些材料所制成的构件在受力后产生的变形是极其微小的。构件的这些微小变形对研究物体的平衡问题来说可以忽略不计。如汽车发动机中的齿轮轴轴承，在其运转过程中齿轮轴的微小弯曲对两端轴承受力的影响极小。在研究齿轮轴的受力时忽略轴的变形因素，使问题得以简化，从而将齿轮轴视为不变形的"刚体"。相关实践证明，在静力学中把所研究的物体抽象为刚体，可以使实际工程问题大大简化，而且计算结果也足够精确。应注意，能否将物体抽象为刚体应视解决问题的性质而定，即刚体的应用是有范围和条件的，在静力学范围内，物体可以视为刚体。

2.2 静力学公理

公理是人们在生活和生产实践中长期积累的经验总结，又经过实践反复检验，被确认是符合客观实际的最普遍、最一般的规律。静力学公理概括了力的基本性质，是建立静力学理论的基础。

公理 2.1(力的平行四边形规则) 作用在物体上同一点的两个力，可以合成为一个合力。合力的作用点也在该点，合力的大小和方向，由这两个力为邻边构成的平行四边形的对角线确定，如图 2-2(a)所示。或者说，合力矢等于这两个力矢的几何和，即

$$F_R = F_1 + F_2 \tag{2-1}$$

应用上述公理求两汇交力合力的大小和方向(即合力矢)时，可以由任一点 O 起，另作一力三角形，如图 2-2(b)、(c)所示。力三角形的两个边分别为力矢 F_1 和 F_2，第三边 F_R，即代表合力矢，而合力的作用点仍在汇交点 A。

公理 2.1 表明了最简单力系的简化规律，公理 2.1 是复杂力系简化的基础。

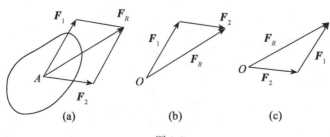

(a) (b) (c)

图 2-2

公理 2.2(二力平衡条件) 作用在刚体上的两个力，使刚体处于平衡的充要条件是：这两个力大小相等，方向相反，且作用在同一直线上，如图 2-3 所示。这两个力的关系可以用矢量式表示 $\boldsymbol{F}_1 = -\boldsymbol{F}_2$。

公理 2.2 揭示了作用于刚体上的最简单的力系平衡时所必须满足的条件。

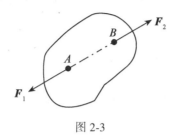

图 2-3

只受到两个力作用平衡的构件称为二力构件或二力杆，根据二力平衡条件，二力杆两端所受两个力大小相等、方向相反，作用线为沿两个力的作用点的连线。如图 2-4 所示。

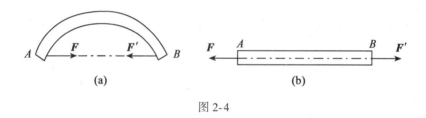

(a)   (b)

图 2-4

公理 2.3(加减平衡力系原理) 在已知力系上加上或减去任意的平衡力系，不改变原力系对刚体的作用。亦即，如果两个力系只相差一个平衡力系或几个平衡力系，则这两个力系对刚体的作用是相同的，因此可以等效替换。

公理 2.3 是研究力系等效变换与简化的重要依据。根据上述公理 2.3 可以导出下列推论：

推论 2.1(力的可传性) 作用于刚体上某点的力，可以沿着这个力的作用线滑移到刚体内任意一点，且不改变该力对刚体的作用效果。

证明：设在刚体上点 A 作用有力 $\boldsymbol{F}$，如图 2-5(a) 所示。根据加减平衡力系公理，在该力的作用线上的任意一点 B 加上平衡力 $\boldsymbol{F}_1$ 与 $\boldsymbol{F}_2$，且使 $\boldsymbol{F}_2 = -\boldsymbol{F}_1 = \boldsymbol{F}$，如图 2-5(b) 所示，由于 $\boldsymbol{F}$ 与 $\boldsymbol{F}_1$ 组成平衡力，可以去除，故只剩下力 $\boldsymbol{F}_2$，如图 2-5(c) 所示，即将原来的力 $\boldsymbol{F}$ 沿其作用线移到了点 B。

由此可见，对刚体而言，力的作用点不是决定力的作用效应的要素，力的作用点已为作用线所代替。因此作用于刚体上的力的三要素是力的大小，方向和作用线。作用于刚体上的力可以沿着其作用线滑移，这种矢量称为滑移矢量。

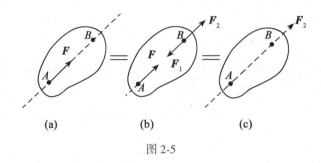

图 2-5

推论 2.2(三力平衡汇交定理)　若刚体受三个力作用而平衡，且其中两个力的作用线相交于一点，则这三个力必共面且汇交于同一点。

证明：刚体受三力 F_1、F_2、F_3 作用而平衡，如图 2-6 所示。根据力的可传性，将力 F_1 和 F_2 移到汇交点 O，并合成为力 F_{12}，则力 F_3 应与力 F_{12} 平衡。根据二力平衡条件，力 F_3 与力 F_{12} 必等值、反向、共线，所以力 F_3 必通过 O 点，且与力 F_1、F_2 共面，推论得证。

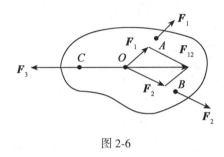

图 2-6

公理 2.4(作用力与反作用力定律)　作用力与反作用力总是同时存在，两力的大小相等、方向相反，且沿着同一直线，分别作用在两个相互作用的物体上。若用 F 表示作用力，F' 表示反作用力，则 $F = -F'$。

公理 2.4 概括了物体之间相互作用的关系，表明作用力与反作用力总是成对出现的。由于作用力与反作用力分别作用在两个物体上，因此，不能视为平衡力系；公理 2.4 是单个物体平衡问题过渡到几个物体组成的系统的平衡问题的桥梁。

2.3　约束与约束力

物体按照运动所受限制条件的不同可以分为两类：自由体与非自由体。自由体是指物体在空间内可以有任意方向的位移，即运动不受任何限制。如空中飞行的炮弹、飞机、人造卫星等。非自由体是指在某些方向的位移受到一定限制而不能随意运动的物体，如在轴承内转动的转轴、汽缸中运动的活塞等。

约束是指用以限制物体某一方向运动的装置。实际工程中的机器或结构，总是由许多零部件组成的。这些零部件按照一定的形式相互连接，它们之间的运动必然互相限制。从工程结构中取出任一个物体作为研究对象，这个物体将是一个运动受到限制或约束的物体，称为非自由体或被约束体。例如，汽车发动机中由轴承支承的曲轴、发动机缸套中的活塞等，其运动均受到相应的限制，都属于非自由体。实际工程中的绝大多数构件为非自由体。约束是针对非自由体而言的。实际工程中约束的形式多种多样，可能是地面、基础、轨道，也可能是一些其他物体，如螺栓、轴承、绳索等。

既然约束阻碍着物体的位移，即约束能够起到改变物体运动状态的作用，所以约束对物体的作用实际上就是力，这种力称为约束力。因此，约束力的方向必与该约束所能够阻碍的位移方向相反。应用这个准则，可以确定约束力的方向或作用线的位置。至于约束力的大小则是未知的。在静力学问题中，约束力和物体受到的其他已知力（称主动力）组成平衡力系，因此可以用平衡条件求出未知的约束力。

现将常见的约束类型及其约束力分述如下：

2.3.1 具有光滑接触表面的约束

物体受到光滑平面或曲面的约束称为光滑面约束。这类约束不能限制物体沿约束表面切线位移，只能限制物体沿接触表面法线并指向约束的位移。因此约束力作用在接触点，方向沿接触表面的公法线，并指向被约束物体，如图 2-7、图 2-8 所示。

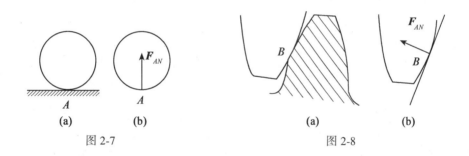

图 2-7　　　　　　　　　　　　　图 2-8

下面讨论几种情况：

（1）物体的尖端与光滑面接触：约束力沿约束表面的法线方向，如图 2-9(a)所示。

（2）物体的光滑表面与尖端约束接触：约束力沿物体表面的法线方向，如图 2-9(b)所示。

（3）物体的尖端与约束的尖槽接触：约束力的方向不定，用两个垂直分量表示，如图 2-9(c)所示。

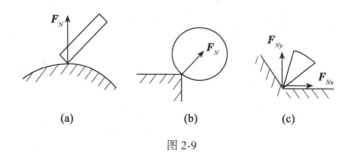

图 2-9

2.3.2 柔索约束

由绳索、链条、皮带等所构成的约束统称为柔索约束，这种约束的特点是柔软易变形，柔索约束给物体的约束力只能是拉力。因此，柔索对物体的约束力作用在接触点，方向沿柔索且背离物体。如图 2-10 所示。

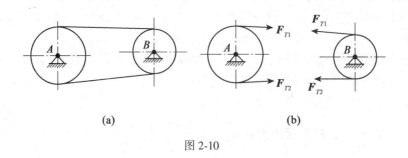

(a)   (b)

图 2-10

2.3.3 光滑铰链约束

光滑铰链约束包括向心轴承、圆柱形铰链和固定铰链支座等。

1. 向心轴承(径向轴承)

如图 2-11(a)所示为轴承装置，可以绘制成如图 2-11(c)所示的简图。轴可以在孔内任意转动，也可以沿孔的中心线移动；但是，轴承阻碍着轴沿径向向外的位移。忽略摩擦，当轴和轴承在某点 A 光滑接触时，轴承对轴的约束力 F_A 作用在接触点 A，且沿公法线指向轴心，如图 2-11(b)所示。随着轴所受的主动力不同，轴和孔的接触点的位置也随之不同。所以，当主动力尚未确定时，约束力的方向预先不能确定。然而，无论约束力朝向何方，约束力的作用线必垂直于轴线并通过轴心。这样一个方向不能预先确定的约束力，通常可以用通过轴心的两个大小未知的正交分力 F_{Ax}、F_{Ay} 来表示，如图 2-11(b)或(c)所示，力 F_{Ax}、F_{Ay} 的指向暂时可以任意假定。

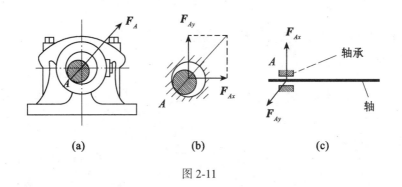

(a)   (b)   (c)

图 2-11

2. 圆柱铰链

如图 2-12(a)、(b)所示，在两个构件 A、B 上分别有直径相同的圆孔，再将一直径略小于孔径的圆柱体销钉 C 插入该两构件的圆孔中，将两构件连接在一起，这种连接称为铰链连接，两个构件受到的约束称为光滑圆柱铰链约束。受这种约束的物体，只能绕销钉的中心轴线转动，而不能相对销钉沿任意径向方向运动。这种约束实质上是两个光滑圆柱面的接触(见图 2-12(c))，其约束力作用线必然通过销钉中心并垂直圆孔在 D 点的切线，约束力的指向和大小与作用在物体上的其他力有关，所以光滑圆柱铰链的约束力的大小和方向都是未知的，通常用大小未知的两个垂直分力表示，如图 2-12(d)所示。光滑圆柱铰链的简图如图 2-12(e)所示。

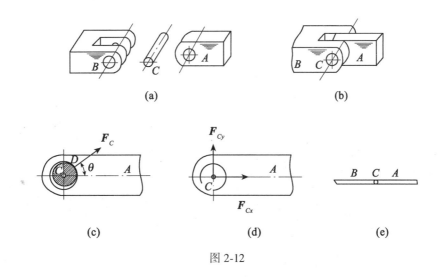

图 2-12

3. 固定铰链支座

固定铰链支座可以认为是光滑圆柱铰链约束的演变形式，两个构件中有一个固定在地面或机架上，其结构简图如图 2-13(b)所示。这种约束的约束力的作用线也不能预先确定，可以用大小未知的两个垂直分力表示，如图 2-13(c)所示。

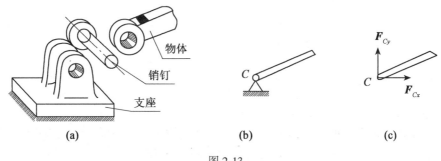

图 2-13

2.3.4 滚动支座

在桥梁、屋架等工程结构中经常采用滚动支座约束，如图 2-14(a)所示为桥梁采用的滚动铰支座，这种支座可以沿固定面滚动，常用于支承较长的梁，滚动铰支座允许梁的支承端沿支承面移动。因此这种约束的特点与光滑接触面约束相同，约束力垂直于支承面指向被约束物体，如图 2-14(c)所示。

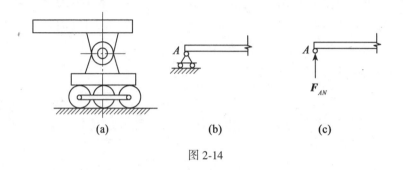

图 2-14

2.3.5 球形铰支座

物体的一端为球体，能在球壳中转动，如图 2-15(a)所示，这种约束称为球形铰支座，简称球铰。球铰能限制物体任何径向方向的位移，所以球铰的约束力的作用线通过球心并可能指向任一方向，通常用过球心的三个互相垂直的分力 F_{Ax}、F_{Ay}、F_{Az} 表示，如图 2-15(c)所示。

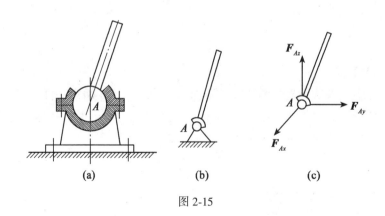

图 2-15

2.3.6 止推轴承

止推轴承与径向轴承不同，止推轴承除了能限制轴的径向位移以外，还能限制轴沿轴向的位移。因此，止推轴承比径向轴承多一个沿轴向的约束力，即其约束力有三个正交分量 F_{Ax}、F_{Ay}、F_{Az}。止推轴承的简图及其约束力如图 2-16 所示。

以上只介绍了几种简单约束，在实际工程中，约束的类型远不止这些，有的约束比较复杂，分析时需要加以简化或抽象化，在以后的章节中，我们将再作进一步介绍。

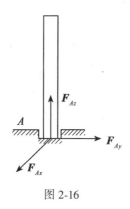

图 2-16

2.4 物体的受力分析和受力图

力是人们生活、工作中遇到最多的一种现象，在实际工程设计中，常常要对被设计的构件作受力分析，以便构件的设计更具有科学性。以下就几种产品的受力进行分析。

将所研究的物体或物体系统从与其联系的周围物体或约束中分离出来，并分析该物体受几个力作用，确定每个力的作用位置和力的作用方向，这一过程称为物体受力分析。物体受力分析过程包括以下两个主要步骤：

（1）确定研究对象，取出分离体。待分析的某物体或物体系统称为研究对象。明确研究对象后，需要解除该物体受到的全部约束，将其从周围的物体或约束中分离出来，单独绘制出相应简图，这个步骤称为取分离体。

（2）绘制受力图。在分离体图上，绘制出研究对象所受的全部主动力和所有去除约束处的约束力，且标明各力的符号及受力位置，这样得到的表明物体受力状态的简明图形，称为受力图。下面举例说明受力图的绘制方法。

[**例 2-1**] 匀质小球重 **W**，用绳索系住，并靠在光滑的斜面上，如图 2-17(a)所示，试绘制出小球的受力图。

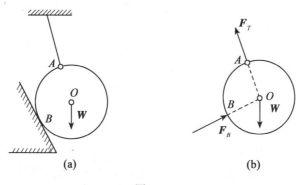

(a)   (b)

图 2-17

解：(1)以匀质小球为研究对象，取分离体。

(2)绘制主动力。有地球的引力 **W**。

(3)绘制约束力。小球与外界在两个地方有接触，A 处为柔索约束，只能承受拉力；B 处为光滑面约束，经过 B 点沿公法线方向，指向小球。小球的受力图如图 2-17(b) 所示。

[例 2-2]　如图 2-18(a)所示结构由两弯杆 ABC 和 DE 构成。构件重量不计，试绘制出弯杆 ABC 和 DE 的受力图。

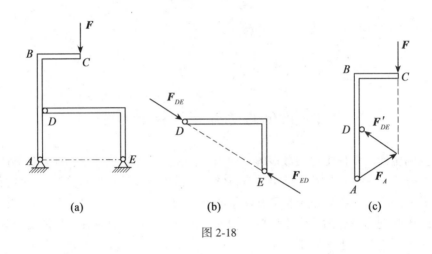

图 2-18

解：(1)以构件 DE 为研究对象，因构件重量不计，构件 DE 只在 D、E 两点受到铰链约束，构件 DE 为二力构件，受力图如图 2-18(b)所示。其中 D 处铰链约束的施力物体是弯杆 ABC。

(2)以构件 ABC 为研究对象，受主动力 **F** 作用，构件 ABC 在铰链 D 处受有构件 DE 给该构件的约束力 F'_{DE} 的作用，根据作用力与反作用力定律，$F'_{DE} = -F_{DE}$；力 F'_{DE} 与 **F** 交于一点，由三力汇交定理可以确定支座 A 处的约束力，受力图如图 2-18(c)所示。

[例 2-3]　试分别绘制出图 2-19(a)所示圆及杆 AB 的受力图。

解：以圆为研究对象，取分离体；首先绘制重力 **P**，然后判断圆与外界在 D、E 两点相接触，并且均属于光滑面约束，利用典型约束的约束力的特征，绘制出受力图如图 2-19(b)所示；其中 E 点受到的力的施力物体是 AB 杆。以杆 AB 为研究对象，取分离体；E 点处与圆接触，由作用与反作用定律，判断其方向；BC 是二力构件，方向可以确定，A 点为固定铰链约束，用分力表示，绘制出受力图如图 2-19(c)所示；A 点的约束力方向也可以由三力汇交定理来确定，请读者自行绘制受力图。

[例 2-4]　如图 2-20(a)所示结构，试绘制出 AD、BC 的受力图。

解：以 BC 为研究对象，取分离体；BC 是二力构件，约束力沿 B、C 两点连线方向，画出受力图如图 2-20(b)所示；

以 AD 为研究对象，取分离体；首先绘制出主动力 **P**，然后判断 AD 与外界在 A、C 两点相接触，由作用力与反作用力原理，判断 C 点处约束力方向，由三力汇交定理来确定 A 点的约束力方向，绘制出受力图如图 2-20(c)所示；也可以用分力来表示 A 点的约束力方

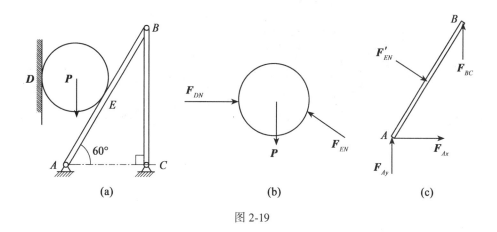

图 2-19

向，绘制出受力图如图 2-20(d)所示。

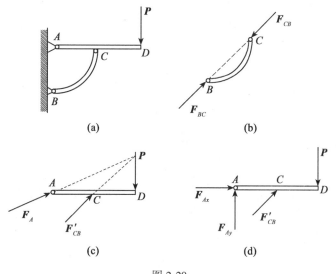

图 2-20

[**例 2-5**]　如图 2-21(a)所示平面构架，由杆 *AB*，*DE* 及 *DB* 铰接而成。钢绳一端拴在点 *K* 处，另一端绕过定滑轮 Ⅰ 和动滑轮 Ⅱ 后拴在销钉 *B* 上。重物的重量为 *P*，各杆和滑轮的自重不计。(1)试分别绘制出各杆，各滑轮，销钉 *B* 以及整个系统的受力图；(2)绘制出销钉 *B* 与滑轮 Ⅰ 一起的受力图；(3)绘制出杆 *AB*，滑轮 Ⅰ，滑轮 Ⅱ，钢绳和重物作为一个系统时的受力图。

　　解：(1)以杆 *DB*(*B* 处为不带销钉的孔)为研究对象，取分离体；*DB* 是二力构件，约束力沿 *D*、*B* 两点连线方向，绘制出受力图如图 2-21(b)所示。

　　(2)以杆 *AB*(*B* 处仍为不带销钉的孔)为研究对象，取分离体；与外界在 *A*、*B*、*C* 三点相接触，*A* 处为滚轴支座约束，可以确定约束力方向；*B*、*C* 处均为铰链约束，约束力用分量的形式表示，其中 *B* 点处的施力物体是销钉 *B*，绘制出受力图如图 2-21(c)所示。

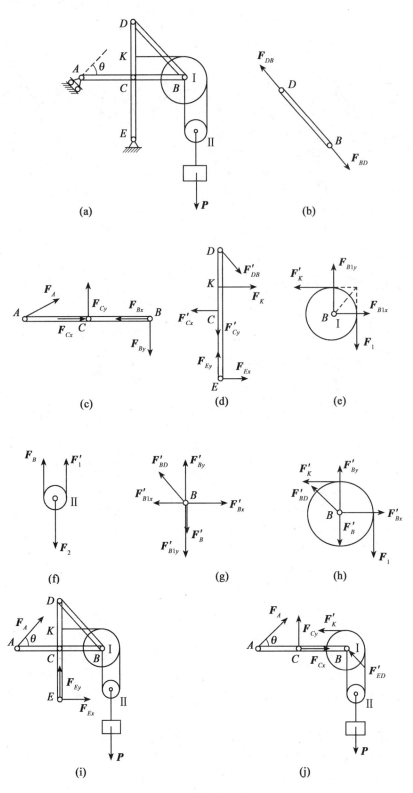

图 2-21

(3)以杆 *DE* 为研究对象，取分离体；*DE* 与外界在点 *D*、*K*、*C*、*E* 四处相接触；其中点 *K* 处为绳索约束，只能承受拉力，可以确定约束力方向向右；点 *D* 处的力是 F_{DB} 的反作用力；点 *C*、*E* 均为铰链约束，约束力用分量的形式表示，绘制出受力图如图 2-21(d)所示。

(4)以轮 I 为研究对象(*B* 处为不带销钉的孔)，取分离体；轮 I 有两处绳索约束，*B* 为铰链约束，绘制出受力图如图 2-21(e)所示。

(5)以轮 II 为研究对象，取分离体；绘制出受力图如图 2-21(f)所示。

(6)以销钉 *B* 为研究对象，取分离体；销钉 *B* 与 *DB*、*AB*、轮 I、轮 II 之间有相互作用，绘制出受力图如图 2-21(g)所示。

(7)以销钉 *B* 与滑轮 I 一起为研究对象。绘制出受力图如图 2-21(h)所示，研究组合体时，不绘制物体之间相互作用的内力。

(8)以整体为研究对象。绘制出受力图如图 2-21(i)所示。研究整体时，不绘制物体之间相互作用的内力。

(9)杆 *AB*，滑轮 I，II 以及重物、钢绳(包括销钉 *B*)一起的受力图。如图 2-21(j)所示。

2.4.1 工程结构进行受力分析的步骤

(1)根据问题的需要，选定其中的某个构件或某几个构件的组合体作为研究对象，把研究对象从整体中分离出来，绘制出其简图，称为取分离体。

(2)其次绘制出已知的主动力。

(3)最后逐个解除约束，代之相应的约束力，便得到表示物体受力的简图，称为受力图。

2.4.2 绘制物体受力图主要步骤为

(1)选择研究对象。

(2)取分离体。

(3)绘制上主动力。

(4)绘制出约束力。

2.4.3 绘制受力图应注意的问题

(1)不要漏画力。除重力、电磁力外，物体之间只有通过接触才有相互机械作用力，应分清研究对象(受力体)都与周围哪些物体(施力体)相接触，接触处必有力，力的方向由约束类型而定。

(2)不要多画力。应注意力是物体之间的相互机械作用。因此对于受力体所受的每一个力，都应能明确地指出这个力是哪一个施力体施加的。

(3)不要画错力的方向。约束力的方向必须严格地按照约束的类型绘制，不能单凭直观或根据主动力的方向简单推想。在分析两物体之间的作用力与反作用力时，应注意，作用力的方向一旦确定，反作用力的方向一定要与之相反，不要把箭头方向画错。

(4)受力图上不能再带约束。即受力图一定要绘制在分离体上。

(5)受力图上只画外力，不画内力。一个力，属于外力还是内力，因研究对象的不同，有可能不同。若将物体系统拆开来分析，原系统的部分内力就成为新研究对象的外力。

（6）同一系统各研究对象的受力图必须整体与局部一致，相互协调，不能相互矛盾。对于某一处的约束力的方向一旦设定，在整体、局部或单个物体的受力图上要与之保持一致。

（7）正确判断二力构件。

思考题与习题 2

1. 为什么说二力平衡条件、加减平衡力系原理和力的可传性等都只能适用于刚体？
2. 什么叫做二力构件？试分析二力构件受力时与构件形状有无关系。
3. 试绘制出如图 2-22 所示的杆 AB 的受力图。

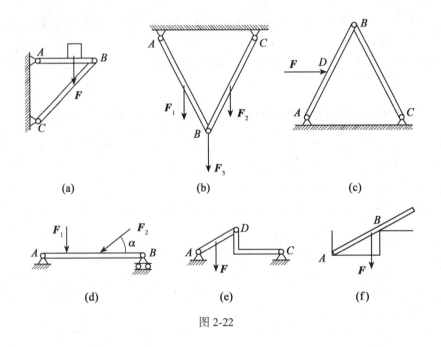

(a)　　　　　　　　(b)　　　　　　　　(c)

(d)　　　　　　　　(e)　　　　　　　　(f)

图 2-22

4. 试绘制出如图 2-23 所示物块 B、球 A 及滑轮 C 的受力图。

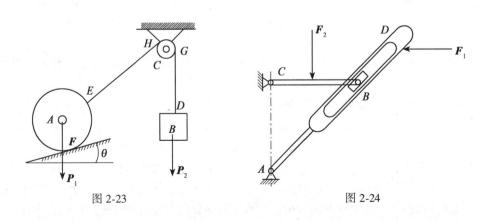

图 2-23　　　　　　　　　　　　　　图 2-24

5. 如图 2-24 所示结构, 试绘制 *AD*、*BC*、系统整体的受力图。

6. 如图 2-25 所示支架由杆 *AB*、*CD*、*AO* 组成, 杆 *CD* 在点 *E* 的销钉搁在杆 *AB* 的光滑槽上, 试绘制各杆受力图。

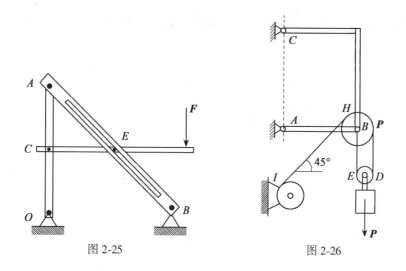

图 2-25   图 2-26

7. 重为 *P* 的重物悬挂在滑轮支架系统上, 如图 2-26 所示。设滑轮的中心 *B* 与支架 *ABC* 相连接, *AB* 为直杆, *BC* 为曲杆, *B* 为销钉。若不计滑轮与支架的自重, 试绘制:

(1)各构件的受力图;

(2)整体的受力图。

第3章　平面力系

平面力系是各力的作用线分布在同一平面内的力系。平面汇交力系与平面力偶系是两种简单力系，是研究复杂力系的基础。平面一般力系是指位于同一平面内的各力的作用线既不汇交于一点，也不都相互平行的情况。

3.1　平面汇交力系合成与平衡的几何法

平面汇交力系是指各力的作用线都在同一平面内且汇交于一点的力系。

3.1.1　平面汇交力系合成的几何法、力多边形规则

设汇交于 A 点的汇交力系由 n 个力 F_1，F_2，$\cdots$，F_n 组成。根据力的三角形法则，将各力依次合成，即：$F_1+F_2=F_{R1}$，$F_{R1}+F_3=F_{R2}$，$\cdots$，$F_{R(n-1)}+F_n=F_R$，F_R 为最后的合成结果，即原力系的合力。将各式合并，则汇交力系合力的矢量表达式为

$$F_R=F_1+F_2+\cdots+F_n=\sum F_i \tag{3-1}$$

以平面汇交力系为例说明简化过程，如图 3-1(a)所示，作用在刚体上的 4 个力 F_1、F_2、F_3 和 F_4 汇交于点 O，如图 3-1(b)所示。为求出通过汇交点 O 的合力 F_R，连续应用力三角形法则得到开口的力多边形 $abcde$，最后力多边形的封闭边矢量 ae，就确定了合力 F_R 的大小和方向，这种通过力多边形求合力的方法称为力多边形法则。必须注意，这个力多边形的矢序规则为：各分力的矢量沿着环绕力多边形边界的同一方向首尾相接。由此组成的力多边形 $abcde$ 有一缺口，故称为不封闭的力多边形，而合力矢则应沿相反方向连接该缺口，构成力多边形的封闭边。多边形规则是一般矢量相加(几何和)的几何解释。根据矢量相加的交换律，任意变换各分力矢的作图次序，可得形状不同的力多边形，但其合力矢 F_R 仍然不变，如图 3-1(c)所示。由此可以看出，汇交力系的合成结果是一合力，合力的大小与方向由各力的矢量和确定，作用线通过汇交点。

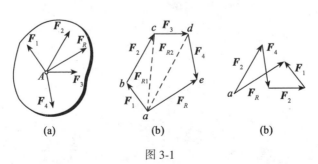

(a)　　　　　(b)　　　　　(b)

图 3-1

总之，平面汇交力系可以简化为一合力，其合力的大小与方向等于各分力的矢量和（几何和），合力的作用线通过汇交点。设平面汇交力系包含 n 个力，以 F_R 表示各分力的力矢，则有

$$F_R = F_1 + F_2 + \cdots + F_n = \sum F_i$$

合力 F_R 对刚体的作用与原力系对该刚体的作用等效。如果一力与某一力系等效，则该力称为该力系的合力。

若力系中各力的作用线都沿同一直线，则该力系称为共线力系，共线力系是平面汇交力系的特殊情况，共线力系的力多边形在同一直线上。若沿直线的某一指向为正，相反为负，则力系合力的大小与方向决定于各分力的代数和，即

$$F_R = \sum F_i \tag{3-2}$$

3.1.2 平面汇交力系平衡的几何条件

由于平面汇交力系可以用其合力来代替，显然，平面汇交力系平衡的充分必要条件是：该力系的合力等于零。若用矢量等式表示，即

$$\sum F_i = 0 \tag{3-3}$$

在平衡情形下，力多边形中最后一个力的终点与第一个力的起点重合，此时的力多边形称为封闭的力多边形。于是，可得如下结论：平面汇交力系平衡的充分必要条件是：该力系的力多边形自行封闭，这就是平面汇交力系平衡的几何条件。

求解平面汇交力系的平衡问题时可以用图解法，即按比例先绘制出封闭的力多边形，然后，用尺和量角器在图上量得所要求的未知量；也可以根据图形的几何关系，用三角公式计算出所要求的未知量，这种解题方法称为几何法。

[例 3-1] 如图 3-2(a)所示的压路碾子，自重 $P = 20\text{kN}$，半径 $R = 0.6\text{m}$，障碍物高 $h = 0.08\text{m}$。碾子中心 O 处作用一水平拉力 F。

(1)当水平拉力 $F = 5\text{kN}$ 时，试求碾子对地面及障碍物的压力。

(2)欲将碾子拉过障碍物，水平拉力至少应为多大？

(3)力 F 沿什么方向拉动碾子最省力，此时力 F 为多大？

解： (1)选取碾子为研究对象，其受力图如图 3-2(b)所示，各力组成平面汇交力系。根据平衡的几何条件，力 P、F、F_{AN} 与 F_{BN} 应组成封闭的力多边形。按比例先绘制已知力矢 P 与 F，如图 3-2(c)所示，再从 a、c 两点分别作平行于力矢 F_{BN}、F_{AN} 的平行线，相交于点 d。将各力矢首尾相连接，组成封闭的力多边形，则图 3-2(c)中的矢量 cd 和 da 即为 A，B 两点约束力 F_{AN}、F_{BN} 的大小与方向。从图 3-2(c)中按比例量得

$$F_{AN} = 11.4\text{kN}, \quad F_{BN} = 10\text{kN}$$

由图 3-2(c)的几何关系，也可以计算力 F_{AN}、F_{BN} 的数值。由图 3-2(a)，按已知条件可以求得

$$\cos\alpha = \frac{R-h}{R} = 0.886$$

故 $$\alpha = 30°$$

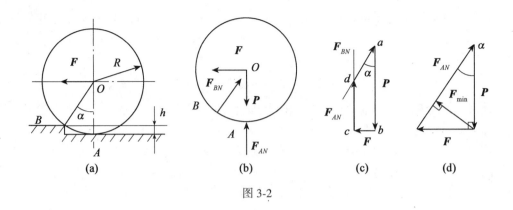

图 3-2

再由图 3-2(c)中各矢量的几何关系，可得

$$F_{BN}\sin\alpha = F$$

$$F_{AN} + F_{BN}\cos\alpha = P$$

解得

$$F_{BN} = \frac{F}{\sin\alpha} = 10\text{kN}$$

$$F_{AN} = P - F_{BN}\cos\alpha = 11.34\text{kN}$$

根据作用力与反作用力的关系，碾子对地面及障碍物的压力分别等于 11.34kN 和 10kN。

(2)碾子能越过障碍物的力学条件是 $F_{AN} = 0$，因此，碾子刚刚离开地面时，其封闭的力三角形如图 3-2(d)所示。由几何关系，此时水平拉力：$F = P\tan\alpha = 11.55\text{kN}$，此时 B 处的约束力为 $F_{BN} = \dfrac{P}{\cos\alpha} = 23.09\text{kN}$。

(3)从图 3-2(d)中可以清楚地看到，当拉力与 F_{BN} 垂直时，拉动碾子的力为最小，即

$$F_{\min} = P\sin\alpha = 10\text{kN}$$

由[例 3-1]可以看出，用几何法解题时，各力之间的关系很清楚，一目了然。

通过求解[例 3-1]，可以总结出采用几何法解题的主要步骤如下：

(1)选取研究对象。根据题意，选取适当的平衡物体作为研究对象，并绘制出简图。

(2)分析受力，绘制受力图。在研究对象上，绘制出研究对象所受的全部已知力和未知力(包括约束力)。若某个约束力的作用线不能根据约束特性直接确定(如铰链)，而物体又只受三个力作用，则可以根据三力平衡必须汇交的条件确定该力的作用线。

(3)作力多边形或力三角形。选择适当的比例尺，作出该力系的封闭力多边形或封闭力三角形。必须注意，作图时总是从已知力开始。根据矢序规则和封闭特点，就可以确定未知力的指向。

(4)求出未知量。用比例尺和量角器在图上量出未知量，或者用三角公式计算出未知量。

平面汇交力系合成与平衡的几何法，简单、直观；其不足之处是：精度不够，误差大、作图要求精度高、不能表达各个量之间的函数关系。

下面研究平面汇交力系合成与平衡的解析法。

3.2 平面汇交力系合成与平衡的解析法

解析法是通过力矢在坐标轴上的投影来分析力系的合成及其平衡条件。

3.2.1 力在正交坐标轴系的投影与力的解析表达式

如图 3-3 所示，已知力 F 与平面内正交坐标轴 Ox 轴、Oy 轴的夹角为 α、β，则力 F 在 Ox 轴、Oy 轴上的投影分别为

$$F_x = F \cdot \cos\alpha \tag{3-4}$$
$$F_y = F \cdot \cos\beta = F \cdot \sin\alpha \tag{3-5}$$

即力在某轴的投影，等于力的模乘以力与投影轴正向之间夹角的余弦。力在坐标轴上的投影为代数量，当力与坐标轴之间的夹角为锐角时，其值为正；当夹角为钝角时，其值为负。

由图 3-3 可知，力 F 沿正交坐标轴 Ox 轴、Oy 轴可以分解为两个分力 F_x 和 F_y 时，其分力与力的投影之间有下列关系：

$$\boldsymbol{F}_x = F_x \mathbf{i}, \qquad \boldsymbol{F}_y = F_y \mathbf{j}$$

由此，力的解析表达式为

$$\boldsymbol{F} = \boldsymbol{F}_x \mathbf{i} + \boldsymbol{F}_y \mathbf{j} \tag{3-6}$$

其中，$\mathbf{i}$、$\mathbf{j}$ 分别为 Ox 轴、Oy 轴上的单位矢量。

显然，已知力 F 在平面内两个正交坐标轴上的投影 F_x 和 F_y 时，该力矢的大小和方向余弦分别为

$$F = \sqrt{F_x{}^2 + F_y{}^2} \tag{3-7}$$

$$\cos(\boldsymbol{F}, \ \mathbf{i}) = \frac{F_x}{F}, \qquad \cos(\boldsymbol{F}, \ \mathbf{j}) = \frac{F_y}{F} \tag{3-8}$$

必须注意，力在坐标轴上的投影 F_x、F_y 为代数量，而力沿坐标轴的分量 $\boldsymbol{F}_x = F_x \mathbf{i}$ 和 $\boldsymbol{F}_y = F_y \mathbf{j}$ 为矢量，二者不可混淆。当 Ox 轴、Oy 轴两轴不相互垂直时，力沿两坐标轴的分力 $\boldsymbol{F}_x$、$\boldsymbol{F}_y$ 在数值上也不等于力在两轴上的投影 F_x、F_y，如图 3-4 所示。

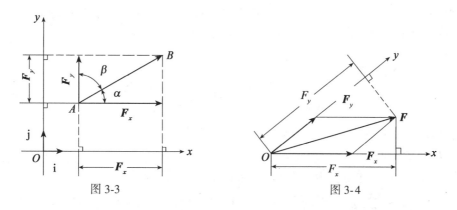

图 3-3   图 3-4

现在讨论力的投影与分力，力 F 在垂直坐标轴 Ox 轴、Oy 轴上的投影与沿坐标轴分

解的分力大小相等，如图 3-3 所示；力 $\boldsymbol{F}$ 在相互不垂直的坐标轴 Ox 轴、Oy 轴上的投影与沿坐标轴分解的分力大小是不相等的，如图 3-4 所示。

力在任一轴上的投影大小都不大于力的大小，而分力的大小却不一定小于合力。

3.2.2 平面汇交力系合成的解析法

设由 n 个力组成的平面汇交力系作用于一个刚体上，以汇交点 O 作为坐标原点，建立直角坐标系 Oxy，如图 3-5(a)所示。根据式(3-6)，该汇交力系的合力 $\boldsymbol{F}_R$ 的解析表达式为

$$\boldsymbol{F}_R = \boldsymbol{F}_{Rx}\mathrm{i} + \boldsymbol{F}_{Ry}\mathrm{j}$$

式中，$\boldsymbol{F}_R = \sum \boldsymbol{F}_i$，$\boldsymbol{F}_{Rx}$、$\boldsymbol{F}_{Ry}$ 为合力 $\boldsymbol{F}_R$ 在 Ox 轴、Oy 轴上的投影。

根据合矢量投影定理：合矢量在某一轴上的投影等于各分矢量在同一轴上投影的代数和，将式(3-1)所代表的合力矢量向 Ox 轴、Oy 轴投影，可得

$$F_{Rx} = F_{1x} + F_{2x} + \cdots + F_{nx} = \sum F_{ix} \tag{3-9}$$

$$F_{Ry} = F_{1y} + F_{2y} + \cdots + F_{ny} = \sum F_{iy} \tag{3-10}$$

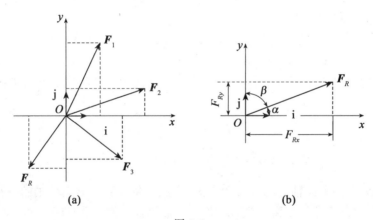

图 3-5

其中 F_{1x} 和 F_{1y}，F_{2x} 和 F_{2y}，$\cdots$，F_{nx} 和 F_{ny} 分别为各分力在 Ox 轴和 Oy 轴上的投影。

根据式(3-7)、式(3-8)可以求得合力矢的大小和方向余弦为

$$F_R = \sqrt{F_{Rx}^{\,2} + F_{Ry}^{\,2}} = \sqrt{\left(\sum F_{ix}\right)^2 + \left(\sum F_{iy}\right)^2} \tag{3-11}$$

$$\cos(\boldsymbol{F}_R,\ \mathrm{i}) = \frac{\sum F_{ix}}{F_R} \qquad \cos(\boldsymbol{F}_R,\ \mathrm{j}) = \frac{\sum F_{iy}}{F_R} \tag{3-12}$$

[例 3-2] 试求如图 3-6(a)所示平面共点力系的合力。$F_1 = 200\mathrm{kN}$，$F_2 = 300\mathrm{kN}$，$F_3 = 100\mathrm{kN}$，$F_4 = 250\mathrm{kN}$。

解： 如图 3-6(b)所示，求力为

$$F_{Rx} = \sum F_{ix} = F_1\cos30° - F_2\cos60° - F_3\cos45° + F_4\cos45° = 129.3\mathrm{kN}$$

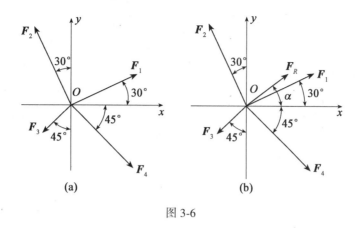

图 3-6

$$F_{Ry} = \sum F_{iy} = F_1\cos60° + F_2\cos30° - F_3\cos45° - F_4\cos45° = 112.3\text{kN}$$

$$F_R = \sqrt{F_{Rx}{}^2 + F_{Ry}{}^2} = \sqrt{129.3^2 + 112.3^2} = 171.3(\text{kN})$$

$$\cos\alpha = \frac{F_{Rx}}{F_R} = \frac{129.3}{171.3} = 0.754$$

$$\alpha = 41°$$

3.2.3 平面汇交力系的平衡方程

由上节可知，平面汇交力系平衡的充分必要条件是：该力系的合力 F_R 等于零。由式 (3-11) 应有

$$F_R = \sqrt{F_{Rx}{}^2 + F_{Ry}{}^2} = \sqrt{\left(\sum F_{ix}\right)^2 + \left(\sum F_{iy}\right)^2} = 0$$

欲使上式成立，必须同时满足

$$\begin{cases} \sum F_x = 0 \\ \sum F_y = 0 \end{cases} \tag{3-13}$$

于是，平面汇交力系平衡的充分必要条件是：各力在两个坐标轴上投影的代数和分别等于零。式(3-13)称为平面汇交力系的平衡方程。这是两个独立的方程，可以求解两个未知量。

下面举例说明平面汇交力系平衡方程的实际应用。

[例 3-3] 如图 3-7(a) 所示是汽车制动机构的一部分。司机踩到制动蹬上的力 $F = 212\text{N}$，方向与水平面成 $\alpha = 45°$ 角。当平衡时，BC 水平，AD 铅直，试求拉杆所受的力。已知 $EA = 24\text{cm}$，$DE = 6\text{cm}$(点 E 在铅直线 DA 上)，又 B，C，D 都是光滑铰链，机构的自重不计。

解：(1)取制动蹬 ABD 作为研究对象。

(2)绘制出受力图，如图 3-7(b)所示。

(3)应用平衡条件绘制出 F，F_B 和 F_D 的闭合力三角形，如图 3-7(c)所示。

(4)由几何关系得

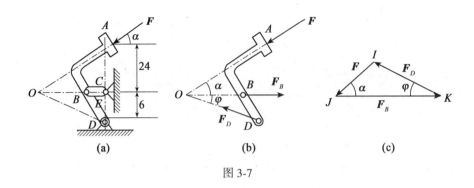

图 3-7

$$OE = EA = 24\text{cm} \Rightarrow \tan\varphi = \frac{DE}{OE} = \frac{6}{24} = \frac{1}{6} \Rightarrow \varphi = \arctan\frac{1}{4} = 14°2'$$

由力三角形可得
$$F_B = \frac{\sin(180° - \alpha - \varphi)}{\sin\varphi} F$$

（5）代入数据求得 $F_B = 750$N，方向自左向右。

[**例 3-4**]　如图 3-8(a)所示的压榨机中，杆 AB 和杆 BC 的长度相等，自重忽略不计。点 A、B、C 处为铰链连接。已知活塞 D 上受到油缸内的总压力为 $F = 3$kN，$h = 200$mm，$l = 1500$m。试求压块 C 对工件与地面的压力，以及杆 AB 所受的力。

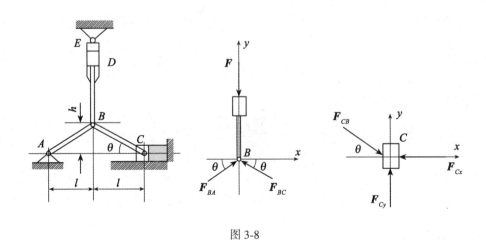

图 3-8

解：根据作用力与反作用力的关系，压块对工件的压力与工件对压块的约束力 $\boldsymbol{F}_C$ 等值、反向。而已知油缸的总压力作用在活塞上，因此要分别研究活塞杆 DB 和压块 C 的平衡才能解决问题。

（1）杆 AB、杆 BC 为二力杆。取销钉 B 为研究对象，绘制受力图如图 3-8(b)所示。

按图示坐标轴列出平衡方程

$$\sum F_x = 0, \qquad F_{BA}\cos\theta - F_{BC}\cos\theta = 0, \qquad F_{BA} = F_{BC}$$

$$\sum F_y = 0, \qquad F_{BA}\sin\theta + F_{BC}\sin\theta - F = 0$$

解得 $\hspace{5em} F_{BA} = F_{BC} = 11.35\text{kN}$

（2）取压块 C 为研究对象，绘制受力图如图 3-8(c)所示。通过二力杆 BC 的平衡，可知 $F_{CB} = F_{BC}$，按图示坐标轴列出平衡方程

$$\sum F_x = 0, \qquad F_{CB}\cos\theta - F_{Cx} = 0$$

解得

$$F_{\alpha} = \frac{F}{2}\cot\theta = \frac{Fl}{2h} = 11.25\text{kN}$$

$$\sum F_y = 0, \qquad -F_{CB}\sin\theta + F_{Cy} = 0$$

解得 $\quad F_{Cy} = 1.5\text{kN}$

压块 C 对地面的压力与 F_{Cy} 等值且方向相反。

[**例 3-5**] 铰链四连杆机构，在如图 3-9(a)所示位置平衡，杆重不计，试求 $\boldsymbol{F}_1$ 与 $\boldsymbol{F}_2$ 的关系。

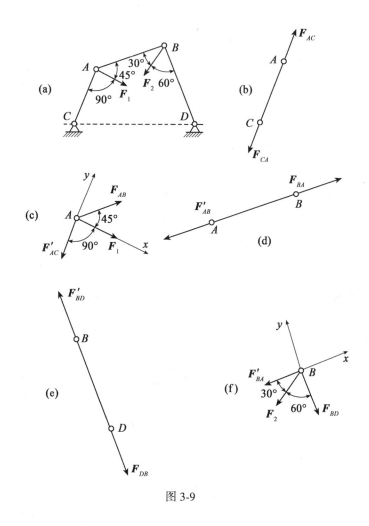

图 3-9

解：（1）取销钉 A 为研究对象，由于 AC、AB 均为二力构件，绘制受力图分别如图

3-9(b)、(d)所示，绘制销钉 A 受力图如图 3-9(c)所示。

$$\sum F_x = 0, \quad F_1 + F_{AB}\cos 45° = 0 \tag{1}$$

（2）取销钉 B 为研究对象，由于 AB、BD 均为二力构件，绘制受力图分别如图 3-9(b)、(e)所示，绘制销钉 A 受力图如图 3-9(f)所示。

$$\sum F_x = 0, \quad -F'_{BA} - F_2\cos 30° = 0 \tag{2}$$

由式(1)解出 F_{AB}，由式(2)解出 F'_{BA}，由 $F_{AB} = F'_{AB} = F_{BA} = F'_{BA}$，可得

$$\frac{F_1}{\cos 45°} = F_2\cos 30°$$

$$F_1 : F_2 = \cos 30° \cdot \cos 45° = 0.61$$

解题技巧及说明：

（1）一般地，对于只受三个力作用的物体，且角度特殊时采用几何法（解力三角形）比较简便。

（2）一般对于受多个力作用的物体，采用解析法。

（3）投影轴常选择与未知力垂直，最好使每个方程中只有一个未知数。

（4）对力的方向不易判定的，一般采用解析法。

（5）采用解析法解题时，力的方向可以任意假设，如果求出负值，说明力的方向与假设相反。对于二力构件，一般先设为拉力，如果求出负值，说明物体受压力。

3.3　平面力对点之矩的概念及计算

力对刚体的作用效应使刚体的运动状态发生改变（包括移动与转动），其中力对刚体的移动效应可以用力矢来度量；而力对刚体的转动效应可以用力对点的矩（简称力矩）来度量，即力矩是度量力对刚体转动效应的物理量。

3.3.1　力对点之矩（力矩）

如图 3-10 所示，平面上作用一力 F，在同一平面内任取一点 O，点 O 称为矩心，点 O 到力的作用线的垂直距离 h 称为力臂，则在平面问题中力对点的矩的定义如下：

力对点的矩是一个代数量，力对点的矩的绝对值等于力的大小与力臂的乘积，其正负可以按以下方法确定：力使物体绕矩心逆时针方向转动时为正，反之为负。常用单位为 $N \cdot m$ 或 $kN \cdot m$。

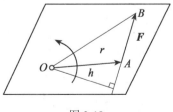

图 3-10

力 F 对于点 O 的矩以记号 $M_O(F)$ 表示，于是，其计算公式为

$$M_O(\boldsymbol{F}) = \pm F \cdot h \tag{3-14}$$

由图 3-10 容易看出，力 $\boldsymbol{F}$ 对点 O 的矩的大小也可以用三角形 OAB 面积的两倍表示，即

$$M_O(\boldsymbol{F}) = \pm F \cdot h = \pm 2S_{\triangle OAB} \tag{3-15}$$

显然，当力的作用线通过矩心，即力臂等于零时，力对矩心的力矩等于零。

若以 $\boldsymbol{r}$ 表示由点 O 到 A 的矢径(见图 3-10)，由矢量积的定义，$\boldsymbol{r} \times \boldsymbol{F}$ 的大小就是三角形 OAB 面积的两倍。由此可见，该矢积的模 $|\boldsymbol{r} \times \boldsymbol{F}|$ 就等于力 $\boldsymbol{F}$ 对点 O 的矩的大小，其指向与力矩的转向符合右手法则。

说明：

(1)平面内力对点之矩是代数量，不仅与力的大小有关，且与矩心位置有关。

(2)力对点之矩不因力的作用线移动而改变。

(3)当力等于零或当力的作用线通过矩心，即力臂等于零时，力对矩心的力矩等于零。

(4)相互平衡的两个力对同一点之矩的代数和为零。

3.3.2 合力矩定理

定理 3.1 平面汇交力系的合力对于平面内任一点之矩等于所有各分力对于该点之矩的代数和。

证明：如图 3-11 所示，$\boldsymbol{r}$ 为矩心 O 到汇交点 A 的矢径，$\boldsymbol{F}_R$ 为平面汇交力系 $\boldsymbol{F}_1$，$\boldsymbol{F}_2$，$\cdots$，$\boldsymbol{F}_n$ 的合力，即

$$\boldsymbol{F}_R = \boldsymbol{F}_1 + \boldsymbol{F}_2 + \cdots + \boldsymbol{F}_n$$

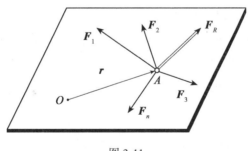

图 3-11

以 $\boldsymbol{r}$ 对上式两端作矢积，有

$$\boldsymbol{r} \times \boldsymbol{F}_R = \boldsymbol{r} \times \boldsymbol{F}_1 + \boldsymbol{r} \times \boldsymbol{F}_2 + \cdots + \boldsymbol{r} \times \boldsymbol{F}_n$$

由于力 $\boldsymbol{F}_1$，$\boldsymbol{F}_2$，$\cdots$，$\boldsymbol{F}_n$ 与点 O 共面，上式各矢积平行，因此上式矢量和可以按代数和计算。而各矢量积的大小就是力对点 O 之矩，于是证得合力矩定理，即

$$M_O(\boldsymbol{F}_R) = M_O(\boldsymbol{F})_1 + M_O(\boldsymbol{F}_2) + \cdots + M_O(\boldsymbol{F}_n) = \sum M_O(\boldsymbol{F}_i) \tag{3-16}$$

按力系等效的概念，上式易于理解，且式(3-16)应适用于任何有合力存在的力系。

顺便指出，当平面汇交力系平衡时，合力为零；由式(3-16)可知，各力对任一点 O 之矩的代数和皆为零，即

$$\sum M_O(\boldsymbol{F}_i) = 0$$

上式说明，可以用力矩方程代替投影方程求解平面汇交力系的平衡问题。

3.3.3 力矩与合力矩的解析表达式

如图 3-12 所示，已知力 $\boldsymbol{F}$，作用点 $A(x, y)$ 及其夹角 θ。欲求力 $\boldsymbol{F}$ 对坐标原点 O 之矩，可以按式(3-16)，通过其分力 $\boldsymbol{F}_x$ 与 $\boldsymbol{F}_y$ 对点 O 之矩而得到，即

$$M_O(\boldsymbol{F}) = M_O(\boldsymbol{F}_y) - M_O(\boldsymbol{F}_x) = x \cdot F \cdot \sin\theta - y \cdot F \cdot \cos\theta = xF_y - yF_x \qquad (3\text{-}17)$$

式(3-17)为平面内力矩的解析表达式。其中 x、y 为力 $\boldsymbol{F}$ 作用点的坐标；F_x，F_y 为力 $\boldsymbol{F}$ 在 Ox 轴、Oy 轴上的投影。

若将式(3-17)代入式(3-16)，即可得合力 $\boldsymbol{F}_R$ 对坐标原点之矩的解析表达式，即

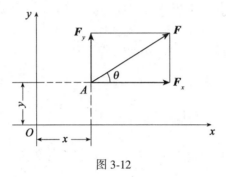

图 3-12

$$M_O(\boldsymbol{F}_R) = \sum (x_i \cdot F_{iy} - y_i \cdot F_{ix}) \qquad (3\text{-}18)$$

$$M_O(\boldsymbol{F}_R) = \sum M_O(\boldsymbol{F}_i) \qquad (3\text{-}19)$$

[**例 3-6**] 支架如图 3-13 所示，已知 $AB = AC = 30\text{cm}$，$CD = 15\text{cm}$，$F = 100\text{N}$，$\alpha = 30°$，试求 $\boldsymbol{F}$ 对 A、B、C 三点之矩。

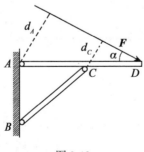

图 3-13

解： 由力矩的定义得

$$M_A(\boldsymbol{F}) = -F \cdot d_A = -F \cdot AD \cdot \sin 30° = -22.5\text{N} \cdot \text{m}$$

$$M_C(\boldsymbol{F}) = -F d_C = -F \cdot CD \cdot \sin 30° = -7.5\text{N} \cdot \text{m}$$

由合力矩定理得

$$M_B(\boldsymbol{F}) = -F_x \cdot AB - F_y \cdot AD = F \cdot \cos 30° \cdot AB - F \cdot \sin 30° \cdot AD = -48.48 \text{N} \cdot \text{m}$$

[**例3-7**] 如图3-14(a)所示的踏板,各杆自重不计。已知:力 $\boldsymbol{F}$ 和 α,α 为 $\boldsymbol{F}$ 与 Ox 轴之间的夹角,力作用点 B 的坐标 (x_B, y_B) 以及距离 l。试求平衡时水平杆 CD 的拉力 F_D。

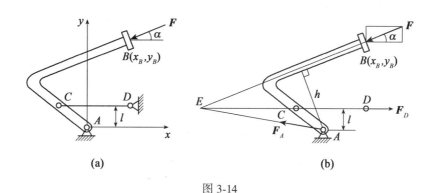

图3-14

解:取整体为研究对象,其上受三力作用,且 $\boldsymbol{F}$、$\boldsymbol{F}_D$ 与 $\boldsymbol{F}_A$ 汇交于点 E(其中 $\boldsymbol{F}_D$ 为二力杆的拉力),绘制受力图如图3-14(b)所示。平衡时应满足 $\sum M_A(\boldsymbol{F}) = 0$。设力 $\boldsymbol{F}$ 对点 A 的力臂为 h 则有

$$Fh - F_D \cdot l = 0$$

上式就是熟知的杠杆平衡条件。由于力臂 A 未知,可以用合力矩定理求得力 $\boldsymbol{F}$ 对点 A 之矩。得

$$F\cos\theta \cdot y_B - F\sin\theta \cdot x_B - F_D \cdot l = 0$$

故求得拉力 F_D 为
$$F_D = \frac{F\cos\theta \cdot y_B - F\sin\theta \cdot x_B}{l}$$

[**例3-8**] 水平梁 AB 受按三角形分布的载荷作用,如图3-15所示。载荷的最大值为 q,梁长 l。试求合力作用线的位置。

解:在梁上距 A 端为 x 的微段 $\text{d}x$ 上,作用力的大小为 $q'\text{d}x$,其中 q' 为该处的载荷强度。由图可知,$q' = \dfrac{x}{l}q$。因此分布载荷的合力的大小为

$$P = \int_0^l q'\text{d}x = \frac{1}{2}ql$$

设合力 $\boldsymbol{P}$ 的作用线距 A 端的距离为 h,在微段 $\text{d}x$ 上的作用力对点 A 的矩为 $q'x \cdot \text{d}x$,全部载荷对点 A 的力矩的代数和可以用积分求出,根据合力矩定理可以写成

$$h = \frac{2}{3}l$$

计算结果说明:合力大小等于三角形线分布载荷的面积,合力作用线通过该三角形的几何中心。

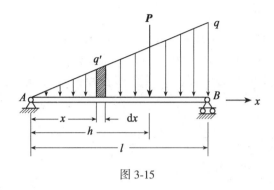

图 3-15

3.4 平面力偶理论

3.4.1 力偶与力偶矩

生活实践中，人们常常见到的拧开水龙头[见图 3-16(a)]、汽车司机用双手转动驾驶盘[见图 3-16(b)]、电动机的定子磁场对转子作用电磁力使之旋转[见图 3-16(c)]、钳工用丝锥攻螺纹[见图 3-16(d)]等。在水龙头手柄、驾驶盘、电机转子、丝锥等物体上，都作用了成对的等值、反向且不共线的平行力。等值反向平行力的矢量和显然等于零，但是由于这类力不共线而不能相互平衡，这类力能使物体改变转动状态。这种由两个大小相等、方向相反且不共线的平行力组成的力系，称为力偶，如图 3-17 所示，记为$(\boldsymbol{F}, \boldsymbol{F}')$。力偶的两力之间的垂直距离 d 称为力偶臂，力偶所在的平面称为力偶的作用面。

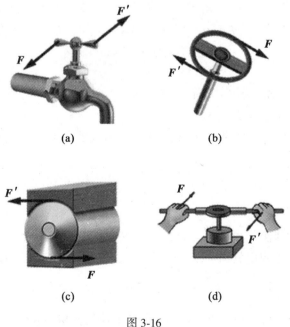

(a)   (b)

(c)   (d)

图 3-16

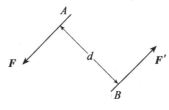

图 3-17

力偶不能合成为一个力，或用一个力来等效替换；力偶也不能用一个力来平衡。因此，力和力偶是静力学中的两个基本要素。

力偶是由两个力组成的特殊力系，力偶的作用只改变物体的转动状态。因此，力偶对物体的转动效应，可以用力偶矩来度量，即用力偶的两个力对其作用面内某点的矩的代数和来度量。

设有力偶(F, F')，其力偶臂为 d，如图 3-18 所示。力偶对点 O 的力矩为 $M_O(F, F')$，则

$$M_O(F, F') = M_O(F) + M_O(F') = F \cdot aO - F' \cdot bO = Fd \quad (3-20)$$

矩心 O 是任意选取的，由此可知，力偶的作用效应决定于力的大小和力偶臂的长短，与矩心的位置无关。力与力偶臂的乘积称为力偶矩，记为 $M(F, F')$，简记为 M。

力偶在平面内的转向不同，其作用效应也不相同。因此，平面力偶对物体的作用效应，由以下两个因素决定：

（1）力偶矩的大小；

（2）力偶在作用平面内的转向。

因此力偶矩可以视为代数量，即

$$M = \pm F \cdot d \quad (3-21)$$

于是可得结论：力偶矩是一个代数量，其绝对值等于力的大小与力偶臂的乘积，正负号表示力偶的转向：一般以逆时针转向为正，反之则为负。力偶矩的单位与力矩相同，也是 N·m。

由图 3-18 可见，力偶矩也可以用三角形面积表示，即

$$M = \pm 2S_{\triangle ABC} \quad (3-22)$$

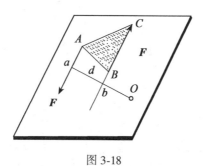

图 3-18

3.4.2 同平面内力偶的等效定理

定理 3.2 在同平面内的两个力偶，如果力偶矩相等，则两力偶彼此等效。

上述定理 3.2 给出了在同一平面内力偶等效的条件。由此可得以下推论：

推论 3.1 任一力偶可以在其作用面内任意移转，而不改变力偶对刚体的作用。因此，力偶对刚体的作用与力偶在其作用面内的位置无关。

推论 3.2 只要保持力偶矩的大小和力偶的转向不变，可以同时改变力偶中力的大小和力偶臂的长短，而不改变力偶对刚体的作用。

由此可见，力偶的臂的长短和力的大小都不是力偶的特征量，只有力偶矩是力偶作用的唯一量度。今后常用如图 3-19 所示的符号表示力偶，M 为力偶的矩。

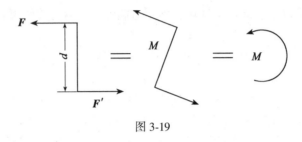

图 3-19

3.4.3 平面力偶系的合成和平衡条件

1. 平面力偶系的合成

设在同一平面内有两个力偶$(\boldsymbol{F}_1, \boldsymbol{F}'_1)$和$(\boldsymbol{F}_2, \boldsymbol{F}'_2)$，这两个力偶的力偶臂长各为 d_1 和 d_2，如图 3-20(a)所示。这两个力偶的矩分别为 M_1 和 M_2，求这两个力偶的合成结果。为此，在保持力偶矩不变的情况下，同时改变这两个力偶的力的大小和力偶臂的长短，使这两个力偶具有相同的臂长 d_1，并将这两个力偶在平面内移转，使力的作用线重合，如图 3-20(b)所示。于是与原力偶等效的两个新力偶$(\boldsymbol{F}_1, \boldsymbol{F}'_1)$和$(\boldsymbol{F}_3, \boldsymbol{F}'_3)$。$\boldsymbol{F}_3$ 的大小为

$$F_3 = \frac{M_2}{d_1}。$$

图 3-20

分别将作用在点 A 和点 B 的力合成(设 $F_1 > F_3$)，得：$F = F_1 - F_3$，$F' = F'_1 - F'_3$，由于 F 与 F' 是相等的，所以构成了与原力偶系等效的合力偶$(\boldsymbol{F}, \boldsymbol{F}')$，如图 3-20(c)所示，以 M 表示合力偶的矩，得

$$M = Fd_1 = (F_1 - F_3)d_1 = F_1d_1 - F_3d_1 = M_1 - M_2 \tag{3-23}$$

如果有两个以上的力偶，可以按照上述方法合成。这就是说：在同一平面内的任意个力偶可以合成为一个合力偶，合力偶矩等于各个力偶矩的代数和，可以写为

$$M = \sum M_i \tag{3-24}$$

2. 平面力偶系的平衡条件

由合成结果可知，力偶系平衡时，其合力偶的矩等于零。因此，平面力偶系平衡的充分必要条件是：所有各力偶矩的代数和等于零，即

$$\sum M_i = 0 \tag{3-25}$$

[**例 3-9**] 在如图 3-21(a)所示结构中：$M_1 = 1\text{kN} \cdot \text{m}$，$l = 1\text{m}$，试求平衡时的 M_2。

解：(1)以 AB 为研究对象，点 E 处约束力方向可以确定(约束力总是与其所能阻碍的物体运动方向相反，销钉 E 可以在 AB 的滑槽内自由移动)，AB 构件的主动力只有力偶，由于力偶只能被力偶所平衡，以及力偶的性质，可以确定点 A 处约束力的方向，绘制受力图如图 3-21(b)所示。

$$\sum M_i = 0, \quad F_E l - M_1 = 0 \Rightarrow F_E = \frac{M_1}{l} = 1\text{kN}$$

(2)以 CD 为研究对象，点 E 处的约束力和 $\boldsymbol{F}_E$ 互为作用力与反作用力，由于力偶只能被力偶所平衡，确定点 C 处约束力的方向，绘制受力图如图 3-21(c)所示。

$$\sum M_i = 0, \quad -F'_E l + M_2 = 0 \Rightarrow M_2 = F_E l = 1\text{kN} \cdot \text{m}$$

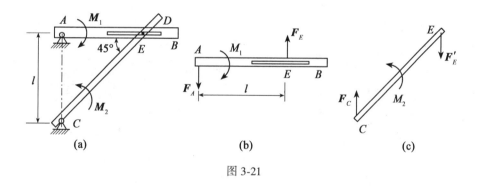

图 3-21

[**例 3-10**] 试求机构在如图 3-22(a)所示位置保持平衡时主动力系的关系。其中 $AO = d$，$AB = l$。

解：(1)取滑块 B 为研究对象，绘制受力图如图 3-22(b)所示。

$$\sum F_x = 0, \quad F_{AB} \frac{\sqrt{l^2 - d^2}}{l} - Q = 0 \Rightarrow Q = F_{AB} \frac{\sqrt{l^2 - d^2}}{l}$$

(2)取杆 AO 为研究对象，绘制受力图如图 3-22(c)所示。

$$\sum M = 0, \quad F'_{AB} \frac{\sqrt{l^2 - d^2}}{l} \cdot d - M = 0 \Rightarrow Q = F_{AB} \frac{\sqrt{l^2 - d^2}}{l} = \frac{M}{d}$$

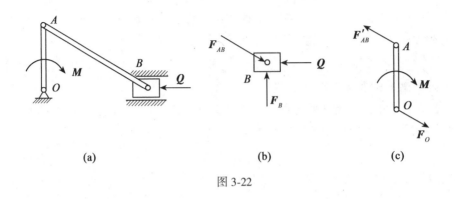

图 3-22

3.5　平面任意力系的简化

3.5.1　平面任意力系实例

平面一般力系是实际工程中最常见的一种力系，工程计算中的许多实际问题都可以简化为平面一般力系问题来进行处理。例如，如图 3-23(a)所示的摇臂式起重机及图 3-23(b)所示曲柄滑块机构等，其受力都在同一平面内。

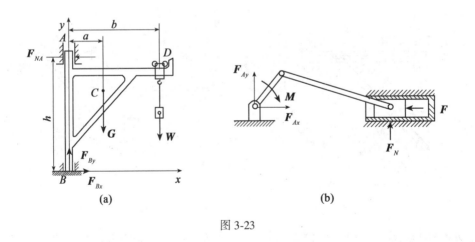

图 3-23

另外，有些物体实际所受的力虽然明显不在同一平面内，但由于其结构(包括支承)和所承受的力都对称于某个平面，因此作用于其上的力系仍可简化为平面一般力系。例如缆车，如图 3-24(a)所示，轨道对四个轮子的约束力构成空间平行力系，但在四个轮子的约束力对于缆车纵向对称面对称分布的情况下，可以用位于缆车纵向对称面内的反力替代，如图 3-24(b)所示，从而把作用于缆车上所有的力作为平面一般力系来处理。

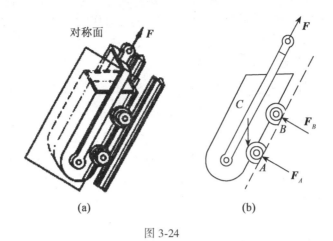

图 3-24

3.5.2 力的平移定理

研究复杂力系时，希望用简单力系来等效替换，力的平行移动定理是简化所研究的复杂力系的有力工具。

定理 3.3 作用在刚体上点 A 处的力 F，可以平移到刚体内任意一点 O，但必须同时附加一个力偶，其力偶矩等于原来的力 F 对新作用点 O 的矩。这就是力的平移定理。如图 3-25 所示。

事实上，根据加减平衡力系公理，在任意一点 O 加上一对与 F 等值的平衡力 F'、F''，如图 3-25(b) 所示，则 F 与 F' 为一对等值反向不共线的平行力，组成了一个力偶，其力偶矩等于原力 F 对点 O 的矩，即 $M_O = M_O(F) = Fd$

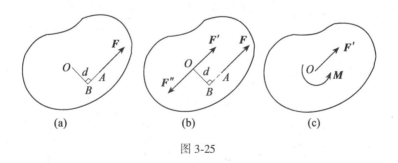

图 3-25

于是作用在点 A 的力 F 就与作用于点 O 的平移力 F' 和附加力偶 M 的联合作用等效，如图 3-25(c) 所示。

定理 3.3 的逆过程为作用于刚体上的一个力和一个力偶可以和一个力等效，这个力为原力系的合力。力的平移定理表明了力对绕力作用线外的中心转动的物体有两种作用，一是平移力的作用，二是附加力偶对物体产生的旋转作用。力的平移定理不仅是力系向一点简化的依据，而且可以用来解释一些实际问题。如图 3-26 所示。圆周力 F 作用于转轴的齿轮上，为观察力 F 的作用效应，将力 F 平移至轴心 O 点，则有平移力 F 作用于轴上，同时有附加力偶 M 使齿轮绕轴旋转。再以乒乓球运动中的削球为例，如图 3-27 所示，分析力 F 对球的作用效应，将力 F 平移至球心，得平移力 F' 与附加力偶，平移力 F' 决定球心的轨迹，而附加力偶则使球产生转动。

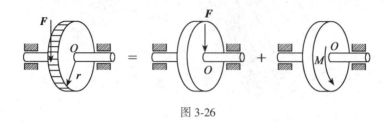

图 3-26

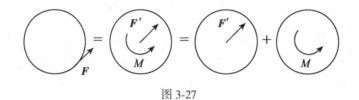

图 3-27

3.5.3　平面任意力系向作用面内一点简化　主矢与主矩

如图 3-28(a)所示，刚体上作用有 n 个力 F_1、F_2，…，F_n 组成的平面任意力系，在平面内任意取一点 O，称为简化中心。

根据力的平移定理，将各力都向点 O 平移，得到一个汇交于点 O 的力 F'_1、F'_2，…，F'_n，以及相应的附加力偶，其矩分别为 M_1，M_2，…，M_n，如图 3-28(b)所示。这些附加力偶分别为 $M_i = M_O(F_i)(i = 1, 2, …, n)$。这样，平面任意力系等效为两个简单力系：平面汇交力系和平面力偶系，下面分别合成这两个力系。

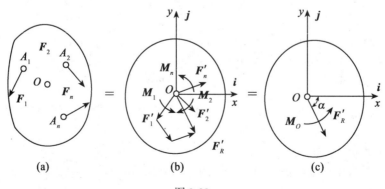

图 3-28

(1)平面汇交力系 F'_1，F'_2，…，F'_n，可以合成为一个作用线通过点 O 的合矢量 F'_R，如图 3-28(c)所示。因为各力矢 $F'_i = F_i(1, 2, …, n)$，则

$$F'_R = \sum F' = \sum F \tag{3-26}$$

即力矢 F'_R 等于原来各力的矢量和。

(2)平面力偶系 M_1，M_2，…，M_n 可以合成为一个力偶，这个力偶的矩 M_O 等于各附加力偶矩的代数和，又等于原来各力对点 O 矩的代数和，即

$$M_O = M_1 + M_2 + \cdots + M_n = \sum M_O(F_i) \tag{3-27}$$

平面任意力系中所有各力的矢量和为 F'_R，称为该力系的主矢，这些力对于任选简化中心点 O 矩的代数和 M_O，称为该力系对于简化中心的主矩。显然，主矢与简化中心无关，而主矩一般与简化中心有关，故必须指出是力系对于哪一点的主矩。

综上所述，得到如下结论：一般情况下，平面任意力系向作用面内任选一点 O 简化，可以得到一个力和一个力偶，这个力的大小与方向等于该力系的主矢，作用线通过简化中心 O，这个力偶的矩等于该力系对点 O 的主矩。

建立如图 3-28(c)所示的坐标系，i，j 为沿 Ox 轴，Oy 轴的单位矢量。力系主矢 F'_R 的解析表达式为

$$F'_R = F'_{Rx} + F'_{Ry} = \sum F_x i + \sum F_y j \tag{3-28}$$

主矢 F'_R 的大小及其与 Ox 轴正向的夹角分别为

$$F'_R = \sqrt{\left(\sum F_x\right)^2 + \left(\sum F_y\right)^2}$$

$$\theta = \arctan\left|\frac{\sum F_y}{\sum F_x}\right|$$

力系对点 O 的主矩的解析表达式为

$$M_O = \sum M_O(F_i) = \sum (x_i F_{iy} - y_i F_{ix}) \tag{3-29}$$

其中，x_i，y_i 为力 F_i 作用点的坐标。

平面一般力系的简化方法，在实际工程中可以用来解决许多力学问题，如固定端的约束问题。固定端的约束是使被约束体插入约束内部，被约束体一端与约束成为一体而完全固定，既不能移动也不能转动的一种约束形式。实际工程中的固定端约束是很常见的，例如：机床上安装卡加工工件的卡盘对工件的约束[见图 3-29(a)]；大型机器中立柱对横梁的约束[见图 3-29(b)]；房屋建筑中墙壁对雨篷的约束[见图 3-29(c)]；飞机机身对机翼的约束[见图 3-29(d)]，等等。

如图 3-30(a)所示，固定端的约束对物体的作用，是在接触面上作用了一群约束力。在平面力学问题中，这些力为一平面内的任意力系，如图 3-30(b)所示。将这一群力向作用面内点 A 简化得到一个力和一个力偶，一般情况下这个力的大小与方向均为未知量，可以用两个未知分力来代替。因此，在平面力系的情况下，固定端 A 处的约束力可以简化为两个约束力 F_{Ax}、F_{Ay} 和一个矩为 M_A 的约束力偶，如图 3-30(c)所示。

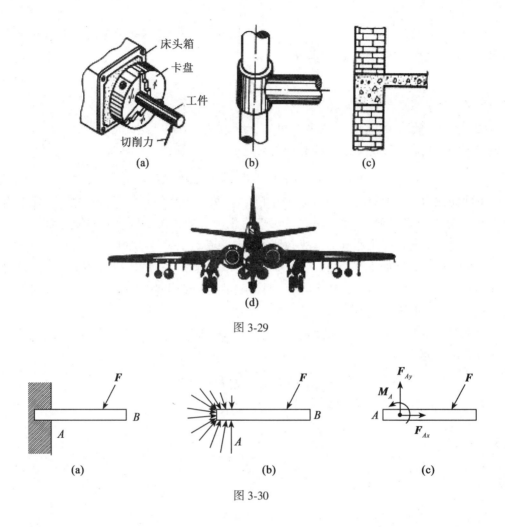

图 3-29

图 3-30

比较固定端支座与固定铰链支座的约束性质可见，固定端支座除了限制物体在水平方向和铅直方向移动外，还能限制物体在平面内的转动。因此，除了约束力 F_{Ax}、F_{Ay} 外，还有矩为 M_A 的约束力偶。而固定铰链支座没有约束力偶，因为固定铰链支座不能限制物体在平面内的转动。

3.5.4 平面任意力系的合成结果

平面任意力系对作用面内任一点简化的结果，可能有四种情况，即：$F_R' = 0$，$M_O \neq 0$；$F_R' \neq 0$，$M_O = 0$；$F_R' \neq 0$，$M_O \neq 0$；$F_R' = 0$，$M_O = 0$。下面对这几种情况作进一步的分析讨论。

(1)$F_R' = 0$，$M_O \neq 0$，说明原力系主矢为零，而主矩不为零，这正是力偶系的特征，因为力偶系中任一力偶的主矢都为零，所以原力系最终简化为一个力偶，而力偶矩就等于力系的主矩，此时主矩与简化中心无关。因为力偶可以在刚体平面内任意移动，故这时，主矩与简化中心 O 无关。

(2)$F_R' \neq 0$，$M_O = 0$，说明原力系的简化结果是一个力，而且这个力的作用线恰好通过简化中心，此时 F_R' 就是原力系的合力 F_R。

（3）$F'_R \neq 0$，$M_O \neq 0$，这种情况还可以进一步简化，根据力的平移定理的逆过程，可以把 F'_R 和 M_O 合成一个合力 F_R。其合成过程如图 3-31 所示，合力 F_R 的作用线到简化中心 O 的距离为

$$d = \left| \frac{M_O}{F_R} \right| = \left| \frac{M_O}{F'_R} \right| \tag{3-30}$$

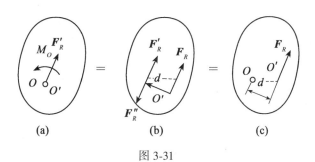

图 3-31

（4）$F'_R = 0$，$M_O = 0$，表明该力系对刚体总的作用效果为零，即物体处于平衡状态。

[**例 3-11**]　如图 3-32（a）所示，铆接薄板在孔心 A、B 和 C 三处分别受力作用。已知各力的大小 $P_1 = 100\text{N}$，$P_2 = 50\text{N}$，$P_3 = 200\text{N}$。图 3-32 中尺寸单位是 cm。试求力系向点 A 的简化结果以及力系的合力。

解：这是一个平面力系，力系向平面内任意一点简化，主矢与主矩都垂直。因此，平面力系在主矢不为零时一定存在合力。

以点 A 为原点建立 Axy 坐标系，将力系向 A 点简化，主矢 F'_R 和主矩 M_A 分别为

$$F'_R = P_1 + P_2 + P_3 = 200\boldsymbol{i} + 150\boldsymbol{j}\ \text{N}$$

$$M_A = 6P_2 = 300\text{N} \cdot \text{cm}$$

在平面力系的简化中，主矩通常采用平面上力对点的形式，即：$M_A = 6P_2 = 300\ \text{N} \cdot \text{cm}$ 由于主矢不等于零，所以这个力系可以合成一个力。合力 F_R 的大小与方向由主矢 F'_R 确定，F_R 作用线距点 A 的距离为

$$d = \frac{|M_A|}{|F'_R|} = 1.2\text{cm}$$

因为 $M_A > 0$，所以从上向下看，合力 F_R 在主矢 F'_R 的右侧，如图 3-32（b）所示。

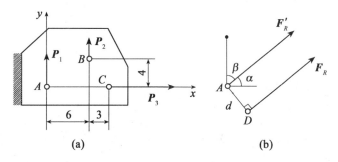

图 3-32

3.6　平面任意力系的平衡条件和平衡方程

现在讨论静力学中最重要的情形——平面任意力系的主矢和主矩都等于零的情形，即

$$F'_R = 0 \tag{3-31}$$

$$M_O = 0 \tag{3-32}$$

显然，主矢等于零，表明作用于简化中心 O 的汇交力系为平衡力系；主矩等于零，表明附加力偶系也是平衡力系，所以原力系必为平衡力系。因此，式(3-31)、式(3-32)为平面任意力系平衡的充分条件。

由 3.5 节中的分析结果可见，若主矢与主矩有一个不等于零，则力系应简化为合力或合力偶；若主矢与主矩都不等于零，可以进一步简化为一个合力。上述情况下力系都不能平衡，只有当主矢与主矩都等于零时，力系才能平衡，因此，式(3-31)、式(3-32)又是平面任意力系平衡的必要条件。于是，平面任意力系平衡的充分必要条件是：力系的主矢与对于任意一点的主矩都等于零。这些平衡条件可以用解析式表示。将式(3-27)和(3-28)代入式(3-31)、式(3-32)，可得

$$\begin{cases} \sum F_x = 0 \\ \sum F_y = 0 \\ \sum M_O(\boldsymbol{F}) = 0 \end{cases} \tag{3-33}$$

由上述可得结论，平面任意力系平衡的解析条件是：所有各力在两个任选的坐标轴上的投影的代数和分别等于零，以及各力对于任意一点的矩的代数和也等于零。式(3-33)称为平面任意力系的平衡方程。式(3-33)中有三个方程，只能求解三个未知量。在应用该平衡方程求解约束力的过程中，应选取适当的坐标轴和力矩中心，尽可能让一个方程中只包含一个未知量。这样可以避免求解联立方程。

[例 3-12]　简支梁受力如图 3-33(a)所示，已知 $F = 300\text{kN}$、$q = 100\text{N/m}$，试求 A，B 处的约束力。

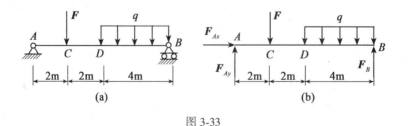

图 3-33

解：简支梁受力图如图 3-33(b)所示，则

$$\sum F_x = 0, \quad F_{Ax} = 0$$

$$\sum M_A(\boldsymbol{F}) = 0, \quad F_B \cdot 8 - 4 \cdot q \cdot 6 - F \cdot 2 = 0 \Rightarrow F_B = 375\text{N}$$

$$\sum F_y = 0, \quad F_{Ay} + F_B - F - q \cdot 4 = 0 \Rightarrow F_{Ay} = 325\text{N}$$

从[例3-12]可见，选取适当的坐标轴和力矩中心，可以减少每个平衡方程中的未知量的数目。在平面任意力系情形下，矩心应取在两未知力的交点上，而坐标轴应当与尽可能多的未知力相垂直。式(3-33)中的三个方程的顺序是没有要求的，可以根据需要合适选取。

[例3-13] 梁 ABC 用三链杆支承，并受荷载 $F_1 = 20\text{kN}$ 和 $F_2 = 40\text{kN}$ 的作用，如图3-34(a)所示，试求每根链杆所受的力。

解：以梁为研究对象，受力如图3-34(a)所示，建立如图3-34(b)所示坐标系，则

$$\sum M_D(\boldsymbol{F}) = 0, \quad -4F_2\cos 30° - 2F_2\sin 30° + 6F_C = 0 \Rightarrow F_C = 29.8\text{kN}$$

$$\sum F_x = 0, \quad -F_B + F_1\cos 45° + F_2\cos 75° - F_C\cos 45° = 0 \Rightarrow F_B = 3.5\text{kN}$$

$$\sum F_y = 0, \quad F_A - F_1\sin 45° - F_2\sin 75° + F_C\sin 45° = 0 \Rightarrow F_A = 31.8\text{kN}$$

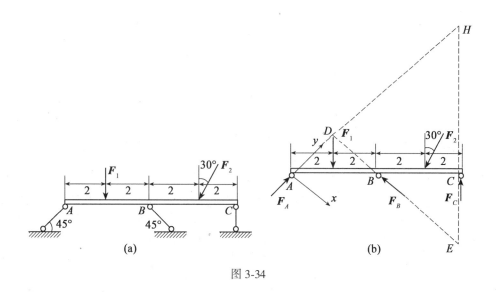

图 3-34

例3-13亦可以由 $\sum M_E(\boldsymbol{F}) = 0$、$\sum M_H(\boldsymbol{F}) = 0$ 和 $\sum F_x = 0$ 三个方程求得。在计算某些问题时，采用力矩方程往往比投影方程简便。下面介绍平面任意力系平衡方程的其他两种形式。三个平衡方程中有两个力矩方程和一个投影方程，即

$$(3\text{-}34)\quad \begin{cases} \sum \boldsymbol{F}_x = 0 \\ \sum M_A(\boldsymbol{F}) = 0 \\ \sum M_B(\boldsymbol{F}) = 0 \end{cases}$$

其中，Ox 轴不垂直于 A、B 两点的连线。

式(3-34)称为二矩式。为什么上述形式的平衡方程也能满足力系平衡的充分必要条件呢？这是因为，如果力系对点 A 的主矩等于零，则这个力系不可能简化为一个力偶，但可能有两种情形：这个力系或者是简化为经过点 A 的一个力，或者平衡。如图3-35所示，如果力系对另一点 B 的主矩也同时为零，则这个力系或有一合力沿 A、B 两点的连线，或者平衡。如果再加上 $\sum F_x = 0$，那么力系若有合力，则该合力必与 Ox 轴垂直。式(3-34)

的附加条件(Ox 轴不得垂直连线 AB)完全排除了力系简化为一个合力的可能性，故所研究的力系必为平衡力系。

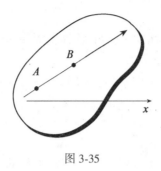

图 3-35

例 3-13 同样也可以由 $\sum M_E(\boldsymbol{F}) = 0$、$\sum M_H(\boldsymbol{F}) = 0$ 和 $\sum M_D(\boldsymbol{F}) = 0$ 三个方程求得。这就是三矩式，其平衡方程为

$$\begin{cases} \sum M_A(\boldsymbol{F}) = 0 \\ \sum M_B(\boldsymbol{F}) = 0 \\ \sum M_C(\boldsymbol{F}) = 0 \end{cases} \qquad (3\text{-}35)$$

其中，A、B、C 三点不共线，为什么必须有这个附加条件，请读者自行证明。

上述三组方程式(3-33)~式(3-35)都可以用来解决平面任意力系的平衡问题。究竟选用哪一组方程，必须根据具体条件确定。对于受平面任意力系作用的单个刚体的平衡问题，只可以写出三个独立的平衡方程，求解三个未知量。任何第四个方程只是前三个方程的线性组合，因而不是独立的。我们可以利用这个方程来校核计算的结果。

3.7　平面平行力系的平衡方程

平面平行力系是平面任意力系的一种特殊情形。如图 3-36 所示，设物体受平面平行力系 $\boldsymbol{F}_1$，$\boldsymbol{F}_2$，$\cdots$，$\boldsymbol{F}_n$ 的作用。若选取 Ox 轴与各力垂直，则无论力系是否平衡，每一个力在 Ox 轴上的投影恒等于零，即 $\sum F_x \equiv 0$。于是，平行力系的独立平衡方程的数目只有两个，即

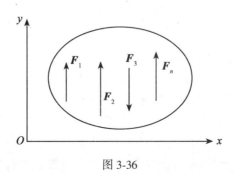

图 3-36

$$\sum F_y = 0 \tag{3-36}$$

$$\sum M_O(\boldsymbol{F}) = 0 \tag{3-37}$$

平面平行力系的平衡方程，也可以用两个力矩方程的形式，即

$$\sum M_A(\boldsymbol{F}) = 0 \tag{3-38}$$

$$\sum M_B(\boldsymbol{F}) = 0 \tag{3-39}$$

其中 A、B 两点的连线不得与各力平行。由此可见，在一个刚体受平面平行力系作用而平衡的问题中，利用平衡方程只能求解两个未知量。

[**例 3-14**] 一种车载式起重机，车重 $Q = 26\text{kN}$，起重机伸臂重 $G = 4.5\text{kN}$，起重机的旋转与固定部分共重 $W = 31\text{kN}$。其尺寸如图 3-37(a)所示，单位是 m，设伸臂在起重机对称面内，且置于图示位置，试求车子不至翻倒的最大起重量 $P_{\max}$。

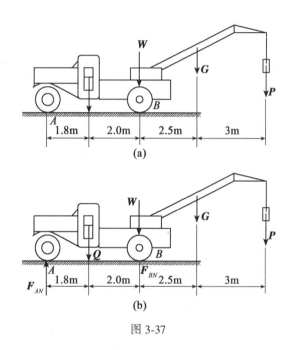

图 3-37

解：(1)取汽车及起重机为研究对象。

(2)绘制受力分析图如图 3-37(b)所示。

(3)列平衡方程：

$$\sum F_y = 0, \quad F_{AN} + F_{BN} - Q - W - G - P = 0$$

$$\sum M_B(\boldsymbol{F}) = 0, \quad -3.8F_{AN} + 2Q - 2.5G - 5.5P = 0$$

$$F_{AN} = \frac{2Q - 2.5G - 5.5P}{3.8}$$

(4)汽车不倾翻的条件为 $F_{AN} \geqslant 0$，由此可得 $P \leqslant \dfrac{2Q - 2.5G}{5.5} = 7.5\text{kN}$，故这种车载式起重机的最大起重重量为 $P_{\max} = 7.5\text{kN}$。

3.8 物体系的平衡 静定和静不定问题

物体系是由几个物体组成的系统。例如工程中的组合构架、三铰拱等结构是典型的物体系。物体系简称物系。物系平衡时，组成该系统的每一个物体也都保持平衡。若物系由 n 个物体组成，对每个受平面一般力系作用的物体至多只能列出 3 个独立的平衡方程，对整个物系至多只能列出 $3n$ 个独立的平衡方程。若问题中未知量的数目不超过独立的平衡方程的总数，则采用平衡方程可以解出全部未知量，这类问题称为静定问题。反之，若问题中未知量的数目超过了独立的平衡方程的总数，则单靠平衡方程不能解出全部未知量，这类问题称为超静定问题或静不定问题。在实际工程中为了提高结构的刚度和稳固性，常对物体增加一些支承或约束，因而使所研究的问题由静定问题变为超静定问题。例如图 3-38(a)、(b) 为静定结构，图 3-39(a)、(b) 为静不定结构。在采用平衡方程来解决工程实际问题时，应首先判别该问题是否静定。本章只研究静定问题。

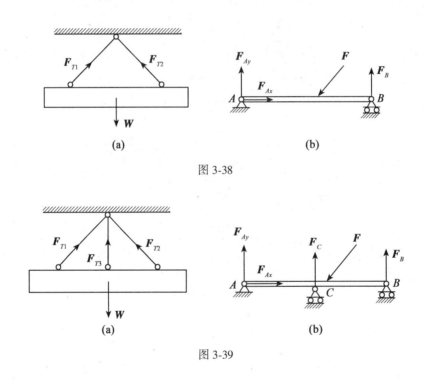

图 3-38

图 3-39

在求解静定的物体系的平衡问题时，可以选取每个物体为研究对象，列出全部平衡方程，然后求解；也可以先取整个系统为研究对象，列出平衡方程，这样的方程因不包含内力，式中未知量较少，解出部分未知量后，再从系统中选取某些物体作为研究对象，列出另外的平衡方程，直至求出所有的未知量为止。在选取研究对象时，应尽可能让未知量的个数不超过 3 个，若无论怎样选取研究对象都有 3 个以上的未知量，则应选取能求出某个有效未知量的研究对象。列平衡方程时，应使每一个平衡方程中的未知量个数尽可能少，最好是只含有一个未知量，以避免求解联立方程。

[例 3-15] 图 3-40(a)所示的组合梁,由 *AC* 和 *CD* 在点 *C* 处铰接而成,梁不计自重。梁的 *A* 端插入墙内,*B* 处为滚动支座。已知:$F = 20\text{kN}$,均布载荷 $q = 10\text{kN/m}$,$M = 20\text{kN} \cdot \text{m}$,$l = 1\text{m}$。试求插入端 *A* 及滚轴支座 *B* 的约束力。

分析: 若以整体为研究对象,一共有 4 个未知量。若以 *AC* 为研究对象,则有 5 个未知量;而以 *CD* 为研究对象,则只有 3 个未知量。所以首先应以 *CD* 为研究对象,因为要求的是端 *A* 及滚轴支座 *B* 的约束力,点 *C* 处的约束力是未知的不需要求的中间的约束力,在对问题进行求解时,应尽量避免求这种中间约束力,若以点 *C* 位矩心就可以求出滚动滚轴 *B* 的约束力,再以整体为研究对象,一共只有 3 个未知量,所以不求 *C* 点处的约束力是可行的。

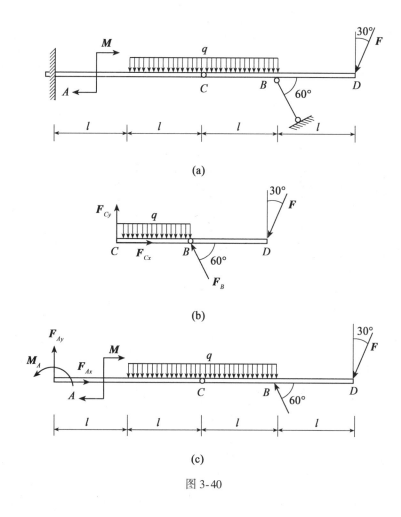

图 3-40

解: (1)取 *CD* 梁分析,绘制受力图如图 3-40(b)所示,则

$$\sum M_C(\boldsymbol{F}) = 0, \qquad -q \cdot l \cdot \frac{l}{2} + F_B \sin 60° \cdot l - F \cos 30° \cdot 2l = 0$$

$$F_B = 45.77\text{kN}$$

(2)以整体为研究对象,绘制受力图如图 3-40(c)所示,则

$$\sum F_x = 0, \qquad F_{Ax} - F_B \cos 60° - F \sin 30° = 0$$

$$F_{Ax} = 32.89\text{kN}$$

$$\sum F_y = 0, \qquad F_{Ay} - 2ql + F_B \sin 60° - F \cos 30° = 0$$

$$F_{Ay} = -2.32\text{kN}$$

$$\sum M_A(\boldsymbol{F}) = 0, \qquad F \cos 30° \cdot 4l + F_B \sin 60° \cdot 3l - q \cdot 2l \cdot 2l - M + M_A = 0$$

$$M_A = 10.36\text{kN} \cdot \text{m}$$

[例3-16] 组合结构的荷载和尺寸如图3-41(a)所示,试求支座约束力和各链杆的内力。

解： 先以整体为研究对象,绘制受力图如图3-41(b)所示,建立如图3-41(b)所示坐标系,则

$$\sum M_A(\boldsymbol{F}) = 0, \qquad F_D a - \frac{1}{2}q(2a+b)^2 = 0 \Rightarrow F_D = \frac{q(2a+b)^2}{2a}$$

$$\sum F_y = 0, \qquad F_{Ay} - q(2a+b) = 0 \Rightarrow F_{Ay} = q(2a+b)$$

$$\sum F_x = 0, \qquad F_{Ax} + F_D = 0 \Rightarrow F_{Ax} = -\frac{q(2a+b)^2}{2a}$$

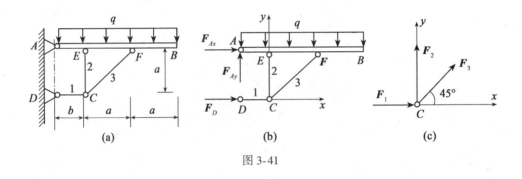

图 3-41

再以铰 C 为研究对象,绘制受力图如图3-41(b),建立如图3-41(c)所示坐标系,则

$$\sum F_x = 0, \qquad F_1 + F_3 \cos 45° = 0$$

$$\sum F_y = 0, \qquad F_2 + F_3 \sin 45° = 0$$

(1 杆受压)

由于 $F_1 = F_D$,代入解之得:

$$F_3 = -\frac{q(2a+b)^2}{\sqrt{2}a}, \qquad F_2 = \frac{q(2a+b)^2}{2a}$$

(与假设方向相反,3 杆受压)

当然,亦可以 AB 为研究对象,求 F_2 和 F_3。

[例3-17] 结构的荷载和尺寸如图3-42(a)所示,$CE = ED$,已知:P、m、q_0、a。试求固定端 A 和铰支座 B 处的约束力。

解： (1)以 BD 为研究对象,绘制受力图如图3-42(b)所示,则

$$\sum M_D(\boldsymbol{F}) = 0, \qquad F_{Bx} \cdot a + m = 0$$

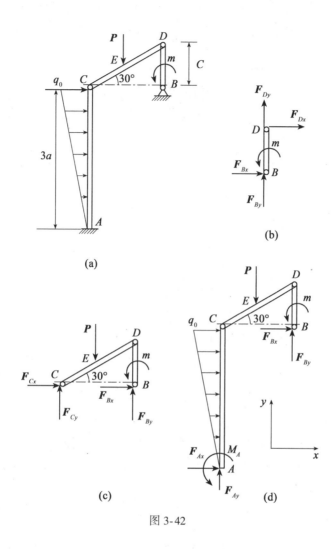

图 3-42

解得

$$F_{Bx} = -\frac{m}{a}$$

（2）以 CDB 为研究对象，绘制受力图如图 3-42(c)所示，则

$$\sum M_C(\boldsymbol{F}) = 0, \qquad F_{By} \cdot \sqrt{3}a - P\frac{\sqrt{3}}{2}a + m = 0$$

解得

$$F_{By} = \frac{P}{2} - \frac{\sqrt{3}\,m}{3a}$$

（3）最后以整体为研究对象，绘制受力图如图 3-42(d)所示，建立如图坐标系，则

$$\sum F_x = 0, \qquad F_{Ax} + F_{Bx} + \frac{1}{2}q_0 \cdot 3a = 0$$

解得

$$F_{Ax} = \frac{m}{a} - \frac{3}{2} q_0 a$$

$$\sum F_y = 0, \quad F_{Ay} + F_{By} - P = 0$$

解得

$$F_{Ay} = \frac{P}{2} + \frac{\sqrt{3}\,m}{3a}$$

$$\sum M_A(\boldsymbol{F}) = 0, \quad M_A - \frac{3}{2} q_0 a \cdot \frac{2}{3} \cdot 3a - P\frac{\sqrt{3}}{2}a + m - F_{Bx}3a + F_{By}\sqrt{3}\,a = 0$$

解得

$$M_A = 3q_0 a^2 - 3m$$

[**例 3-18**]　起重刚架，已知重物重 **P**，各部分尺寸如图 3-43(a)所示，滑轮半径为 r。忽略各部分自重及铰链摩擦，试求支座 A、D 处的约束力。

解：由于不考虑摩擦，滑轮两侧拉力相等，即 $F_T = P$。

(1)以 CD 杆为研究对象，绘制受力图如图 3-43(b)所示，4 个约束力中有 3 个交汇于点 C(或点 D)。因此，考虑 CD 杆对于点 C 的矩平衡，有

$$\sum M_C(\boldsymbol{F}) = 0, \quad 4a \cdot F_{Dx} - P(a - r) = 0$$

解得

$$F_{Dx} = \frac{P}{4}\left(1 - \frac{r}{a}\right)$$

(2)以 BC、CD 及滑轮和重物组成的子系统为研究对象，绘制受力图如图 3-43(c)所示，该子系统有 3 个未知约束力。考虑子系统对点 B 的矩平衡，则

$$\sum M_B(\boldsymbol{F}) = 0, \quad 2a \cdot F_{Dy} + 2a \cdot F_{Dx} - P(a - r) = 0$$

解得

$$F_{Dy} = \frac{P}{4}\left(1 - \frac{r}{a}\right)$$

(3)以整体为研究对象，绘制受力图如图 3-43(d)所示。依次列出平衡方程

$$\sum F_x = 0, \quad F_{Ax} + F_{Dx} = 0$$

解得

$$F_{Ax} = -\frac{P}{4}\left(1 - \frac{r}{a}\right)$$

$$\sum F_y = 0, \quad F_{Ay} + F_{Dy} - P = 0$$

解得

$$F_{Ay} = \frac{P}{4}\left(3 + \frac{r}{a}\right)$$

$$\sum M_A(\boldsymbol{F}) = 0, \quad M + 2aF_{Dx} + 4aF_{Dy} - (3a - r)P = 0$$

解得

$$M = \frac{P}{2}(3a + r)$$

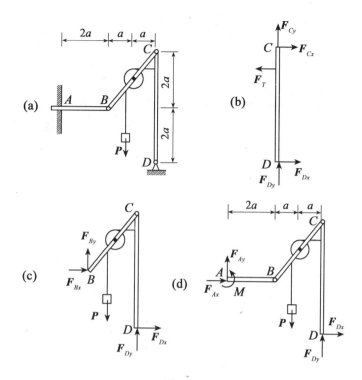

图 3-43

解题步骤：
(1)选择研究对象；
(2)绘制受力图(受力分析)；
(3)确定坐标系，取矩点，列平衡方程；
(4)解方程求出未知数。

解题技巧：
(1)先取矩，后投影，列一个平衡方程求一个未知力；
(2)矩心最好选取在未知力的交叉点上；
(3)坐标轴最好选取在与未知力垂直或平行的投影轴上；
(4)注意判断二力杆，运用合力矩定理等。

思考题与习题 3

1. 采用解析法求平面汇交力系的合力时，取不同的直角坐标系所求得的合力是否相同？

2. 采用解析法求平面汇交力系的平衡问题时，Ox 轴与 Oy 轴是否一定相互垂直？当不垂直时，建立的平衡方程能满足力系的平衡条件吗？

3. 输电线跨度 l 相同时，电线下垂量 h 越小，电线越易于拉断，为什么？

4. 如图 3-44 所示的刚体的 A、B、C、D 四点作用有四个大小相等的力，这四力沿四边恰好组成封闭的力多边形。该刚体是否平衡？若力 F_1 和 F_1' 都改变方向，该刚体是否平衡？

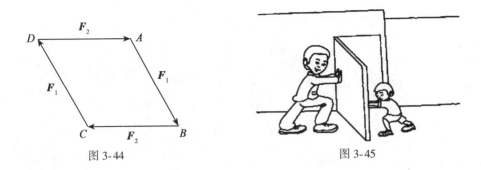

图 3-44　　　　　　　　　　　　　　图 3-45

5. 观察如图 3-45 所示的推门游戏，门将朝哪个方向打开？想一想，开关门、窗的把手为什么安装在远离转轴的一侧？

6. 依据力偶理论知道，一力不能与力偶平衡。但是如图 3-46(a) 所示，为什么螺旋压榨机上，力偶却似乎可以用被压榨物体的反抗力 F_N 来平衡？如图 3-46(b) 所示，为什么轮子上的力偶 M 似乎与重物的力 P 相平衡？这种说法错在哪里？

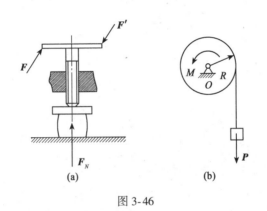

(a)　　　　　　　　　　　(b)

图 3-46

7. 如图 3-47 所示的两种机构，图(a)中销钉 E 固结于杆 CD 而插在杆 AB 的滑槽中；图(b)中销钉 E 固结于杆 AB 而插在杆 CD 的滑槽中。不计构件自重及摩擦，$\theta = 45°$，若在杆 AB 上作用有矩为 M_1 的力偶，上述两种情况下平衡时，A、C 处的约束力和杆 CD 上作用的力偶是否相同？

8. 已知平面任意力系向某一点简化得一合力，试问能否另选一适当的简化中心，把力系简化为一力偶？反之，若已知平面任意力系向某一点简化得一合力偶，能否另选一适当的简化中心，把力系简化为一合力？

9. 平面任意力系向作用面内 A、B 两点简化结果相同，且主矢与主矩均不为零，试问这种情况是否有可能？在什么情况下，平面任意力系向作用面内 A、B 两点简化主矢与主矩均为零？

10. 两直角刚杆 ABC、DEF 在 F 处铰接，并支承如图 3-48 所示。若各杆重不计，则当垂直 BC 边的力 P 从点 B 移动到点 C 的过程中，试求点 D 处的约束力最大值。

11. 判断如图 3-49 所示结构是静定问题还是静不定问题。

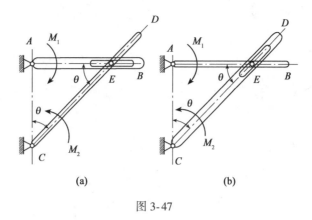

图 3-47

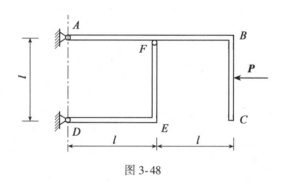

图 3-48

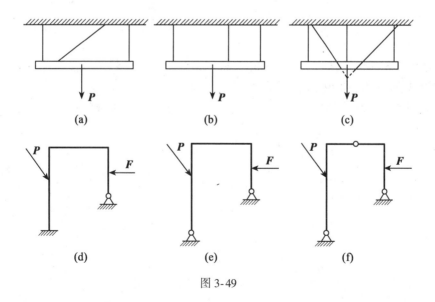

图 3-49

12. 如图 3-50 所示，$F_1 = 150\text{kN}$，$F_2 = 200\text{kN}$，$F_3 = 300\text{kN}$。试求平面共点力系的合力。

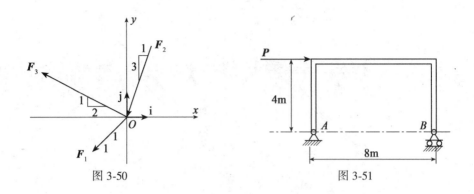

图 3-50   图 3-51

13. 已知：$P = 20kN$，试求如图 3-51 所示平面刚架的支座约束力。

14. 如图 3-52 所示简易起重机，起吊重量为 $P = 20kN$，$\alpha = 30°$，A、B、C 为光滑铰链链接，若不计各杆自重，试求平衡时，杆 AB、AC 所受的力。

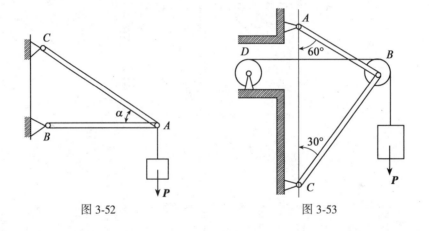

图 3-52   图 3-53

15. 如图 3-53 所示结构中，$P = 20kN$，杆和滑轮的自重不计，并忽略摩擦和滑轮的大小。试求平衡时杆 AB 和 BC 受到的力。

16. 如图 3-54 所示结构，已知 P、a，试求：A、B、C 处的约束力。

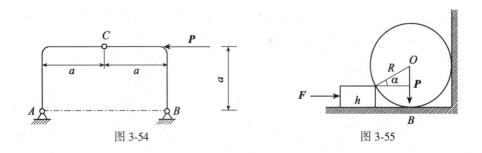

图 3-54   图 3-55

17. 如图 3-55 所示结构，已知 P、h、R，试求当力 F 达到多大时，球离开地面？

18. 如图 3-56 所示，试求 F 对 A 点的矩。

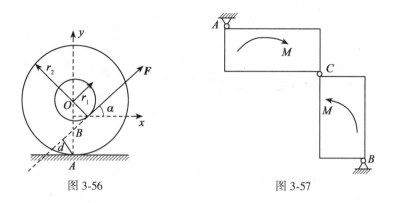

图 3-56　　　　　　　　　图 3-57

19. 如图 3-57 所示矩形板，边长分别为 a、$2a$，各受大小相等、方向相反的力偶 M 作用，试求 A、B 两点处的支座约束力。

20. 已知 P、m、a、b，试求如图 3-58 所示梁的支座约束力。

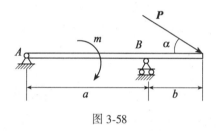

图 3-58

21. 已知 P、q、a、b、m，试求如图 3-59 所示刚架的约束力。

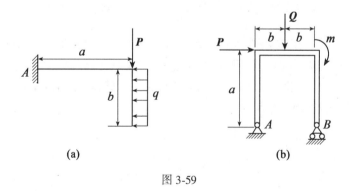

(a)　　　　　　　　　(b)

图 3-59

22. 如图 3-60 所示，自重为 $P=100\text{kN}$ 的 T 字形刚架 ABC，置于铅垂面内，载荷如图 3-60 所示。其中 $M=20\text{kN·m}$，$F=400\text{kN}$，$q=20\text{kN/m}$，$l=1\text{m}$。试求固定端 A 的约束力。

23. 塔式起重机如图 3-61 所示。机架重 $P_1=700\text{kN}$，作用线通过塔架的中心。最大起重量 $P_2=200\text{kN}$，最大悬臂长为 12m，轨道 AB 的间距为 4m。平衡荷重 P_3 到机身中心线之间的距离为 6m。试问：

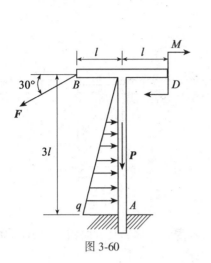

图 3-60

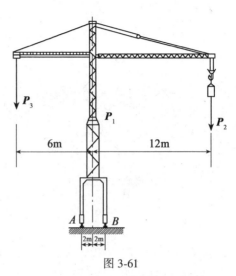

图 3-61

（1）保证起重机在满载和空载时都不致翻倒，其平衡荷重 P_3 应为多少？

（2）若平衡荷重 $P_3 = 180$kN，满载时轨道 A、B 给起重机轮子的约束力为多少？

24. 已知 P、q，试求如图 3-62 所示多跨静定梁的支座 A、B、D 处的约束力。

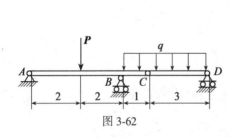

图 3-62

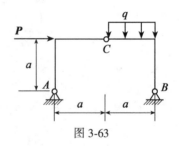

图 3-63

25. 已知 P、q、a，试求如图 3-63 所示三铰刚架的支座 A、B 处的约束力。

26. 构架由 AB、BC、CD 三杆用铰 B、C 连接，其他支承及载荷如图 3-64 所示，力 P 作用在 CD 杆的中点 E。已知：$P = 8$kN，$q = 4$kN/m，力偶矩 $M = 10$kN·m，$a = 1$m，各杆自重不计。试求固定端 A 的约束力。

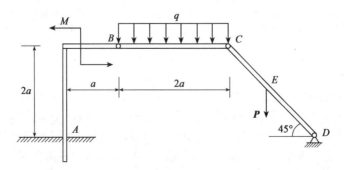

图 3-64

27. 如图 3-65 所示，已知 P、M、q、a、b，试求结构固定端 A 处的约束力。

28. 起重构架如图 3-66 所示，尺寸单位为 mm。滑轮直径 $d = 200$mm，钢丝绳的倾斜部分平行于杆 BE。吊起的载荷 $W = 10$kN，其他重量不计，试求固定铰链支座 A、B 的约束力。

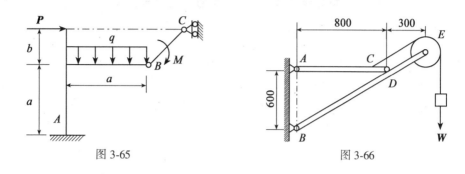

图 3-65   图 3-66

29. 如图 3-67 所示，刚架 ABC 和刚架 CD 通过铰链 C 连接，并与地面通过铰链 A、B、D 连接，$F_1 \doteq 100$kN，$F_2 = 50$kN，$q = 10$kN/m，试求各刚架的支座约束力(尺寸单位为 m)。

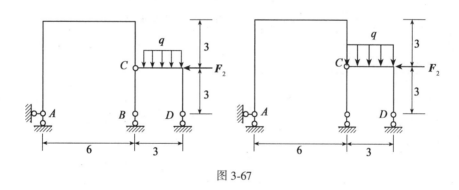

图 3-67

30. 如图 3-68 所示结构中，$M = 40$kN·m，$P = 100$kN，$q = 50$kN/m，试求支座 A 处的约束力。

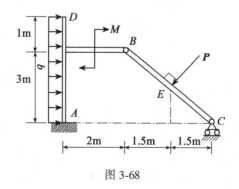

图 3-68

第4章 空间力系

本章将研究空间力系的简化和平衡条件。实际工程中常见物体所受各力的作用线并不都在同一平面内，而是以三维空间分布的，例如车床主轴、起重设备、高压输电线塔和飞机的起落架等结构。设计这些结构时，需用空间力系的平衡条件进行计算。

与平面力系一样，空间力系可以分为空间汇交力系、空间力偶系和空间任意力系来研究。

4.1 空间汇交力系

力在空间坐标轴上的投影的概念与力在平面坐标轴上的投影的概念相同，由于力所对应的参考系不同，计算方法有所不同。力在空间坐标轴上的投影有两种运算形式，即直接投影法和二次投影法。

4.1.1 空间力沿坐标轴的分解与投影

1. 力沿直角坐标轴的分解

如图 4-1 所示，以力矢 F 为对角线作直平行六面体，其三棱边分别平行于坐标轴，则可以将力 F 直接分解为沿坐标轴的三个正交分力

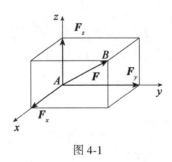

图 4-1

2. 力在空间直角坐标轴上的投影

若已知力 F 与正交坐标系 $Oxyz$ 三坐标轴之间的夹角分别为 α、β、γ，如图 4-2 所示，则力在三个坐标轴上的投影等于力 F 的大小乘以与各坐标轴之夹角的余弦，即

$$\begin{cases} F_x = F\cos\alpha \\ F_y = F\cos\beta \\ F_z = F\cos\gamma \end{cases} \tag{4-1}$$

上述这种方法称为直接投影法。

当力 F 与坐标轴 Ox 轴、Oy 轴之间的夹角不易确定时，可以把力 F 先投影到坐标平面 Oxy 上，得到力 F_{xy}，然后再把这个力投影到 Ox 轴、Oy 轴上。在图 4-3 中，已知力 F 的仰角 θ 和方位角 φ，则力 F 在坐标轴上的投影为

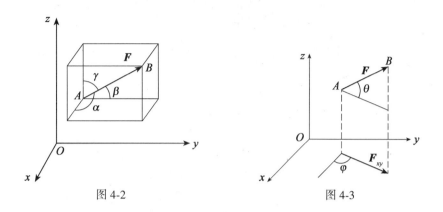

图 4-2   图 4-3

$$\begin{cases} F_x = F\cos\theta\cos\varphi \\ F_y = F\cos\theta\sin\varphi \\ F_z = F\sin\theta \end{cases} \tag{4-2}$$

上述这种方法称为二次投影法。力在坐标平面上的投影为矢量。

反之，若已知力 F 在坐标轴上的投影 F_x、F_y、F_z，则该力的大小和方向为：

$$F = \sqrt{F_x{}^2 + F_y{}^2 + F_z{}^2} \tag{4-3}$$

$$\begin{cases} \cos\alpha = \dfrac{F_x}{F} \\[2mm] \cos\beta = \dfrac{F_y}{F} \\[2mm] \cos\gamma = \dfrac{F_z}{F} \end{cases} \tag{4-4}$$

力 F 的解析表达式为

$$\boldsymbol{F} = \boldsymbol{F}_x + \boldsymbol{F}_y + \boldsymbol{F}_z = F_x \mathrm{i} + F_y \mathrm{j} + F_z \mathrm{k} \tag{4-5}$$

[**例 4-1**] 已知力沿直角坐标轴的解析式为，$\boldsymbol{F} = 3\mathrm{i} + 4\mathrm{j} - 5\mathrm{k}$（力的单位：kN），试求这个力的大小和方向，并作图表示。

解：将 $\boldsymbol{F} = 3\mathrm{i} + 4\mathrm{j} - 5\mathrm{k}$ 与 $\boldsymbol{F} = F_x \mathrm{i} + F_y \mathrm{j} + F_z \mathrm{k}$ 进行比较，可得

$$F_x = 3\mathrm{kN}, \quad F_y = 4\mathrm{kN}, \quad F_z = -5\mathrm{kN}$$

根据式（4-3）、式（4-4）求得

$$F = \sqrt{F_x{}^2 + F_y{}^2 + F_z{}^2} = 5\sqrt{2}\,\mathrm{kN}$$

$$\cos\alpha = \frac{F_x}{F} = \frac{3}{5\sqrt{2}} = 0.4243$$

$$\cos\beta = \frac{F_y}{F} = \frac{4}{5\sqrt{2}} = 0.5657$$

$$\cos\gamma = \frac{F_z}{F} = \frac{-5}{5\sqrt{2}} = -0.7071$$

则力 F 与三个坐标轴之间的夹角分别为 $\alpha = 64.9°$，$\beta = 55.55°$，$\gamma = 135°$，如图 4- 4 所示。

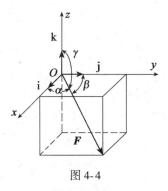

图 4- 4

4.1.2　空间汇交力系的合成与平衡

1. 空间汇交力系的合成

将平面汇交力系合成的结果推广得

$$F_R = F_1 + F_2 + \cdots + F_n = \sum F$$

空间汇交力系的合力的大小与方向为

$$F_R = \sqrt{\left(\sum F_x \right)^2 + \left(\sum F_y \right)^2 + \left(\sum F_z \right)^2} \tag{4-6}$$

$$\begin{cases} \cos\alpha = \dfrac{\sum F_x}{F_R} \\[2mm] \cos\beta = \dfrac{\sum F_y}{F_R} \\[2mm] \cos\gamma = \dfrac{\sum F_z}{F_R} \end{cases} \tag{4-7}$$

2. 空间汇交力系的平衡

空间汇交力系平衡的充分必要条件是

$$F_R = \sum F_i = 0 \tag{4-8}$$

以解析式表示为

$$\begin{cases} \sum F_x = 0 \\ \sum F_y = 0 \\ \sum F_z = 0 \end{cases} \tag{4-9}$$

于是可得结论，空间汇交力系平衡的充分必要条件为：该力系中所有各力在三个坐标轴上的投影的代数和分别等于零。式(4-9)称为空间汇交力系的平衡方程。

应用解析法求解空间汇交力系的平衡问题的步骤，与平面汇交力系问题相同，只不过需列出三个平衡方程，可以求解三个未知量。

[例 4-2] 重为 P 的物体用杆 AB 和位于同一水平面的绳索 AC 与 AD 支承，如图 4-5 (a)所示。已知 $P = 1000\text{N}$，$CE = ED = 12\text{cm}$，$EA = 24\text{cm}$，$\beta = 45°$，不计杆重。试求绳索的拉力和杆所受的力。

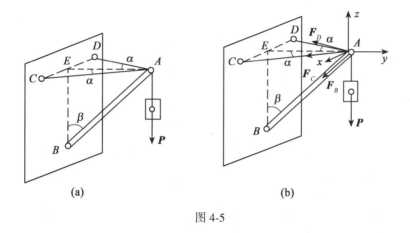

图 4-5

解： 以铰 A 为研究对象，绘制受力图如图 4-5(b)所示，建立如图 4-5(b)所示坐标系，则

$$\sum F_x = 0, \qquad F_C \sin\alpha - F_D \sin\alpha = 0$$

$$\sum F_y = 0, \qquad -F_C \cos\alpha - F_D \cos\alpha - F_B \sin\beta = 0$$

$$\sum F_z = 0, \qquad -F_B \cos\beta - P = 0$$

由几何关系

$$\cos\alpha = \frac{24}{\sqrt{12^2 + 24^2}} = \frac{2}{\sqrt{5}}$$

解得

$$F_B = -1414\text{N}, \quad F_C = F_D = 559\text{N}$$

4.2　力对点的矩和力对轴的矩

4.2.1　力对点的矩

对于平面力系，用代数量表示力对点的矩足以概括平面力系的全部要素。但是在空间

情况下，不仅要考虑力矩的大小、转向，而且还要注意力与矩心所组成的平面的方位。平面的方位不同，即使力矩大小一样，其作用效果将完全不同。例如，作用在飞机尾部铅垂舵和水平舵上的力，对飞机绕重心转动的效果不同，前者能使飞机转弯，而后者则能使飞机发生俯仰。因此，在研究空间力系时，必须引入力对点的矩这个概念；空间力对点的矩的作用效果取决于力矩的大小、转向和力矩作用面方位。这三个因素可以用一个矢量 $M_O(F)$ 表示，如图 4-6 所示。其模表示力矩的大小，指向表示力矩在其作用面内的转向（符合右手螺旋法则），方位表示力矩作用面的法线。由于力矩与矩心的位置有关，所以 $M_O(F)$ 的始端一定在矩心 O 处，是定位矢量。

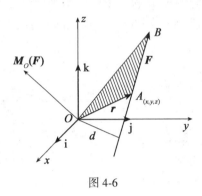

图 4-6

由力矩的定义：$|M_O(F)| = Fd = 2\triangle OAB$ 的面积，由图 4-6 可知 $|r \times F| = Fr\sin(F, r) = Fd = 2\triangle OAB$ 的面积。则

$$|M_O(F)| = |r \times F| \tag{4-10}$$

根据右手螺旋法则，矢量 $M_O(F)$ 的指向与 $r \times F$ 的指向一致，且都垂直于点 O 与力所决定的平面。所以

$$M_O(F) = r \times F \tag{4-11}$$

亦即，空间力对点之矩矢等于矩心到该力作用点的矢径与该力的矢量积。建立如图 4-6 所示坐标系，有

$$r = x\text{i} + y\text{j} + z\text{k}, \quad F = F_x\text{i} + F_y\text{j} + F_z\text{k}$$

所以

$$M_O(F) = r \times F = \begin{vmatrix} \text{i} & \text{j} & \text{k} \\ x & y & z \\ F_x & F_y & F_z \end{vmatrix} = (yF_z - zF_y)\text{i} + (zF_x - xF_z)\text{j} + (xF_y - yF_x)\text{k} \tag{4-12}$$

式(4-12)为力对点的矩的解析表达式。将 $M_O(F)$ 表示为如下形式：

$$M_O(F) = [M_O(F)]_x\text{i} + [M_O(F)]_y\text{j} + [M_O(F)]_z\text{k}$$

比较前两式，得

$$\begin{cases} [M_O(F)]_x = (yF_z - zF_y) \\ [M_O(F)]_y = (zF_x - xF_z) \\ [M_O(F)]_z = (xF_y - yF_x) \end{cases} \tag{4-13}$$

4.2.2 力对轴的矩

实际工程中，经常遇到刚体绕定轴转动的情形，为了度量力对绕定轴转动刚体的作用效果，必须了解力对轴的矩的概念。如图 4-7(a)所示，门上作用一力 F，使其绕固定轴 Oz 轴转动。现将力 F 分解为平行于 Oz 轴的分力 F_z 和垂直于 Oz 轴的分力 F_{xy}（这个力即为力 F 在垂直于 Oz 轴的平面 xOy 上的投影）。由相关经验可知，分力 F_z 不能使静止的门绕 Oz 轴转动，故力 F_z 对 Oz 轴的矩为零；只有分力 F_{xy} 才能使静止的门绕 Oz 轴转动。现用符号 $M_z(F)$ 表示力 F 对 Oz 轴的矩，点 O 为平面 xOy 与 Oz 轴的交点，h 为点 O 到力 F_{xy} 作用线的距离。因此，力 F 对 Oz 轴的矩就是分力 F_{xy} 对点 O 的矩，即

$$M_z(F) = M_o(F_{xy}) = \pm F_{xy}h = \pm 2S_{\triangle OAB} \qquad (4\text{-}14)$$

其中，$S_{\triangle OAB}$ 为 $\triangle OAB$ 的面积。

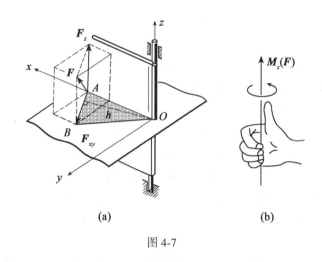

图 4-7

于是，可得力对轴的矩的定义如下：

定义 4.1 力对轴的矩是力使刚体绕该轴转动效果的度量，是一个代数量，其绝对值等于该力在垂直于该轴的平面上的投影对于这个平面与该轴的交点的矩的大小。

其正负号按以下方法确定：从 Oz 轴正端来看，若力的这个投影使物体绕该轴按逆时针转动，则取正号，反之取负号。也可以按右手螺旋规则确定其正负号，如图 4-7(b)所示，大拇指指向与 Oz 轴一致为正，反之为负。

力对轴的矩等于零的情形：(1)当力与轴相交时，此时 $h=0$；(2)当力与轴平行时，此时 $|F_{xy}|=0$。这两种情形可以合起来叙述：当力与轴在同一平面时，力对该轴的矩等于零。力对轴的矩的单位为 N·m。

力对轴的矩也可以用解析式表示。设力 F 在三个坐标轴上的投影分别为 F_x、F_y、F_z。力的作用点 A 的坐标为 $(x，y，z)$，如图 4-8 所示。

根据合力矩定理，得

$$M_z(F) = M_o(F_{xy}) = M_o(F_x) + M_o(F_y)$$

即

$$M_z(F) = xF_y - yF_x$$

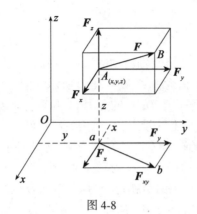

图 4-8

同理可得其余二式。将这三式合写为

$$\begin{cases} M_x(\boldsymbol{F}) = yF_z - zF_y \\ M_y(\boldsymbol{F}) = zF_x - xF_z \\ M_z(\boldsymbol{F}) = xF_y - yFx \end{cases} \tag{4-15}$$

以上三式是计算力对轴的矩的解析式。

比较式(4-15)和式(4-13)，得

$$\begin{cases} [\boldsymbol{M}_O(\boldsymbol{F})]_x = M_x(\boldsymbol{F}) \\ [\boldsymbol{M}_O(\boldsymbol{F})]_y = M_y(\boldsymbol{F}) \\ [\boldsymbol{M}_O(\boldsymbol{F})]_z = M_z(\boldsymbol{F}) \end{cases} \tag{4-16}$$

亦即，力对任一点的矩矢在通过该点的任一轴上的投影，等于力对该轴之矩。

式(4-16)建立了力对点的矩与力对轴的矩之间的关系。因为在理论分析时用力对点的矩矢较简便，而在实际计算中常用力对轴的矩，所以建立它们二者之间的关系是很有必要的。

如果力对通过点 O 的直角坐标轴 Ox 轴、Oy 轴、Oz 轴的矩是已知的，则可以求得该力对点 O 的矩的大小和方向余弦为

$$|\boldsymbol{M}_O(\boldsymbol{F})| = \sqrt{[M_x(\boldsymbol{F})]^2 + [M_y(\boldsymbol{F})]^2 + [M_z(\boldsymbol{F})]^2} \tag{4-17}$$

$$\begin{cases} \cos\alpha = \dfrac{M_x(\boldsymbol{F})}{|\boldsymbol{M}_O(\boldsymbol{F})|} \\[2mm] \cos\beta = \dfrac{M_y(\boldsymbol{F})}{|\boldsymbol{M}_O(\boldsymbol{F})|} \\[2mm] \cos\gamma = \dfrac{M_z(\boldsymbol{F})}{|\boldsymbol{M}_O(\boldsymbol{F})|} \end{cases} \tag{4-18}$$

式中，α、β、γ 分别为矢 $\boldsymbol{M}_O(\boldsymbol{F})$ 与 Ox 轴、Oy 轴、Oz 轴之间的夹角。

[例 4-3]　求图 4-9 所示力 P 在三坐标轴上的投影和对三坐标轴的矩。

解：

$$F_x = P\cos\theta\cos\varphi = \frac{Pa}{\sqrt{a^2+b^2+c^2}}$$

$$F_y = P\cos\theta\sin\varphi = \frac{Pb}{\sqrt{a^2+b^2+c^2}}$$

$$F_z = -P\sin\theta = \frac{-Pc}{\sqrt{a^2+b^2+c^2}}$$
$$M_x(\boldsymbol{P}) = M_x(\boldsymbol{P}_x)+M_x(\boldsymbol{P}_y)+M_x(\boldsymbol{P}_z) = -F_y c$$
$$M_y(\boldsymbol{P}) = 0$$
$$M_z(\boldsymbol{P}) = M_z(\boldsymbol{P}_x)+M_z(\boldsymbol{P}_y)+M_z(\boldsymbol{P}_z) = -F_y a$$

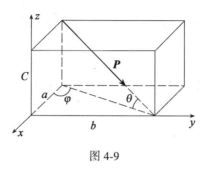

图 4-9

4.3　空间力系的平衡方程及其应用

空间任意力系的简化与前述平面任意力系的简化方法一样，应用力的平移定理，依次将作用于刚体上的每个力向简化中心 O 平移，同时附加一个相应的力偶。空间力系向任一点 O 简化，可得一力和一力偶，该力作用于简化中心上，其大小与方向等于该力系的主矢 $\boldsymbol{F}'_R$；该力偶矩矢的大小与方向等于该力系对简化中心的主矩 $\boldsymbol{M}_O(\boldsymbol{F})$。

空间力系平衡的充分必要条件为：力系的主矢和对简化中心的主矩同时为零。亦即

$$\boldsymbol{F}'_R = 0 \tag{4-19}$$
$$\boldsymbol{M}_O(\boldsymbol{F}) = 0 \tag{4-20}$$

根据式（4-3）、式（4-4）和式（4-18）有

$$\begin{cases} \sum F_x = 0 \\[2pt] \sum F_y = 0 \\[2pt] \sum F_z = 0 \\[2pt] \sum M_x(\boldsymbol{F}) = 0 \\[2pt] \sum M_y(\boldsymbol{F}) = 0 \\[2pt] \sum M_z(\boldsymbol{F}) = 0 \end{cases} \tag{4-21}$$

空间力系平衡的充分必要条件为：力系中各力在三个坐标轴上投影的代数和均为零，且各力对三轴的矩的代数和均为零。上式即为空间力系的平衡方程。

[**例 4-4**]　用六根杆支撑正方形板 $ABCD$ 如图 4-10（a）所示，水平力 $\boldsymbol{P}$ 沿水平方向作用在 A 点，不计板的自重，试求各杆的内力。

解：以板为研究对象，绘制受力图如图 4-10（b）所示，建立如图 4-10（b）所示坐标

系，则

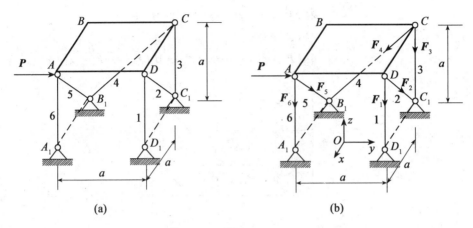

图 4-10

$$\sum F_y = 0, \quad P - F_4\cos 45° = 0 \Rightarrow F_4 = \sqrt{2}\,P$$

$$\sum M_{AA_1}(\boldsymbol{F}) = 0, \quad F_4\cos 45°a + F_2\cos 45°a = 0 \Rightarrow F_2 = -F_4 = -\sqrt{2}\,P$$

$$\sum M_{DD_1}(\boldsymbol{F}) = 0, \quad F_4\cos 45°a - F_5\cos 45°a = 0 \Rightarrow F_5 = F_4 = \sqrt{2}\,P$$

$$\sum M_{AD}(\boldsymbol{F}) = 0, \quad F_3 a + F_4\cos 45°a = 0 \Rightarrow F_3 = -\frac{\sqrt{2}}{2}F_4 = -P$$

$$\sum M_{DC}(\boldsymbol{F}) = 0, \quad F_6 a + F_5\cos 45°a = 0 \Rightarrow F_6 = -P$$

$$\sum F_z = 0, \quad -F_1 - F_6 - F_3 - F_5\cos 45° - F_4\cos 45° - F_2\cos 45° = 0$$

$$F_1 = P + P - P - P + P = P$$

[**例 4-5**]　均质长方形板 $ABCD$ 重 $G = 200\mathrm{N}$，如图 4-11（a）所示，用球形铰链 A 和碟形铰链 B 固定在墙上，并用绳 EC 维持在水平位置，试求绳的拉力和支座的约束力。

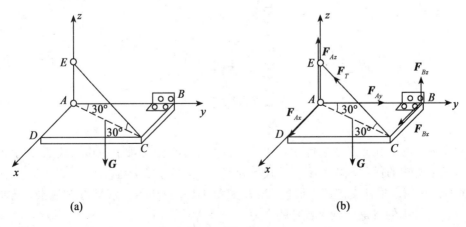

图 4-11

解：以板为研究对象，绘制受力图如图 4-11(b) 所示，建立如图 4-11 所示坐标系，则

$$\sum M_z(\boldsymbol{F}) = 0, \qquad F_B AB = 0$$

$$\sum M_y(\boldsymbol{F}) = 0, \qquad G\frac{1}{2}AD - F_T\sin 30° AD = 0$$

$$\sum M_x(\boldsymbol{F}) = 0, \qquad F_T\sin 30° AB + F_{Bz}AB - G\frac{1}{2}AB = 0$$

$$\sum F_y = 0, \qquad F_{Ay} - F_T\cos^2 30° = 0$$

$$\sum F_x = 0, \qquad F_{Ax} + F_{Bx} - F_T\cos 30°\sin 30° = 0$$

$$\sum F_z = 0, \qquad F_{Az} + F_{Bz} + F_T\sin 30° - G = 0$$

解之得 $F_{Bx} = F_{Bz} = 0$，$F_T = 200\text{N}$，$F_{Ax} = 86.6\text{N}$，$F_{Ay} = 150\text{N}$，$F_{Az} = 100\text{N}$

4.4　重　　心

4.4.1　重心的概念及其坐标公式

在地球附近的物体都受到地球对物体的作用力，即物体的重力；重力作用于物体内每一微小部分，是一个分布力系。对于实际工程中一般的物体，这种分布的重力可以足够精确地视为空间平行力系，一般所谓重力，就是这个空间平行力系的合力。不变形的物体（刚体）在地表面无论怎样放置，其平行分布重力的合力作用线都通过该物体上一个确定的点，这一点称为物体的重心。如表 4-1 所示。

重心在实际工程中具有重要的意义。如重心的位置会影响物体的平衡和稳定，对于飞机和船舶尤为重要。高速转动的转子，如果转轴不通过重心，将会引起强烈的振动，甚至引起破坏。

重力是地球对物体的吸引力，如果将物体视为由无数的质点组成，则重力便构成空间汇交力系。由于物体的尺寸比地球小得多，因此可以近似地认为重力是一个平行力系，这个力系的合力就是物体的重量。无论物体如何放置，其重力的合力的作用线相对于物体总是通过一个确定的点，这个点称为物体的重心。

现在导出确定重心位置的一般公式。首先，介绍合力矩定理。

定理 4.1(合力矩定理)　合力对轴的矩等于各分力对同一轴的矩的代数和。如图 4-12 所示，分别对 Oy 轴、Ox 轴用合力矩定理

$$Px_C = \sum \Delta Px, \qquad -Py_C = -\sum \Delta P_y$$

将坐标绕 Oy 轴转过 90°，再对 Ox 轴用合力矩定理

$$Pz_C = \sum \Delta P_z$$

表 4-1   **简单形状物体的重心表**

图形	重心位置
三角形	在中线的交点 $$y_c = \dfrac{h}{3}$$
梯形	$$y_c = \dfrac{h(a+2b)}{3(a+b)}$$
圆弧	$$x_c = \dfrac{r\sin\alpha}{\alpha}$$ 对于半圆弧 $\alpha = \dfrac{\pi}{2}$，则 $x_c = \dfrac{2r}{\pi}$
扇形	$$x_c = \dfrac{2r\sin\alpha}{3\alpha}$$ 对于半圆 $\alpha = \dfrac{\pi}{2}$，则 $x_c = \dfrac{4r}{3\pi}$
弓形	$$x_c = \dfrac{2r^3\sin^3\alpha}{3A}$$ 其中弓形面积 $A = \dfrac{r^2(2\alpha - \sin 2\alpha)}{2}$

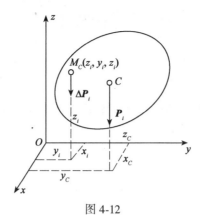

图 4-12

由以上三式可得物体重心坐标公式为

$$\begin{cases} x_C = \dfrac{\sum \Delta P x}{P} \\[3mm] y_C = \dfrac{\sum \Delta P y}{P} \\[3mm] z_C = \dfrac{\sum \Delta P z}{P} \end{cases} \qquad (4\text{-}22)$$

对于均质物体、均质板或均质杆，其重心坐标分别为：

$$\begin{cases} x_C = \dfrac{\sum \Delta V x}{V} \\[3mm] y_C = \dfrac{\sum \Delta V y}{V} \\[3mm] z_C = \dfrac{\sum \Delta V z}{V} \end{cases} \qquad (4\text{-}23)$$

$$\begin{cases} x_C = \dfrac{\sum \Delta S x}{S} \\[3mm] y_C = \dfrac{\sum \Delta S y}{S} \\[3mm] z_C = \dfrac{\sum \Delta S z}{S} \end{cases} \qquad (4\text{-}24)$$

$$\begin{cases} x_C = \dfrac{\sum \Delta l x}{l} \\[3mm] y_C = \dfrac{\sum \Delta l y}{l} \\[3mm] z_C = \dfrac{\sum \Delta l z}{l} \end{cases} \qquad (4\text{-}25)$$

形心：几何图形的中心。均质物体的重心和形心重合。

4.4.2 确定物体重心的方法

1. 简单几何形状物体的重心

均质物体存在对称面，或对称轴，或对称中心，不难看出，均质物体的重心必相应地在这个对称面，或对称轴，或对称中心上。例如，正圆锥体或正圆锥面，正棱柱体或正棱柱面的重心都在其轴线上；椭球体或椭球面的重心在其几何中心上，平行四边形的重心在其对角线的交点上，等等。简单形状物体的重心可从相关工程手册上查阅到，表4-1列出了常见的几种简单形状物体的重心。实际工程中常用的型钢（如T字钢、角钢、槽钢等）的截面的形心，也可以从附录Ⅱ的型钢表中查阅到。

2. 用组合法求重心

（1）分割法。

若一个物体由几个简单形状的物体组合而成，而这些物体的重心是已知的，那么整个物体的重心即可用式(4-24)求出。

（2）负面积法（负体积法）。

若在物体或薄板内切去一部分（例如有空穴或孔的物体），则这类物体的重心，仍可以应用与分割法相同的公式来求得，只是切去部分的面积或体积应取负值，这类求物体重心的方法称为负面积法或负体积法。

[例4-6] 如图4-13所示，试求均质板重心的位置。

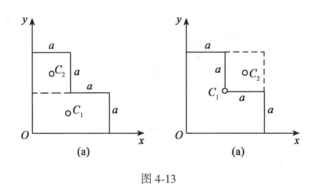

图4-13

解法1（组合法）：建立如图4-13(a)所示坐标系，则

$$x_C = \frac{A_1x_1+A_2x_2}{A_1+A_2} = \frac{2a^2a+a^2\frac{1}{2}a}{3a^2} = \frac{5}{6}a$$

$$y_C = \frac{A_1y_1+A_2y_2}{A_1+A_2} = \frac{2a^2\frac{1}{2}a+a^2\frac{3}{2}a}{3a^2} = \frac{5}{6}a$$

解法2：采用负面积法如图4-13(b)所示，则

$$x_C = \frac{A_1 x_1 + A_2 x_2}{A_1 + A_2} = \frac{4a^2 a + (-a^2)\frac{3}{2}a}{4a^2 + (-a^2)} = \frac{5}{6}a$$

$$y_C = \frac{A_1 y_1 + A_2 y_2}{A_1 + A_2} = \frac{4a^2 a + (-a^2)\frac{3}{2}a}{4a^2 + (-a^2)} = \frac{5}{6}a$$

3. 实验法

(1)悬挂法(用于小型物体)。

如图 4-14 所示,将物体悬挂,由二力平衡知 AB 为一直线。换另一悬挂点得 DE 直线,则 AB、DE 的交点 C 即为重心。

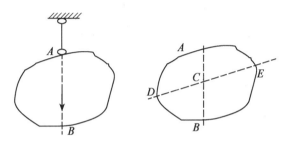

图 4-14

(2)称重法(用于大型、复杂的物体)。

如图 4-15 所示,已知物体的重力 G,称与固定的距离 l,物体放置称上时,得指针读数 F,由合力矩定理可以求得重心到定点的距离,则

$$\sum M_O(F) = 0 \tag{4-26}$$

$$Gx = FL \tag{4-27}$$

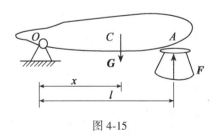

图 4-15

思考题与习题 4

1. 空间任意力系总可以用两个力来平衡,为什么?

2. 一均质等截面直杆的重心在哪里?若把直杆弯成半圆形,重心的位置是否改变?

3. 在刚体上作用有四个汇交力,这四个汇交力在坐标轴上的投影如表 4-2 所示,试求这四个力的合力的大小和方向。

表 4-2

	F_1	F_2	F_3	F_4	单位
F_x	1	2	0	2	kN
F_y	10	15	−5	10	kN
F_z	3	4	1	−2	kN

4. 试求如图 4-16 所示力 F 在三个坐标轴上的投影和对三个坐标轴的矩。

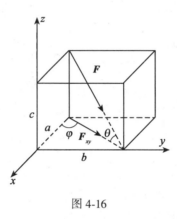

图 4-16

5. 如图 4-17 所示，用六根杆支撑一矩形平板，在平板的角点处受到铅直力 F 的作用，不计平板的自重，试求各杆的内力。

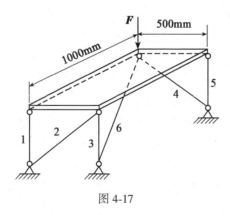

图 4-17

6. 试求如图 4-18 所示两平面图形形心 C 的位置。图中尺寸单位为 mm。

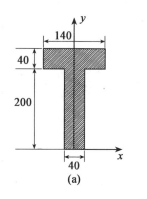 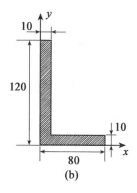

图 4-18

7. 试求如图 4-19 所示平面图形形心位置。图中尺寸单位为 mm。

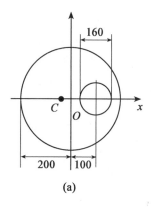 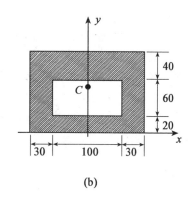

图 4-19

第 5 章　摩　　擦

在前几章中，没有涉及摩擦的影响，把物体之间的接触表面都看做是光滑的。但在实际生活和生产中，摩擦有时会起到重要的作用，必须计入其影响。

按照接触物体之间可能会相对滑动或相对滚动，摩擦可以分为滑动摩擦和滚动摩阻；又根据物体之间是否有良好的润滑剂，滑动摩擦又可以分为干摩擦和湿摩擦。本章只研究存在干摩擦时物体的平衡问题。

摩擦是一种极其复杂的物理力学现象，关于摩擦机理的研究，目前已形成一门学科——摩擦学。本章仅介绍实际工程中常用的简单近似理论。摩擦在生产和生活中起着十分重要的作用，摩擦产生的影响有利弊两个方面。所有机器的运动都有摩擦，机器运动的摩擦既磨损机器又浪费大量能量，而且由于摩擦会使机器局部温度升高，从而降低机器的精度，这是摩擦有害的一面。因此，必须设法减少摩擦，通常是在产生有害摩擦的部位涂以润滑油，或者以滚动摩擦替代滑动摩擦，或者改变摩擦材料的性能等。此外，摩擦也是生产和生活中所必需的，很难想象，没有摩擦的自然界会是什么情况，人的行走，车轮的滚动，货物借助带式输送机的传输等，都是依赖于摩擦才能进行的。因此，在产品设计中同样要考虑摩擦力。

本章主要讲述滑动摩擦问题，滚动摩擦只介绍一下相关概念。

5.1　滑　动　摩　擦

两个表面粗糙的物体，当其接触表面之间有相对滑动趋势或相对滑动时，彼此有阻碍相对滑动的阻力，即滑动摩擦力。摩擦力作用于相互接触处，其方向与相对滑动的趋势或相对滑动的方向相反，摩擦力的大小根据主动力作用的不同可以分为三种情况，即静滑动摩擦力、最大静滑动摩擦力和动滑动摩擦力。

5.1.1　静滑动摩擦力

如图 5-1(a)所示，在粗糙的水平面上放置一重为 P 的物体，该物体在重力 P 和法向反力 F_N 的作用下处于静止状态。今在该物体上作用一大小可以变化的水平拉力 F，当拉力 F 由零值逐渐增加但不是很大时，物体仍保持静止。可见支承面对物体除法向约束力 F_N 外，还有一个阻碍物体沿水平面向右滑动的切向力，这个力即静滑动摩擦力，简称静摩擦力，常以 F_S 表示，方向向左，如图 5-1(b)所示。

可见，静摩擦力就是接触面对物体作用的切向约束力，静摩擦力的方向与物体相对滑动的趋势相反，其大小需用平衡条件确定。此时有

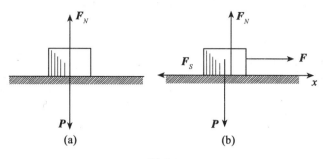

图 5-1

$$\sum F_x = 0 \tag{5-1}$$

$$F_S = F \tag{5-2}$$

由上式可知,这里静摩擦力的大小随水平力 F 的增大而增大。

5.1.2 最大静滑动摩擦力

静摩擦力又与一般约束力不同,静摩擦力并不随力 F 的增大而无限度地增大。当力 F 的大小达到一定数值时,物体处于将要滑动但尚未开始滑动的临界状态。这时,只要力 F 再增大一点,物体即开始滑动。当物体处于平衡的临界状态时,静摩擦力达到最大值,即为最大静滑动摩擦力,简称最大静摩擦力,以 F_{smax} 表示。

此后,如果力 F 再继续增大,但静摩擦力不能再随之增大,物体将失去平衡而滑动。这就是静摩擦力的特点。

综上所述可知,静摩擦力的大小随主动力的情况而改变,静摩擦力介于零与最大值之间,即

$$0 \leqslant F_s \leqslant F_{smax} \tag{5-3}$$

大量相关实验证明,最大静摩擦力的大小与两物体之间的正压力(即法向反力)成正比,即

$$F_{smax} = f_s F_N \tag{5-4}$$

式中, f_s 是比例常数,称为静摩擦系数, f_s 是无量纲数。式(5-4)称为静摩擦定律(又称库仑定律)。

静摩擦系数 f_s 的大小需由实验测定。 f_s 与接触物体的材料和表面情况(如粗糙度、温度和湿度等)有关,而与接触面积的大小无关。

静摩擦系数 f_s 的数值可以在相关工程手册中查阅到,表 5-1 中列出了部分常用材料的摩擦系数。但影响摩擦系数 f_s 的因素很复杂,如果需用比较准确的数值,必须在具体条件下进行实验测定。

应该指出,式(5-4)仅是近似的,远不能完全反映出静滑动摩擦的复杂现象。但是,由于公式简单,计算方便,并且又有足够的准确性,所以在实际工程中被广泛应用。

表 5-1   常用材料的滑动摩擦系数

材料名称	静摩擦系数		动摩擦系数	
	有润滑	有润滑	无润滑	有润滑
钢—钢	0.5	0.1~0.2	0.15	0.05~0.1
钢—软钢			0.2	0.1~0.2
钢—铸铁	0.3		0.18	0.05~0.15
钢—青铜	0.15	0.1~0.15	0.15	0.1~0.15
软钢—铸铁	0.2		0.18	0.05~0.15
软钢—青铜	0.2		0.18	0.07~0.15
铸铁—铸铁		0.18	0.15	0.07~0.12
铸铁—青铜			0.15~0.2	0.07~0.15
青铜—青铜		0.1	0.2	0.07~0.1
皮革—铸铁	0.3~0.5	0.15	0.5	0.15
橡皮—铸铁			0.8	0.5
木材—木材	0.4~0.5	0.1	0.2~0.5	0.07~0.15

静摩擦定律给人们指出了利用摩擦和减少摩擦的途径。要增大最大静摩擦力，可以通过加大正压力或增大摩擦系数来实现。例如，载重汽车一般都用后轮发动，因为后轮正压力大于前轮，这样可以产生较大的向前推动的摩擦力。又例如，火车在下雪后行驶时，要在铁轨上撒细沙，以增大摩擦系数，避免打滑，等等。

5.1.3 动滑动摩擦力

当滑动摩擦力已达到最大值时，若主动力 F 再继续加大，物体接触面之间将出现相对滑动。此时，接触物体之间仍有阻碍相对滑动的阻力，这种阻力称为动滑动摩擦力，简称动摩擦力，以 F_d 表示。相关实验表明，动摩擦力的大小与接触物体之间的正压力成正比，即

$$F_d = f F_N \tag{5-5}$$

式中，f 称为动摩擦系数，f 与接触物体的材料和表面情况有关。

动摩擦力与静摩擦力不同，没有变化范围。一般情况下，动摩擦系数小于静摩擦系数，即

$$f < f_s \tag{5-6}$$

实际上动摩擦系数 f 还与接触物体之间相对滑动的速度大小有关。对于不同材料的物体，动摩擦系数 f 随相对滑动的速度变化规律也不同。多数情况下，动摩擦系数 f 随相对滑动速度的增大而稍减小。但当相对滑动速度不大时，动摩擦系数 f 可以近似地认为是一个常数，参阅表 5-1。

在机器中，往往用降低接触表面的粗糙度或加入润滑剂等方法，使动摩擦系数降低，以减小机器零部件之间的摩擦和磨损。

5.2 考虑摩擦时物体的平衡问题

考虑物体之间的摩擦时，求解物体平衡问题的步骤与前几章所述大致相同，但研究考虑物体之间的摩擦物体的平衡问题时，应注意以下几点：(1)分析物体受力时，必须考虑物体接触面之间切向的摩擦力 F_S，通常增加了未知量的数目；(2)为确定这些新增加的未知量，还需列出补充方程，即 $F_S \leqslant f_s F_N$，且补充方程的数目与摩擦力的数目相同；(3)由于物体平衡时其摩擦力有一定的范围(即 $0 \leqslant F_S \leqslant f_s F_N$)，所以物体之间有摩擦时物体平衡问题的解亦有一定的范围，而不是一个确定的值。

实际工程中许多问题只需要分析物体平衡的临界状态，这时物体之间的静摩擦力等于其最大值，其补充方程只取等号。有时为了计算方便，也先在临界状态下计算，求得结果后再分析、讨论其解的平衡范围。

在具有物体之间摩擦的情况下，由静力平衡方程和摩擦的物理方程联合求解。一般说来有以下三种类型：

5.2.1 判断物体所处的状态

判断物体所处的状态是考查物体是处于静止、临界或是滑动情况中的哪一种。当物体处于静止或临界平衡状态时，还必须分析其运动趋势，滑动摩擦力和滚阻力偶必须与相对滑动或相对滚动的趋势方向相反。

(1)若物体处于静止状态，则由静力平衡方程来确定物体之间的摩擦力。

(2)若物体处于临界平衡状态，则由静力平衡方程和库仑摩擦定律联立求解，但必须正确分析物体之间摩擦力(包括滚阻力偶)的方向。

(3)若物体处于运动状态，则当物体运动时，其滑动摩擦力为动滑动摩擦力。

5.2.2 求具有摩擦时物体能保持静止的条件

由于静滑动摩擦力的大小可以在一定范围内变化，所以物体具有一个平衡范围，这个平衡范围有时是用几何位置、几何尺寸来表示的，有时是用力来表示的。

5.2.3 求解物体处于临界状态时的平衡问题

物体之间的摩擦力由库仑摩擦定律确定，结合静力平衡方程式，可以得到唯一解答。在求解方法上，一般有解析法和几何法两种，或者两种方法的混合使用。

[例 5-1] 如图 5-2 所示，物块重 $P = 1500\text{N}$，放于倾角为 30° 的斜面上，物块与斜面之间的静摩擦系数为 $f_s = 0.2$，动摩擦系数 $f = 0.18$。物块受水平力 $F = 400\text{N}$ 的作用，试问物块是否静止？并求此时摩擦力的大小与方向。

解：本题为判别物体静止与否的问题。解这类问题时，可以先假定物体为静止，并假设摩擦力的方向。应用平衡方程求得物体的约束力(包括摩擦力)，将求得的静摩擦力与最大静摩擦力进行比较，可以确定物体是否静止。

取物块为研究对象，假设摩擦力沿斜面向下，绘制受力图如图 5-2 所示。列平衡方程

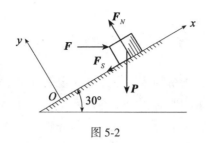

图 5-2

$$\sum F_x = 0, \qquad -P\sin30° + F\cos30° - F_s = 0$$

$$\sum F_y = 0, \qquad -P\cos30° - F\sin30° + F_N = 0$$

代入数值，解得静摩擦力及法向约束力分别为

$$F_s = -403.6\text{N}, \qquad F_N = 1499\text{N}$$

F_s 为负值，说明平衡时摩擦力与所假设的方向相反，即沿斜面向上。此时最大静摩擦力为

$$F_{smax} = f_s F_N = 299.8\text{N}$$

上述计算表明，为保持平衡需有 $|F_s| > F_{smax}$，这是不可能的。实际上该物块不可能在斜面上静止，而是向下滑动。因此，此时的摩擦力应为动滑动摩擦力，方向沿斜面向上，其大小为

$$F_d = f F_N = 269.8\text{N}。$$

[**例 5-2**]　如图 5-3 所示，圆柱体重 P，支承于 A、B 两物体上，已知 A、B 两物体各重 $\dfrac{P}{2}$，两物体与圆柱体之间的摩擦不计，又两物体与地面的摩擦相同。设当 $\theta = 30°$ 时，系统处于临界平衡状态，试求 A、B 两物体与地面的摩擦系数。

解：（1）以圆柱体为研究对象，绘制受力图如图 5-3(b) 所示，则

$$\sum F_x = 0, \qquad F_{BN} = F_{AN}$$

$$\sum F_y = 0, \qquad F_{BN}\sin30° + F_{AN}\sin30° - P = 0, \qquad F_{BN} = F_{AN} = P$$

（2）以 A 物体为研究对象，因系统对称，受力对称，A、B 物体受力情况相同，故只研究 A 物体，绘制受力图如图 5-3(c) 所示，则

$$\sum F_x = 0, \qquad F_s - F'_{AN}\cos30° = 0$$

由作用与反作用定律可知

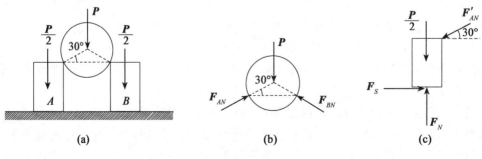

(a)　　　　　　　　　　(b)　　　　　　　　　　(c)

图 5-3

$$F'_{AN} = F_{AN}$$

$$F_s = F'_{AN}\cos 30° = F_{AN}\cos 30° = \frac{\sqrt{3}}{2}P$$

$$\sum F_y = 0, \quad F_N - F'_{AN}\sin 30° - \frac{P}{2} = 0, \quad F_N = P$$

故
$$F_{smax} = f_s F_N = f_s P$$

因系统处于临界状态，则

$$F_s = \frac{\sqrt{3}}{2}P = F_{smax} = f_s P$$

$$f_s = \frac{\sqrt{3}}{2} = 0.866。$$

5.3 摩擦角和自锁现象

5.3.1 摩擦角

当物体之间有摩擦时，支承面对平衡物体的约束力包含法向约束力 F_N 和切向摩擦力 F_S，这两个力的合力称为支承面的全约束力，以 F_R 表示，$F_R = F_N + F_S$，如图 5-4(a) 所示。支承面的全约束力 F_R 与支承面之间的夹角 φ 将随主动力的变化而变化，当物块处于平衡的临界状态时，静摩擦力达到最大 F_{smax}，φ 角达到最大值 φ_m，如图 5-4(b) 所示。则 φ_m 称为摩擦角。φ 角的变化范围为：

$$0 \leqslant \varphi \leqslant \varphi_m \tag{5-7}$$

由图 5-4 可知，摩擦角 φ_m 与静滑动摩擦系数 f_s 的关系为

$$\tan\varphi_m = \frac{F_{smax}}{F_N} = \frac{f_s F_N}{F_N} = f_s \tag{5-8}$$

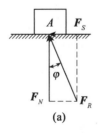
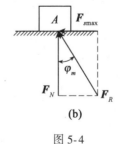
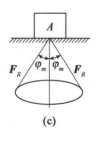

(a) (b) (c)

图 5-4

亦即，摩擦角的正切等于静摩擦系数。可见，摩擦角与摩擦系数一样，都是表示材料表面性质的量。

当物体的滑动趋势方向改变时，全约束力作用线的方位也随之改变；在临界状态下，全约束力 F_R 的作用线将形成一个以接触点 A 为顶点的锥面，如图 5-4(c) 所示，称为摩擦锥。设物块与支承面之间沿任何方向的摩擦系数都相同，即摩擦角都相等，则摩擦锥将是

一个顶角为 2φ 的圆锥。

利用摩擦角的概念，可以用简单的试验方法测定静摩擦系数。如图 5-5 所示，把要测定的两种材料分别做成斜面和物块，把物块放在斜面上，并逐渐从零起增大斜面的倾角 α，直到物块刚开始下滑时为止。记下斜面倾角 α，这时的 α 角就是要测定的摩擦角 φ_m，其正切就是要测定的摩擦系数 f_s。事实上：由于物块仅受重力 $\boldsymbol{P}$ 和全约束力 $\boldsymbol{F}_R$ 的作用而平衡，所以 $\boldsymbol{F}_R$ 与 $\boldsymbol{P}$ 应等值、反向、共线，因此 $\boldsymbol{F}_R$ 必沿铅直线，$\boldsymbol{F}_R$ 与斜面法线之间的夹角等于斜面倾角 α。当物块处于临界状态时，全约束力 $\boldsymbol{F}_R$ 与法线之间的夹角等于摩擦角 φ_m 即 $\alpha = \varphi_m$。由式(5-8)求得摩擦系数，即

$$f_s = \tan\varphi_m = \tan\alpha。$$

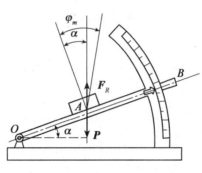

图 5-5

5.3.2 自锁现象

由于摩擦力不能超过最大静摩擦力，因而全约束力作用线与法线方向之间的夹角不能超出摩擦角，即全约束力作用线与法线方向之间的夹角只能在摩擦角范围内。可见若主动力的合力的作用线在摩擦角范围内时，无论该合力的数值如何，物体总是处于平衡状态，如图 5-6(a)所示，这种现象称为摩擦自锁，这种与力的大小无关而与摩擦角有关的平衡条件称为自锁条件。实际工程中常应用自锁原理设计一些机构或夹具，如千斤顶、压榨机、圆锥销等。使这类构件始终保持在平衡状态下工作。如图 5-6(b)所示，若主动力合力的作用线在摩擦角范围之外时，则无论这个力怎样小，物块一定会滑动。应用这个原理，可以设法避免发生自锁现象。

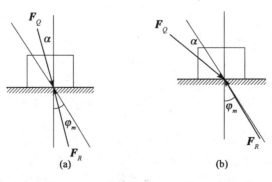

图 5-6

下面讨论斜面的自锁条件, 即如图 5-7(c) 所示, 讨论物块 A 在铅直载重 P 的作用下, 不沿斜面下滑的条件。由前面分析可知, 只有当 $\alpha \leqslant \varphi_m$ 时, 物块不下滑, 即斜面的自锁条件是斜面的倾角小于或等于摩擦角。

如图 5-7(a) 所示, 斜面的自锁条件就是螺纹的自锁条件。因为如图 5-7(b) 所示, 螺纹可以看成为绕在一圆柱体上的斜面, 螺纹升角 α 就是斜面的倾角, 如图 5-7(c) 所示。螺母相当于斜面上的滑块 A, 加于螺母的轴向载荷 P, 相当于物块 A 的重力, 要使螺纹自锁, 必须使螺纹的升角 α 小于或等于摩擦角 φ_m。若螺旋千斤顶的螺杆与螺母之间的摩擦系数为 $\tan\varphi_m = f_s = 0.1$, $f_s = 0.1$, 则可得到螺纹的自锁条件: $\varphi_m = 5°43'$, 为保证螺旋千斤顶自锁, 一般取螺纹升角 $\alpha = 4° - 4°30'$。应用摩擦角与全约束力的概念, 可以用几何法 (或作图法) 求解考虑摩擦的平衡的问题。

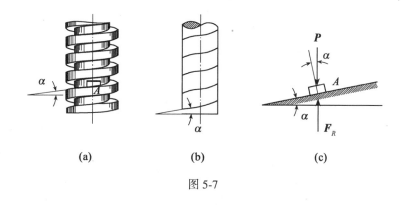

图 5-7

[例 5-3] 如图 5-8 所示, 重力为 P 的物块放在倾角 α 大于摩擦角 φ_m 的斜面上, 另加一水平力 F 使物块保持静止。设静摩擦系数为 f_s, 试求 F 的最小值与最大值。

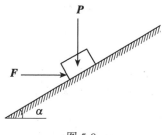

图 5-8

解: 因 $\alpha > \varphi_m$, 若 F 太小, 则物块将下滑; 若 F 过大, 又将使物块上滑, 所以需要分两种情形加以讨论。

首先求恰能维持物块不下滑所需力的最小值 $F_{\min}$, 这时物块有下滑的趋势, 物体受力如图 5-9(a) 所示, 其中 F_{R1} 是斜面对物块的全约束力。这时 P、$F_{\min}$ 及 F_{R1} 三力成平衡, 力三角形应闭合, 如图 5-9(b) 所示。于是得

$$F_{\min} = P\tan(\alpha - \varphi_m)$$

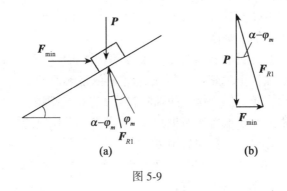

图 5-9

其次，求不使物块向上滑动的最大值 F_{max}。这时摩擦力指向下，受力图如图 5-10(a)所示。其中 F_{R2} 是斜面对物块的全约束力。这时 P、F_{max} 及 F_{R2} 三力成平衡，力三角形应闭合，如图 5-10(b)所示。于是得

$$F_{max} = P\tan(\alpha + \varphi_m)$$

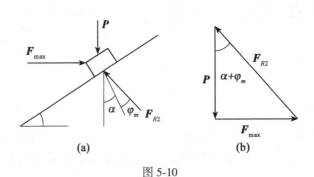

图 5-10

可见，要使物块在斜面上保持静止，力 F 必须满足以下条件

$$P\tan(\alpha - \varphi_m) \leqslant F \leqslant P\tan(\alpha + \varphi_m)$$

如果 $\alpha = \varphi_m$，则 $F_{min} = 0$，无需施加力 F 物块已能平衡。这时，只要 α 略为增加，物块即将下滑。在临界状态下的角 α 称为休止角，休止角 α 可以用来测定摩擦系数。

5.4　滚动摩阻的概念

由相关实践知道，使滚子滚动比使滚子滑动省力。在实际工程中，为了提高效率，减轻劳动强度，人们常利用物体的滚动代替物体的滑动。早在殷商时代，我国人民就利用车子作为运输工具。平时常见当搬运笨重的物体时，在物体下面垫上圆管，都是以滚代滑的应用实例。

当物体滚动时，存在什么阻力？物体滚动过程中具有什么特性？下面通过简单的实例来分析这些问题。设在水平面上有一滚子，重量为 P，半径为 r，在其中心点 O 上作用一水平力 F，如图 5-11 所示。

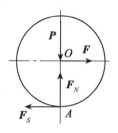

图 5-11

当力 F 不大时，滚子仍保持静止。分析滚子的受力情况可知，在滚子与平面接触的 A 点有法向约束力 F_N，法向约束力 F_N 与重力 P 等值反向；另外，还有静滑动摩擦力 F_S，阻止滚子滑动，静滑动摩擦力 F_S 与水平力 F 等值反向。但如果平面的约束力仅有 F_N 和 F_S，则滚子不可能保持平衡，因为静滑动摩擦力 F_S 与力 F 组成一力偶，将使滚子发生滚动。

但是，实际上当力 F 不大时，滚子是可以平衡的。这是因为滚子和平面实际上并不是刚体，它们在力的作用下都会发生变形，有一个接触面，如图 5-12(a) 所示。在接触面上，物体受分布力的作用，这些力向点 A 简化，得到一个力 F_R 和一个力偶，力偶的矩为 M，这个力 F_R 进一步分解为摩擦力 F_S 和正压力 F_N，这个矩为 M 的力偶，称为滚动摩阻力偶(简称滚阻力偶)，矩 M 与力偶(F，F_S)平衡，其转向与滚动的趋向相反，如图 5-12(b)所示。

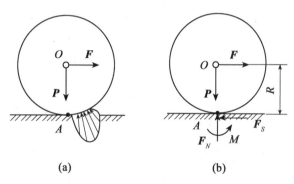

(a)　　　　　　　　(b)

图 5-12

与静滑动摩擦力相似，滚动摩阻力偶矩 M 随着主动力偶矩的增加而增大，当水平力 F 增加到某个值时，滚子处于将滚未滚的临界平衡状态；这时，滚动摩阻力偶矩达到最大值，称为最大滚动摩阻力偶矩，用 M_{max} 表示。若水平力 F 再增大一点，滚子就会滚动。在滚动过程中，滚动摩阻力偶矩近似等于 M_{max}。

由此可知，滚动摩阻力偶矩 M 的大小介于零与最大值之间，即

$$0 \leqslant M \leqslant M_{max} \tag{5-9}$$

相关实验证明：最大滚动摩阻力偶矩 M_{max} 与滚子半径无关，而与支承面的正压力(法向约束力) F_N 的大小成正比，即

$$M_{max} = \delta F_N \tag{5-10}$$

这就是滚动摩阻定律,其中 δ 是比例常数,称为滚动摩阻系数。由式(5-10)知,滚动摩阻系数具有长度的量纲,单位一般用 mm。显然 δ 起着力偶臂的作用,δ 是法向约束力到轮子最低点的最大距离。滚动摩阻系数由实验测定,δ 与滚子和支承面的材料的硬度和湿度等有关,与滚子的半径无关。某些材料的 δ 值可以在相关工程手册中查阅到。表 5-2 是几种材料的滚动摩阻系数的值。

表 5-2   滚动摩阻系数

材料名称	δ(mm)	材料名称	δ(mm)
铸铁与铸铁	0.5	软钢与钢	0.5
钢质车轮与钢轨	0.05	有滚珠轴承的料车与钢轨	0.09
木与钢	0.3~0.4	无滚珠轴承的料车与钢轨	0.21
木与木	0.5~0.8	钢质车轮与木面	1.2~1.5
软木与软木	1.5	轮胎与路面	2~10
淬火钢珠对钢	0.01		

滚阻系数的物理意义是,滚子在即将滚动的临界平衡状态时,其受力图如图 5-13(a)所示。根据力的平移定理,可以将其中的法向约束力 F_N 与最大滚动摩阻力偶 M_{max} 合成为一个力 F'_N,且 $F'_N = F_N$。力 F'_N 的作用线距中心线的距离为 d,如图 5-13(b)所示。

$$d = \frac{M_{max}}{F_N} \tag{5-11}$$

将式(5-10)与式(5-8)相比较,得 $\delta = d$。

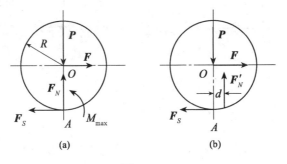

图 5-13

因而滚动摩阻系数 δ 可以看成在滚子即将滚动时,法向约束力 F'_N 离中心线的最远距离,亦即最大滚阻力偶(F'_N,P)的臂,故 δ 具有长度的量纲。由于滚动摩阻系数较小,因此,在大多数情况下滚动摩阻是可以忽略不计的。

由图 5-13(a),可以分别计算出使滚子滚动或滑动所需要的水平拉力 F,以分析究竟是使滚子滚动省力还是使滚子滑动省力。

由平衡方程 $\sum M_A(\boldsymbol{F}) = 0$,可以求得

$$F_{滚动} = \frac{M_{max}}{R} = \frac{\delta F_N}{R} = \frac{\delta}{R}P$$

由平衡方程 $\sum F_x = 0$ 可以求得

$$F_{滑动} = F_{max} = f_s F_N = f_s P$$

一般情况下，有 $\qquad \dfrac{\delta}{R} << f_s, \qquad F_{滚动} << F_{滑动}$

因而使滚子滚动比滑动省力得多。在生产实践中，人们为了省力常以滚动代替滑动。

思考题与习题 5

1. 物块重为 P，与水平面之间的静摩擦系数为 f_s，用同样大小的力 F 使物块向右滑动，如图 5-14(a) 所示的施力方法与如图 5-14(b) 所示的施力方法相比较，哪一种更省力？

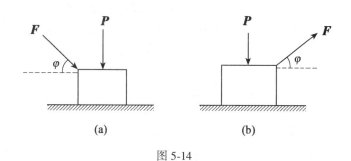

(a) (b)

图 5-14

2. 如图 5-15 所示，重量为 P 的物体，放在倾角为 60° 的斜面上，斜面与物体之间的摩擦角为 45°，在物体上加一水平力 P，试问物体是否平衡？

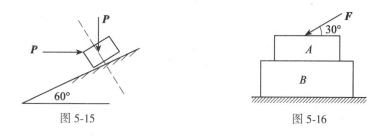

图 5-15   图 5-16

3. 如图 5-16 所示，两物块 A 和 B 重叠地放在粗糙水平面上，物块 A 的顶上作用一斜力 F，已知物块 A 重 100N，物块 B 重 200N，物块 A 与物块 B 之间及物块 B 与粗糙水平面之间的摩擦系数均为 $f_s = 0.2$。试问当 $F = 60$N 时，是物块 A 相对物块 B 滑动呢？还是物块 A，B 一起相对地面滑动？

4. 如图 5-17 所示，物块重 $W = 980$N，放在一倾斜角 $\alpha = 30°$ 的斜面上，已知物块与斜面之间接触面的静摩擦系数 $f_s = 0.21$。现有一力 $F = 602$N 沿斜面方向作用在物块上，试问物块在斜面上是否处于静止？若静止，这时摩擦力为多大？

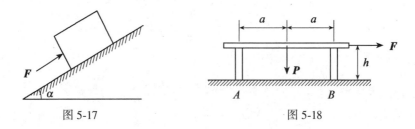

图 5-17   图 5-18

5. 已知条凳重为 **P**，其尺寸如图 5-18 所示。现以水平力 **F** 拉该条凳，开始拉动时，A、B 两点处的摩擦力是否都达到最大值？若 A、B 两点处的静摩擦系数均为 f_s，这两处最大静摩擦力是否相等？若力 **F** 较小而未能拉动条凳，试分别求出 A、B 两点处的静摩擦力。

6. 汽车匀速水平行驶时，地面对车轮有滑动摩擦也有滚动摩擦，而车轮只滚动不滑动。汽车前轮受车身施加的一个向前的推力 **F**，如图 5-19(a) 所示，而后轮受一驱动力偶 M，并受车身向后的反力 **F′**，如图 5-19(b) 所示。试绘制出汽车前轮、后轮的受力图。在同样摩擦情况下，试绘出自行车前轮、后轮的受力图。又如何求其滑动摩擦力？滑动摩擦力是否等于其动滑动摩擦力 fF_N？是否等于其最大静摩擦力？

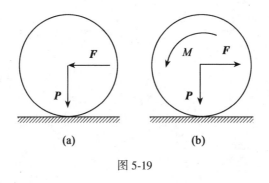

(a)   (b)

图 5-19

7. 如图 5-20 所示，机构自重不计。已知 $M = 180\text{kN} \cdot \text{m}$，两杆等长为 $a = 1.8\text{m}$，点 D 处的静摩擦系数 $f_s = 0.56$，载荷 **F** 作用在 BD 杆中点。试求如图 5-20 所示位置欲使机构保持平衡时的力 **F** 的值。

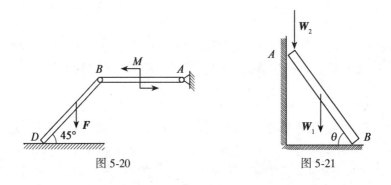

图 5-20   图 5-21

8. 如图 5-21 所示，一均质梯子长为 l，重为 $W_1 = 210N$，今有一人重 $W_2 = 600N$，试问该人若要爬到梯顶而梯不致滑倒，则梯子与地面之间的静摩擦系数 f_{Bs} 至少应该多大？已知梯子与墙面之间的静摩擦系数 $f_{As} = 0.33$。梯子与地面之间的夹角为 53°。

9. 用尖劈顶起重物的装置如图 5-22 所示。重物与尖劈之间的摩擦系数为 f_s，其他接触处为光滑，尖劈顶角为 θ，且 $\tan\theta > f_s$，被顶举的重量设为 W。试求：

(1) 顶举重物上升所需的力 F 的值。

(2) 顶住重物不致下降所需的力 F 的值。

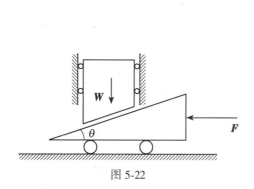

图 5-22

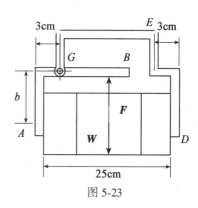

图 5-23

10. 砖夹的宽度为 25cm，曲杆 AGB 与 GED 在点 G 铰接。砖的重量为 W，提砖的合力 F 作用在砖对称中心线上，其尺寸如图 5-23 所示。若砖夹与砖之间的摩擦系数 $f_s = 0.5$，试问 b 应为多大才能把砖夹起（b 是点 G 到砖块上所受正压力作用线的垂直距离）。

11. 如图 5-24 所示，欲转动一置于 V 形槽中的棒料，需作用一力偶，力偶矩 $M = 1500N \cdot cm$，已知棒料重 $G = 400N$，直径 $D = 25cm$。试求棒料与 V 形槽之间的摩擦系数 f_s。

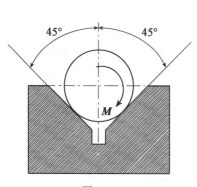

图 5-24

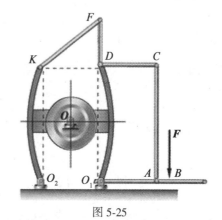

图 5-25

12. 如图 5-25 所示，$F = 200N$，$f_s = 0.5$，各构件自重不计；$AC = O_1D = 1m$，$O_1B = 0.75m$，$O_1O_2 = KD = DC = O_1A = KL = O_2L = 2R = 0.5m$，$ED = 0.25m$，试求作用于鼓轮上的制动力矩。

第6章 平面结构的几何组成及静定桁架的内力计算

6.1 几何组成分析的目的

实际工程设计中,构件系统是由若干杆件互相连接所组成的体系,并与机座连接成一整体,这种构件体系按照受力和变形关系可以分为几何可变体系和几何不变体系。

几何可变体系:在不考虑材料应变的条件下,体系的位置和形状是可以改变的,如图 6-1 所示,这种体系称为机构。几何可变体系又可以分为两种:几何常变体系,如果一个几何可变体系可以发生大位移,则称为几何常变体系,如图 6-1(a)所示。

几何瞬变体系:这种体系本来是几何可变体系,经微小位移后又成为几何不变体系,这种体系称为几何瞬变体系,如图 6-1(b)所示。

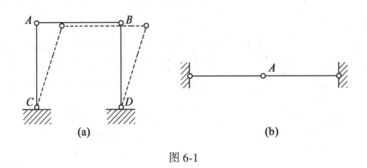

图 6-1

现以图 6-1(b)所示的几何瞬变体系来说明其不能作为结构使用。如图 6-2 所示。

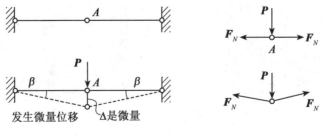

图 6-2

$$\sum F_y = 0, \qquad F_N = \frac{0.5P}{\sin\beta} \to \infty$$

由于几何瞬变体系能产生很大的内力(或不确定),故几何常变体系和几何瞬变体系不能作为建筑结构使用。

几何不变体系:在不考虑材料应变的条件下,体系的位置和形状是不能改变的,如图6-3所示,称为结构。结构是用来承受荷载的,因此必须保证结构的几何构造是不可变的。

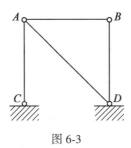

图 6-3

对结构进行几何组成分析的目的:

(1)判断某一体系是否几何不变,从而确定该体系能否作为结构,以保证结构的几何不变性。

(2)根据体系的几何组成,确定结构是静定结构的还是超静定结构的,从而选择相应的计算方法。

(3)通过几何组成分析,明确结构各部分在几何组成上的相互关系,从而选择简便合理的计算顺序。

(4)研究几何不变体系的组成规则,为结构设计提供依据。

6.2 平面体系的自由度

为了便于对体系进行几何组成分析,先讨论平面体系自由度的概念。所谓体系自由度,是指该体系运动时,用来确定其位置所需独立坐标的数目。在平面内的某一动点 A,其位置要由两个坐标 x_A 和 y_A 来确定,如图 6-4(a)所示,所以一个点的自由度等于2,即点在平面内可以作两种相互独立的运动,通常用平行于坐标轴的两种移动来描述。

在平面体系中,由于不考虑材料的应变,所以可以认为各个构件没有变形。于是,可以把一根梁、一根链杆或体系中已经肯定为几何不变的某个部分看做一个平面刚体,简称为刚片。一个刚片在平面内运动时,其位置将由该刚片上面的任一点 A 的坐标 x_A、y_A 和过点 A 的任一直线 AB 的倾角 α 来确定,如图6-4(b)所示。因此,一个刚片在平面内的自由度等于3,即刚片在平面内小但可以自由移动,而且还可以自由转动。

换言之,一个体系的自由度等于这个体系运动时可以独立改变的坐标的数目。一般实际工程结构都是几何不变的,其自由度为零。凡是自由度大于零的体系都是几何可变体系。

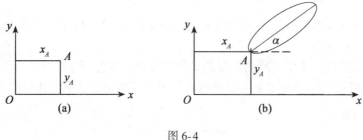

图 6-4

对刚片加上约束装置，该刚片的自由度将会减少，凡能减少一个自由度的装置称为一个约束。一个平面体系，通常都是由若干个刚片加入某些约束所组成的。加入约束后能减少体系的自由度，如果在组成体系的各刚片之间恰当地加入足够的约束，就能使刚片与刚片之间不可能发生相对运动，从而使该体系成为几何不变体系。常见的约束包括链杆、铰和刚性连接。

6.2.1 链杆连接

链杆是两端用铰与其他两个物体相连接的刚性杆。在进行几何组成分析时，链杆与其形状无关，链杆只限制与其连接的刚片沿链杆两铰连线方向上的运动。一根链杆可以为体系减少一个自由度，相当于一个约束。如图 6-5 所示。

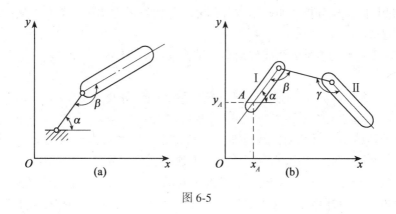

图 6-5

6.2.2 铰连接

铰连接按连接方式不同有单铰和复铰之分。

单铰：连接两个刚片的铰称为单铰。仅在两处与其他物体用铰相连接，无论其形状和铰的位置如何，如图 6-6(a) 所示；一个单铰可以为体系减少两个自由度，相当于两个约束。

复铰：连接两个以上刚片的铰，称为复铰，如图 6-6(b) 所示；一个复铰相当于 $n-1$ 个单铰，亦即 $2(n-1)$ 个约束。

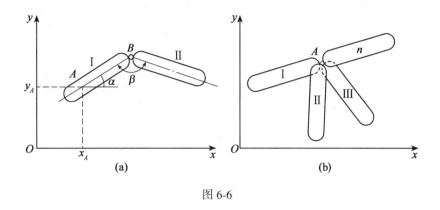

图 6-6

由链杆和单铰的分析可见，两根链杆与一个单铰的约束作用是相当的，根据两根链杆交点(单铰)所在位置的不同，将单铰分为实铰与虚铰。

实铰：两链杆交点构成的铰为实铰，如图 6-7(a)所示。

虚铰：当两个刚片用不平行的两个链杆相互连接，两链杆的交点就是虚铰，如图 6-7(b)所示，对于虚铰所在体系为几何可变体系时，虚铰又称为瞬铰。

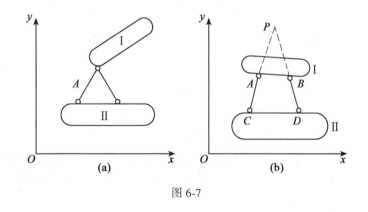

图 6-7

6.2.3 刚性连接

如图 6-8(a)所示，刚片Ⅰ与刚片Ⅱ是刚性连接方式。一个单刚结相当于 3 个约束。固定端约束也相当于 3 个约束，如图 6-8(b)所示。

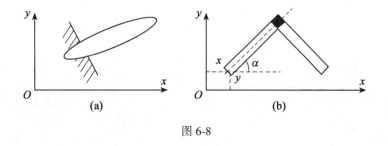

图 6-8

结构体系中，并非约束越多越好，使体系的自由度减少为零所需要的最少的约束，称为必要约束。如果在一个体系中增加一个约束，而体系的自由度并不因此而减少，则该约束称为多余约束。

6.3　几何不变体系的组成规则

几何不变体系的基本组成判断规则有三刚片规则、两刚片规则和二元体规则。

6.3.1　三刚片规则

三个刚片用不在同一直线上的三个单铰两两相连接，组成的体系为几何不变体系，且无多余约束。

如图 6-9(a)所示的铰结称为两两相连接。图 6-9(b)所示是由两根链杆构成的实铰或虚铰。

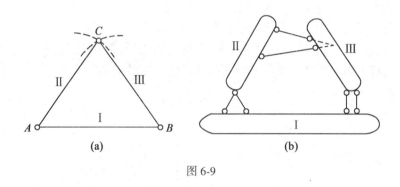

(a)　　　　　　　　　　　　　(b)

图 6-9

6.3.2　两刚片规则

两个刚片用一个铰和其中一根延长线不通过该铰的链杆相连接；或者两个刚片用三根不完全平行也不交于一点的链杆相连，则组成的体系为几何不变体系；且无多余约束，如图 6-10 所示。

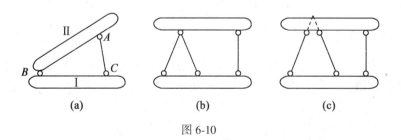

(a)　　　　　　　　　(b)　　　　　　　　　(c)

图 6-10

6.3.3　二元体规则

在结构体系几何组成分析中，把用两根不在同一直线上的链杆连接成一个新结点的装置称为二元体，如图 6-11 所示。在体系中增加一个或拆除一个二元体，不会改变原体系的几何不变性或几何可变性。既可以是不变体系，也可以是可变体系。

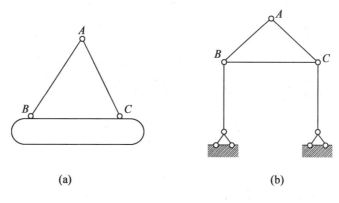

图 6-11

6.4 几何组成分析举例

在体系的几何组成分析中应注意：如果在分析过程中约束数目够数，布置也合理，则组成几何不变体系。如果在分析过程中缺少必要的约束，或约束数目够数，而布置不合理，则组成几何可变体系或几何瞬变体系。构件不能重复使用，若作为约束链杆，就不能再作为刚片或刚片中的一部分。若自由度大于零，表明体系缺少足够的约束，是几何可变体系。

在体系的几何组成分析中，一般先从直接观察出的几何不变部分开始，应用体系组成规律，逐步扩大开来直至整体；对于较复杂的体系，为便于分析，可以先拆除不影响几何不变性的部分(如基础、二元体等)；对于折线形链杆或曲杆，可以用直杆等效代换。

6.4.1 能直接观察出的几何不变部分

1. 与基础相连接的二元体

如图 6-12(b)所示的桁架，可以看成是由基础依次增加二元体构成的几何不变体系，如图 6-12(a)所示的三角桁架。

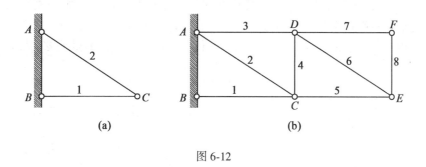

图 6-12

2. 与基础相连接的一刚片

在对如图 6-13(b)所示的多跨梁作几何组成分析时，可以将其视为如图 6-13(a)所示的简支梁，是用不完全平行又不完全交于一点的三根链杆相联结，构成几何不变体系。

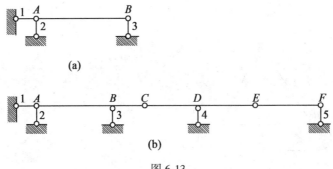

图 6-13

6.4.2　先拆除不影响几何不变性的部分再进行几何组成分析

如图 6-14 所示的体系，假如 BB' 以下部分几何不变，则链杆 1、链杆 2 组成的二元体可以去掉，只分析 BB' 以下部分。当去掉由链杆 1、链杆 2 组成的二元体后，BB' 以下部分左右完全对称，因此只分析半边体系即可。

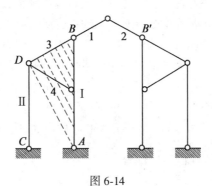

图 6-14

6.4.3　利用等效代换措施进行几何组成分析

如图 6-15 所示，在对某结构体系进行几何组成分析时，可以应用一些约束等效代换关系，其一是将只有两个铰与外界连接的刚片看成是一个链杆约束，其二是将由两刚片之间两根链杆构成的实铰或虚铰与一个单铰等效代换。这里的链杆不得重复使用。

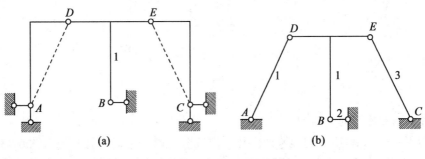

图 6-15

【例 6-1】 试对如图 6-16 所示多跨静定梁进行几何组成分析。

解： 将 AB 梁看做刚片，AB 梁由铰 A 和链杆 1 与基础连接，几何不变，形成扩大的基础，将 BC 看做链杆，CD 梁看做刚片，CD 与扩大基础由三根既不完全平行，又不交于一点的三链杆 2、3 和 BC 联结，整个结构为几何不变体系，且无多余约束。

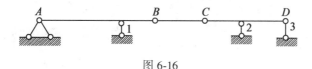

图 6-16

【例 6-2】 试对如图 6-17(a) 所示体系作几何组成分析。

解： 体系和基础三杆相连，符合两刚片规则，可以只分析体系；基本铰接三角形可以作为刚片；取图示两个刚片，根据两刚片规则，体系为没有多余约束的几何不变体系。如图 6-17(b) 所示。

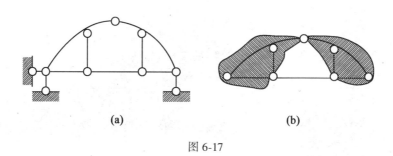

(a)　　　　　　　　　　　(b)

图 6-17

6.5　平面静定桁架的内力计算

桁架是一种由直杆彼此在两端焊接、铆接、榫接或用螺栓连接而成的几何形状不变的稳定结构，具有用料省、结构轻、可以充分发挥材料的作用等优点，广泛应用于实际工程中房屋的屋架 [见图 6-18(a)]、桥梁 [见图 6-18(b)]、高压线塔 [见图 6-18(c)]、油井架 [见图 6-18(d)]、起重机 [见图 6-18(e)] 等。桁架中铰链接头称为节点。所有杆件轴线位于同一平面内的桁架称为平面桁架，杆件轴线不在同一平面内的桁架称为空间桁架，各杆轴线的交点称为节点。本节仅限于研究平面桁架。研究桁架的目的在于计算各杆件的内力，把这种内力作为设计桁架或校核桁架的依据。为了简化计算，实际工程中常对平面桁架作如下基本假设：

(1) 各杆件为直杆，各杆轴线位于同一平面内。

(2) 杆件与杆件之间均采用光滑铰链连接。

(3) 载荷作用在节点上且位于桁架几何平面内。

(4) 各杆件自重不计或平均分布在节点上。

满足上述假设的桁架称为理想桁架，桁架中每根杆件均为二力杆，各杆件或者受拉，或者受压。相关实践证明，基于以上理想模型的计算结果与实际情况相差较小，可以满足实际工程设计的一般要求。

(a)

(b)

(c)

(d)

(e)

图 6-18

实际工程中的桁架结构按几何组成分析可分为：简单桁架，联合桁架，复杂桁架。

（1）简单桁架：由一个基本铰接三角形依次增加二元体而组成的桁架，图 6-19（a）所示。

（2）联合桁架：由几个简单桁架按几何不变体系的基本组成规则联合而成的桁架，如图 6-19（b）所示。

（3）复杂桁架：不按简单桁架和联合桁架这两种方式组成的其他静定桁架，如图 6-19（c）所示。

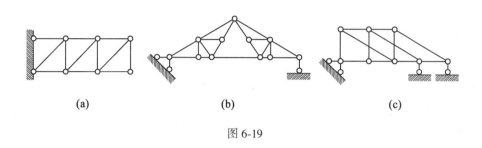

(a)   (b)   (c)

图 6-19

对于简单理想桁架，各杆所传递的力均可以通过力系的平衡方程来计算。静定结构的形式多种多样，静力分析的过程也千差万别，注意静力分析与构造分析之间的联系，就可以找到其规律。所谓构造分析，就是研究一个结构如何用单元组合起来，研究"如何搭"的问题；而静力分析就是研究如何把静定结构的内力计算问题分解为单元的内力计算问题，研究"如何拆"的问题。组合与分解，搭与拆，是一对互为相反的过程；因此，在静力分析中截取单元的次序与结构组成时添加单元的次序正好相反，则静力分析可以顺利进行。并且，在静力分析的基础上进一步了解桁架的受力性能和桁架的合理型式，要根据静力分析的优化和创新。

下面介绍两种计算内力的方法：节点法和截面法。

1. 节点法

以节点为平衡对象，节点都受一个平面汇交力系作用；按与组成顺序相反的原则，逐次建立各节点的平衡方程，则桁架各节点未知内力数目一定不超过独立平衡方程数，由节点平衡方程求得各杆内力。

2. 截面法

若只要计算桁架内部分杆件的内力，可以选取合适的一截面，假象地把桁架截开，再考虑一部分的平衡，其上力系为平面一般力系，求解出这些被截开杆件的内力，这就是截面法。截面法可以快速求解出某一内力，采用截面法时，节点上的总未知力一般不能多于三个，否则不能全部求解出。截断杆件时，可以考虑桁架的几何组成。在联系处切断，暴露出来的未知力数目一定少于独立方程数目。这里强调的仍然是按与几何组成相反顺序求解的基本原则。

【例 6-3】 如图 6-20（a）所示平面桁架，已知铅垂力 $F_C = 4\text{kN}$，水平力 $F_E = 2\text{kN}$。试求各杆内力。

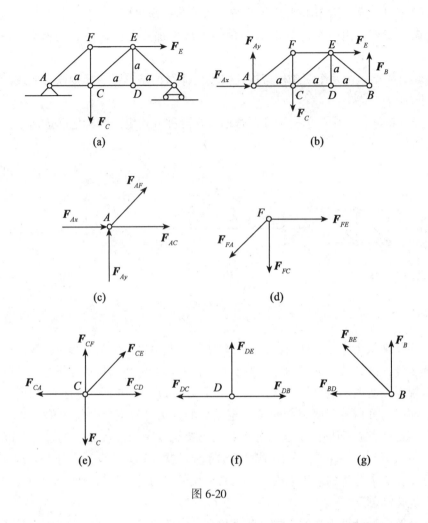

图 6-20

解：（1）先取整体为研究对象，绘制受力图如图 6-20(b) 所示。由平衡方程

$$\sum F_x = 0, \quad F_{Ax} + F_E = 0$$

$$\sum F_y = 0, \quad F_B + F_{Ay} - F_C = 0$$

$$\sum M_A(\boldsymbol{F}) = 0, \quad -F_C \times a - F_E \times a + F_B \times 3a = 0$$

联立求解得：$F_{Ay} = 2\text{kN}$，$F_{Ax} = -2\text{kN}$，$F_B = 2\text{kN}$。

（2）取节点 A，绘制受力图如图 6-20(c)。由平衡方程

$$\sum F_x = 0, \quad F_{Ax} + F_{AC} + F_{AF}\cos45° = 0$$

$$\sum F_y = 0, \quad F_{Ay} + F_{AF}\cos45° = 0$$

联立求解得：$F_{AF} = -2\sqrt{2}\ \text{kN}$，$F_{AC} = 4\ \text{kN}$。

（3）取节点 F，绘制受力图如图 6-20(d)。由平衡方程

$$\sum F_x = 0, \quad F_{FE} - F_{FA}\cos45° = 0$$

$$\sum F_y = 0, \quad -F_{FC} - F_{FA}\cos45° = 0$$

联立求解得：$F_{FE} = -2$ kN，$F_{FC} = 2$ kN。

（4）取节点 C，绘制受力图如图 6-20(e)。由平衡方程

$$\sum F_x = 0, \quad -F_{CA} + F_{CD} + F_{CE}\cos45° = 0$$

$$\sum F_y = 0, \quad -F_C + F_{CF} + F_{CE}\cos45° = 0$$

联立求解得：$F_{CE} = 2\sqrt{2}$ kN，$F_{CD} = 2$ kN。

（5）取节点 D，绘制受力图如图 6-20(f)。由平衡方程

$$\sum F_x = 0, \quad F_{DB} - F_{DC} = 0$$

$$\sum F_y = 0, \quad F_{CD} = 2 \text{ kN}$$

联立求解得：$F_{DB} = 3$kN，$F_{DE} = 0$。

（6）取节点 B，绘制受力图如图 6-20(g)。由平衡方程

$$\sum F_x = 0, \quad -F_{BD} - F_{BE}\cos45° = 0$$

$$\sum F_y = 0, \quad F_B + F_{BE}\cos45° = 0$$

联立求解得：$F_{BD} = -2\sqrt{2}$ kN，$F_{BE} = -2\sqrt{2}$ kN。

【例6-4】 如图 6-21(a)所示平面桁架，已知铅垂力 $F_C = 4$kN，水平力 $F_E = 2$kN。试求 FE、CE、CD 杆内力。

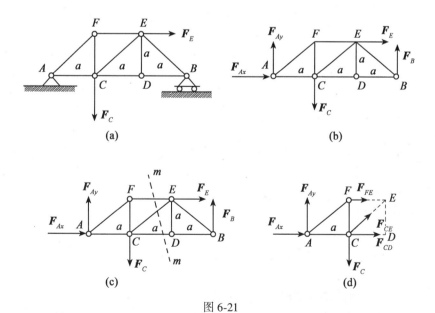

图 6-21

解：（1）先取整体为研究对象，绘制受力图如图 6-21(b)所示。由平衡方程

$$\sum F_x = 0, \quad F_{Ax} + F_E = 0$$

$$\sum F_y = 0, \quad F_B + F_{Ay} - F_C = 0$$

$$\sum M_A(F) = 0, \quad -F_C \times a - F_E \times a + F_B \times 3a = 0$$

联立求解得：$F_{Ay} = 2\text{kN}$，$F_{Ax} = -2\text{kN}$，$F_B = 2\text{kN}$。

（2）作一截面 m—m 将三杆截断，如图 6-21（c）所示，取左部分为分离体，绘制受力图如图 6-21（d）所示。由平衡方程

$$\sum F_x = 0, \quad F_{CD} + F_{Ax} + F_{FE} + F_{CE}\cos 45° = 0$$

$$\sum F_y = 0, \quad F_{Ay} - F_C + F_{CE}\cos 45° = 0$$

$$\sum M_C(F) = 0, \quad -F_{FE} \times a - F_{Ay} \times a = 0$$

联立求解得：$F_{CE} = -2\sqrt{2}$ kN，$F_{CD} = 2$ kN，$F_{FE} = -2$ kN。

值得注意的是，有些杆不需进行计算就可以确定其内力，特别是零杆，即不受力的杆。判别零杆的方法有以下几种，如图 6-22 所示。图 6-22（a）中节点上不受力，杆 1、2 均为零杆。图 6-22（b）中节点上不受力，杆 3 为零杆。图 6-22（c）中，在节点上沿杆 1 方向作用力 F，则杆 2 为零杆，平面静定桁架的零杆只是在特定载荷下内力为零，零杆绝不是多余的杆件。

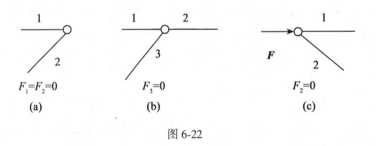

图 6-22

截面法计算步骤：

（1）求反力；

（2）判断零杆；

（3）合理选择截面；

（4）列方程求解内力。

思考题与习题 6

1. 几何可变体系也能成为结构吗？为什么？

2. 17 孔桥是几何不变的吗？

3. 试简述瞬变体系的特征。

4. 试对如图 6-23 所示体系作几何组成分析。

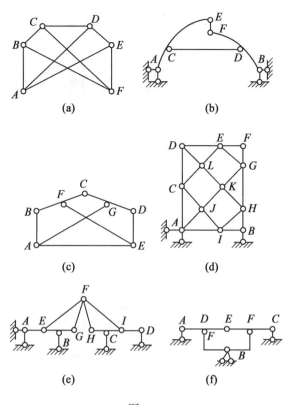

图 6-23

5. 如图 6-24 所示桁架中，哪些杆是零杆？

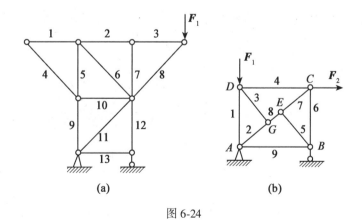

图 6-24

6. 如图 6-25 所示平面桁架，已知 F_1、a，试用节点法求各杆内力。

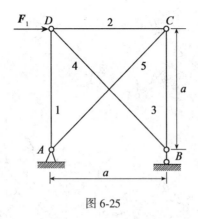

图 6-25

7. 如图 6-26 所示平面桁架，试用截面法求 3、4、5、6 各杆的内力。

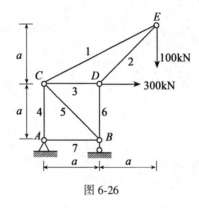

图 6-26

第7章 材料力学概述

7.1 材料力学的任务

7.1.1 材料力学的研究对象

结构就是建筑物中承受力而起骨架作用的部分。结构是由单个部件按照一定规则组合而成的,组成结构的部件称为构件。

构件都是由固体形态的工程材料制成的,且具有一定的外部形状和几何尺寸。在使用过程中,所有的构件都要受到相邻构件或其他物体的作用,亦即要受到外力。

例如房屋的外墙壁要受到风的压力、建筑物要受到地震的冲击力、公路桥梁要受到过往车辆的压力,等等,此外这些结构都还要受到自身重力的作用。

作用在建筑物或结构上的外力,及建筑物或结构自身的重力通称为荷载。

结构是由构件组成的,作用于结构上的荷载,也要由组成结构的构件来共同承担,因而构件是承受荷载的基本单元。材料力学的研究对象就是由工程材料制成的在荷载作用下的构件。

7.1.2 材料力学的研究任务

在荷载的作用下,构件的几何形状和尺寸大小都要发生一定程度的改变,这种改变,在材料力学中称为变形。一般来讲,变形要随荷载的增大而增大,当荷载达到某一数值时,构件会因为变形过大或被破坏而失去效用,通常简称为失效。避免构件在使用时的失效是材料力学的主要研究任务。构件的失效形式通常有三种:

一是构件在使用中因承受的荷载过大而发生破坏,如起重吊车的绳索被拉断、建筑物的基础被压坏等。

二是构件的变形超出了实际工程中所允许的范围,如工业厂房中吊车的横梁或建筑物的房梁在受载时发生过大的弯曲等。

三是构件在荷载的作用下其几何形状无法保持原有的状态而失去平衡,通常也称为失稳,如细长的支柱在受压时突然变弯等。

构件本身对各种失效具有抵抗的能力,简称为抗力。材料力学中,把构件抵抗破坏的能力称为强度,构件抵抗变形的能力称为刚度。构件抵抗失稳、维持原有平衡状态的能力称为稳定性。

相关研究表明,构件的强度、刚度和稳定性与其本身的几何形状、尺寸大小、所用材料、荷载情况以及工作环境因素等都有着非常密切的关系。在工程结构的设计过程中,必须根据荷载的情况对结构本身和组成结构的每一个构件进行力学分析。构件的力学分析，首先应保证构件要有足够的强度、刚度和稳定性，以使构件能够安全工作而不至于发生失效。

一般来说，为构件选用较好的材料和较大的截面尺寸，上述三项基本要求是可以满足的，但是这样又可能造成材料的浪费和结构的笨重。由此可见，结构的安全性与经济性之间是存在矛盾的。所以，如何合理地选用构件材料，恰当地确定构件的截面形状和几何尺寸，是构件设计中的一个十分重要的问题，也是材料力学所要完成的主要研究任务。

综合以上分析，可以把材料力学的主要研究任务归纳为：研究各种构件在荷载的作用下所表现出的变形和破坏的规律，为合理设计构件提供有关强度、刚度和稳定性分析的理论基础和设计计算方法，从而为构件选择适当的材料、确定合理的形状和足够的尺寸，以保证建筑物或工程结构在满足安全、可靠、适用的前提下，符合最经济的要求。

7.1.3　材料力学的研究方法

材料力学的研究方法是在实验基础上，对于实际问题作一些科学的假定，将复杂的问题简单化，从而得到便于工程应用的理论成果。这些理论成果是否可信，也要由实验来验证。还有一些尚无理论结果的问题，必须借助实验方法来解决。所以，实验分析和理论研究同是材料力学解决问题的方法。

7.2　变形固体及其基本假设

7.2.1　刚体与变形固体

理论力学研究的是物体的运动和平衡问题的一般规律。在理论力学的研究中，把物体都看做是刚体，即在外力的作用下，物体的大小和形状都绝对不变。用绝对刚体这个抽象的力学模型代替真实的物体，这是理论力学研究的特点之一。

材料力学所研究的是构件的强度、刚度和稳定性问题。这类问题中，物体的变形虽然很小，但却是主要影响因素之一，必须予以充分考虑而不能忽略。因而，在材料力学的研究中，把物体(构件)都看做是变形固体，即在外力的作用下都要发生变形——包括尺寸的改变和形状的改变。

7.2.2　变形固体的基本假设

1. 有关材料的三个基本假设

关于材料的三个基本假设是，连续性假设，均匀性假设，各向同性假设。现分别叙述如下。

(1)连续性假设。

假设构成变形固体的物质完全填满了固体所占的几何空间而毫无空隙存在。事实上，构件的材料是由微粒或晶粒组成的，各微粒或晶粒之间是有空隙的，是不可能完全紧密的，但这种空隙与构件的尺寸相比较极为微小，因而可以假设是紧密而毫无空隙存在的。

以这个假设为依据，在进行理论分析时，与构件性质相关的物理量可以用连续函数来表示，所得出的结论与实际情况不会有显著的误差。

（2）均匀性假设。

假设构件中各点处的力学性能是完全相同的。事实上，组成构件材料的各个微粒或晶粒，彼此的性质不一定完全相同。但是构件的尺寸远远大于微粒或晶粒的尺寸，构件所包含的微粒或晶粒的数目极多，按照统计学的观点，材料的性质与其所在的位置无关，即材料是均匀的。按照这个假设，在进行分析时，就不必要考虑材料各点处客观上存在的不同晶格结构和缺陷等引起的力学性能上的差异，而可以从构件内任何位置取出一小部分来研究，其结果均可代表整个物体。

（3）各向同性假设。

假设构件中的一点在各个方向上的力学性能是相同的。事实上，组成构件材料的各个晶粒是各向异性的。但由于构件中所含晶粒的数目极多，在构件中的排列又是极不规则的，因而，可以认为某些材料是各向同性的，如金属材料。根据这个假设，当获得了材料在任何一个方向的力学性能后，就可以将其结果用于其他方向。

以上三个假设对金属材料相当吻合，对砖、石、混凝土等材料的吻合性稍差，但仍可以近似地采用。木材可以认为是均匀连续的材料，但木材的顺纹和横纹两个方向的力学性能不同，是具有方向性的材料。相关实践表明，材料力学的研究结果也可以近似地用于木材。

根据上述三个假设，可以从构件中任何位置、沿任何方向取出任意微小的部分，采用微分和积分等数学方法对构件进行受力、变形和破坏的分析。

2. 有关变形的两个基本假设

（1）小变形假设。

假设变形量远小于构件的几何尺寸。这样，在研究构件的平衡和运动规律时仍可以直接利用构件的原始尺寸而忽略变形的影响。在研究和计算变形时，变形的高次幂也可以忽略，从而使计算得到简化。

当构件受到多个荷载共同作用时，根据小变形假设，可以认为各荷载的作用及作用的效应是相互独立、互不干扰的。因此，只要某个欲求量值与外力之间存在着线性关系，就可以利用叠加原理来进行分析。

（2）线弹性假设。

固体材料在外力作用下发生的变形可以分为弹性变形和塑性变形。外力卸去后能完全消失的变形称为弹性变形；外力卸去后不能完全消失而永久保留下来的变形称为塑性变形。材料力学中，假设外力的大小没有超过一定的限度，构件只产生了弹性变形，并且外力与变形之间符合线性关系，能够直接利用胡克定律。

7.3 杆件变形的形式

实际工程中构件的几何形状是多种多样的，根据构件几何形状和尺寸的不同，构件通常可以分为杆件、板壳和块体。材料力学的主要研究对象是实际工程中应用得最为广泛的构件——杆件。

　　所谓杆件是指横向尺寸远小于纵向尺寸的构件。杆件的形状与尺寸是由其轴线和横截面来决定的，轴线和横截面之间存在着一定的关系：轴线通过横截面的形心，横截面与轴线相正交。根据轴线和横截面的特征，杆件可以分为直杆和曲杆、等截面杆和变截面杆等。

　　材料力学研究的杆件主要是等截面的直杆，简称等直杆。等直杆是杆件中最简单也是最常用的一种，其计算理论可以近似用于曲率不大的曲杆和截面变化不剧烈的变截面杆。

　　杆件在不同的荷载作用下，会产生不同的变形。根据荷载本身的性质及荷载作用的位置不同，杆件的变形可以分为轴向拉伸(压缩)变形、剪切变形、扭转变形、弯曲变形四种基本变形。

　　1. 轴向拉伸变形和压缩变形

　　如果在直杆的两端各受到一个外力 F 的作用，且两者的大小相等、方向相反，作用线与杆件的轴线重合，那么杆件的变形主要是沿轴线方向的伸长变形和缩短变形。

　　当外力 F 的方向沿杆件截面的外法线方向时，杆件因受拉而变长，这种变形称为轴向拉伸变形；当外力 F 的方向沿杆件截面的内法线方向时，杆件因受压而变短，这种变形称为轴向压缩变形，分别如图 7-1(a)、(b)所示。

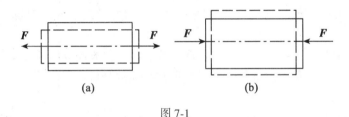

(a)　　　　　　　　　(b)

图 7-1

　　2. 杆件的剪切变形

　　如果直杆上受到一对大小相等、方向相反、作用线平行且相距很近的外力沿垂直于杆件轴线方向作用，杆件的横截面将沿外力的方向发生相对错动，这种变形称为杆件的剪切变形，如图 7-2 所示。

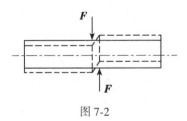

图 7-2

　　3. 杆件的扭转变形

　　如果在直杆的两端各受到一个外力偶 m 的作用，且二者的大小相等、转向相反，作用面与杆件的轴线垂直，那么杆件的横截面将绕轴线发生相对转动，这种变形称为杆件的扭转变形，如图 7-3 所示。

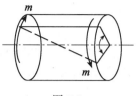

图 7-3

4. 杆件的弯曲变形

如果直杆在两端各受到一个外力偶 M_e 的作用，且二者的大小相等、转向相反，作用面都与包含杆轴的某一纵向平面重合，或者是受到位于纵向平面内且垂直于杆轴线的外力 F 作用，杆件的轴线就要变弯，这种变形称为杆件的弯曲变形，如图 7-4(a)、(b) 所示。图 7-4(a) 所示为杆件的纯弯曲变形，图 7-4(b) 所示为杆件的横力弯曲变形。

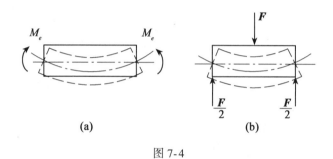

图 7-4

5. 杆件的组合变形

实际工程中杆件的变形，可能只是某一种基本变形，也可能是两种或两种以上的基本变形的组合，称为杆件的组合变形。常见的杆件的组合变形形式有：斜弯曲(或称双向弯曲)变形、拉(压)与弯曲的组合变形、弯曲与扭转的组合变形等，如图 7-5 所示。

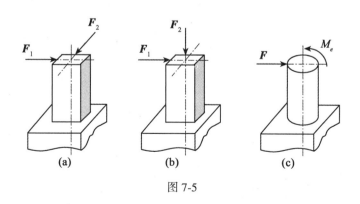

图 7-5

思考题与习题 7

1. 何谓构件的变形？构件的弹性变形和塑性变形有何区别？

2. 何谓构件的强度、刚度、稳定性？结合实际工程或日常生活实例说明构件的强度、刚度和稳定性的概念。

3. 材料力学的基本假设是什么？能否说均匀性材料一定是各向同性材料？

4. 现代工程中常用的固体材料种类繁多，物理力学性能各异。所以，在研究受力后物体(构件)内部的力学响应时，除非有特别提示，一般将材料看成由什么性质的介质组成？

5. 2008 年的南方雪灾中，许多输电塔因大雪倒塌，损坏，其原因是什么？北方的气候年年如此为什么没事呢？

第8章 轴向拉伸与压缩

8.1 轴向拉伸与压缩的概念和实例

生产实践中经常遇到承受拉伸或压缩的杆件。例如如图 8-1 所示的桥的拉杆、挖掘机的顶杆、火车卧铺的撑杆、桁架结构中的杆等。

(a) 桥的拉杆

(b) 挖掘机的顶杆

(c) 火车卧铺的撑杆

(d) 桁架结构中的杆

图 8-1

此外,如起重钢索在起吊置物时,车床的车刀在车削工件时,都承受拉伸;千斤顶的螺杆在顶起重物时,则承受压缩。

这些受拉或者受压的杆件虽外形各有差异,加载方式也不相同,但这些杆件受拉或受压的过程有其共同特点,即作用于杆件上的外力合力的作用线与杆件轴线重合,杆件变形是沿轴线方向的伸长或缩短。所以,若把这些杆件的形状和受力情况进行简化,都可以简化成如图 8-2 所示的受力简图。图 8-2 中用虚线表示变形后的形状。

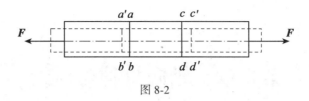

图 8-2

8.2　轴向拉伸或压缩时横截面上的内力与应力

如图 8-3(a)所示，为了显示拉(压)杆横截面上的内力，沿横截面 m—m 假想地把杆件分成两部分。杆件左右两段在横截面 m—m 上相互作用的内力是一个分布力系，如图 8-3(b)、(c)所示，其合力为 F_N。由左段的平衡方程 $F_x = 0$，得

$$F_N - F = 0$$
$$F_N = F$$

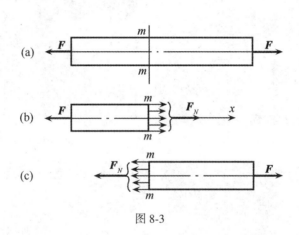

图 8-3

这种假想地将构件截开成两部分，从而显示并求解内力的方法称为截面法。用截面法求构件内力可以分为以下三个步骤：

(1)截开，沿需要求内力的截面，假想地将构件截开成两部分。

(2)代替，取截开后的任一部分作为研究对象，并把弃去部分对留下部分的作用以截面上的内力代替。

(3)平衡，列出研究对象的静力平衡方程，求解出需求的内力。

外力 F 的作用线与杆件轴线重合，内力的合力 F_N 的作用线也必然与杆件的轴线重合，所以 F_N 称为轴力。习惯上，把拉伸时的轴力规定为正，压缩时的轴力规定为负。

杆件轴线作用的外力多于两个，则在杆件各部分的横截面上轴力不尽相同。这时往往用轴力图表示轴力沿杆件轴线变化的情况。关于轴力图的绘制，下面用例题加以说明。

[**例 8-1**]　试用 ANSYS 绘制如图 8-4(a)所示杆件的轴力图。

解：为求 AB 段内的轴力，用一假想的截面 1—1 从 AB 段任一截面将杆件截开并取出左段：如图 8-4(b)所示，设 1—1 截面的轴力 F_{N_1} 为正，由该段的平衡

$$\sum F_x = 0, \qquad -6 + F_{N_1} = 0$$

得

$$F_{N_1} = 6 \text{kN}$$

F_{N_1} 为正，说明 $\boldsymbol{F}_{N_1}$ 的方向与假设方向相同，为拉力。由于 1—1 截面是在 AB 段内任取的，所以 AB 段内任一截面的轴力都为 6kN。

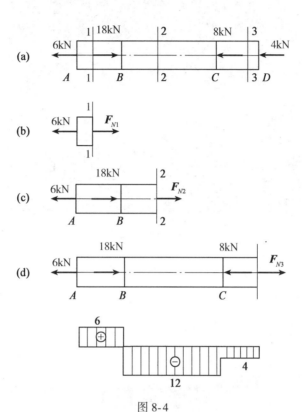

图 8-4

为求 BC 段内的轴力，用一假想的截面 2—2 从 BC 段任一截面将杆件截开，研究其左段，如图 8-4(c)所示，同样，假设轴力 $\boldsymbol{F}_{N_2}$ 为正，由左段的平衡

$$\sum F_x = 0, \qquad -6 + 18 + F_{N_2} = 0$$

得
$$F_{N_2} = -12 \text{kN}$$

结果为负值，说明 $\boldsymbol{F}_{N_2}$ 的真实方向应与图设方向相反，为压力。

同理可求 CD 段内任一横截面上的内力 $\boldsymbol{F}_{N_3}$，如图 8-4(d)所示，由

$$\sum F_x = 0, \qquad -6 + 18 - 8 + F_{N_3} = 0$$

得
$$F_{N_3} = -4 \text{kN}$$

各段内的轴力求出后，在 $X - F_N$ 坐标系中，标出各段轴力的大小和正负，即得轴力图如图 8-4(e)所示。

由此可见，应用截面法计算轴力时，对未知轴力以正的方向假设其指向为好。计算结

果为正号表示与假设方向相同，轴力为拉力；负号表示真实轴力方向与假设方向相反，轴力为压力。另外，根据所得结果作出的轴力图也不致出错。

下面用 ANSYS 进行绘图计算：有限元模型如图 8-5 所示，绘制轴力图如图 8-6 所示。

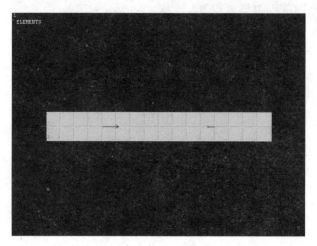

图 8-5　ANSYS 模型

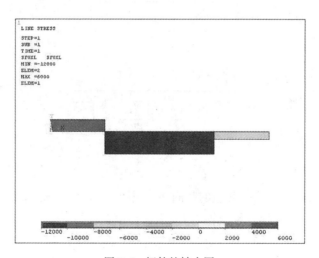

图 8-6　杆件的轴力图

[**例 8-2**]　试绘制如图 8-7(a)所示杆的轴力图。

解：第一段：如图 8-7(c)所示，$\sum F_x = 0$，$F_{N_1} - 60 = 0$，解得：$F_{N_1} = 60\text{kN}$。

第二段：如图 8-7(d)所示，$\sum F_x = 0$，$F_{N_2} + 80 - 60 = 0$，解得：$F_{N_2} = -20\text{kN}$。F_{N_2} 结果为负值，说明 F_{N_2} 的真实方向应与图设方向相反，为压力。

第三段：如图 8-7(e)所示，$\sum F_x = 0$，$-F_{N_3} + 30 = 0$，解得：$F_{N_3} = 30\text{kN}$。轴力图如图8-7(b)所示。

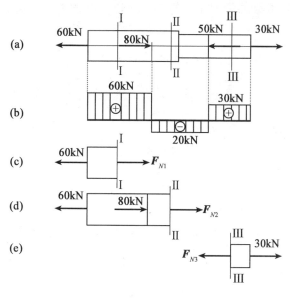

图 8-7

若只根据轴力并不能判断杆件是否有足够的强度。例如采用同一材料制成粗细不同的两根杆件，在相同的拉力下，两杆件的轴力自然是相同的。但当拉力逐渐增大时细杆必定先被拉断。这说明拉杆的强度不仅与轴力的大小有关，而且与横截面面积有关。所以必须用横截面上的应力来度量杆件的受力程度。

在拉(压)杆的横截面上，与轴力 F_N 对应的应力是正应力 σ。根据连续性假设，横截面上到处都存在着内力。若以 A 表示杆件的横截面面积，则微分面积 $\mathrm{d}A$ 上的内力元素 $\sigma\mathrm{d}A$ 组成一个垂直于横截面的平行力系，其合力就是轴力 F_N。于是得静力关系

$$F_N = \int_A \sigma\,\mathrm{d}A \tag{8-1}$$

只有知道 σ 在横截面上的分布规律后，才能计算出式(8-1)中的积分。

为了求得 σ 的分布规律，应从研究杆件的变形入手。如图 8-8 所示，杆件变形前，在等直杆的侧面上面垂直于杆轴的直线 ab 和 cd。拉伸变形后，发现 ab 和 cd 仍为直线，且

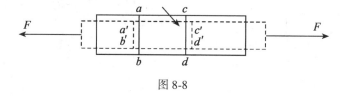

图 8-8

仍然垂直于轴线，只是分别平行地移至 $a'b'$ 和 $c'd'$。根据这一现象，可以假设：变形前原为平面的横截面，变形后仍保持为平面且仍垂直于轴线。这就是平面假设。由此可以推断，拉杆所有纵向纤维的伸长是相等的。尽管现在还不知纤维伸长和应力之间存在怎样的关系，但因材料是均匀的，所有纵向纤维的力学性能相同。由材料的变形相等和力学性能

相同，可以推想各纵向纤维的受力是一样的。所以横截面上各点的正应力 σ 相等，即正应力均匀分布于横截面上，σ 等于常量。于是由式(8-1)得

$$F_N = \sigma \int_A dA = \sigma A$$

$$\sigma = \frac{F_N}{A} \tag{8-2}$$

公式(8-2)同样可以用于 F_N 为压力时的压应力计算。不过，细长杆受压时容易被压弯，属于稳定性问题，将在后面章节压杆稳定中讨论。这里所指的是受压杆未被压弯的情况。关于正应力的符号，一般规定拉应力为正，压应力为负。

导出公式(8-2)时，要求外力合力与杆件轴线重合，这样才能保证各纵向纤维变形相等，横截面上正应力均匀分布。若轴力沿轴线变化，可以作出轴力图，再由公式(8-2)求出不同横截面上的应力。如图 8-9 所示，当截面的尺寸也沿轴线变化时，只要变化缓慢，外力合力与轴线重合，公式(8-2)仍可使用。这时把式(8-2)写成

$$\sigma(x) = \frac{F_N(x)}{A(x)} \tag{8-3}$$

式中，$\sigma(x)$，$F_N(x)$ 和 $A(x)$ 表示这些量都是横截面位置(坐标为 x)的函数。

若以集中力作用于杆件始截面上，则集中力作用点附近区域内的应力分布比较复杂，公式(8-2)只能计算这个区域内横截面上的平均应力，不能描述作用点附近的真实情况。这就引出，端截面上外力作用方式不同将有多大影响的问题。实际上，在外力作用区域内，外力分布方式有各种可能。例如在图 8-10(a)、(b)中，钢索和拉伸试样上的拉力作用方式就是不同的。若用与外力系静力等效的合力来代替原力系，则除在原力系作用区域内有明显差别外，在离外力作用区域略远处(例如距离约等于截面尺寸处)，上述代替的影响就非常微小，可以不计。这就是圣维南原理，这个原理已被实验所证实。根据这个原理，图 8-10(a)、(b)所示杆件虽然上端外力的作用方式不同，但可以用其合力代替，这就简化成相同的计算简图，如图 8-10(c)所示。在距端截面略远处都可以用公式(8-2)计算应力。

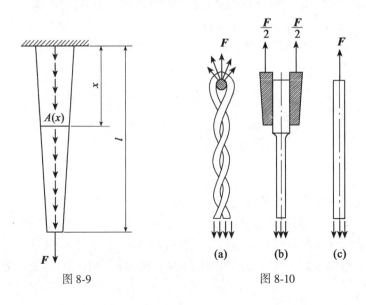

图 8-9　　　　　　　　　　　　　图 8-10

[例 8-3] 三角架结构尺寸及受力如图 8-11(a)所示。其中 $F_P = 22.2\text{kN}$，钢杆 BD 的直径 $d_{BD} = 25.4\text{mm}$，钢杆 CD 的横截面面积 $A_{CD} = 2.32 \times 10^3 \text{ mm}^2$。试用 ANSYS 求 BD 与 CD 的横截面上的正应力。

解： BD 杆横截面积：$\dfrac{3.14 \times (25.4 \times 10^{-3})^2}{4} = 5.064506 \times 10^{-4} \text{ m}^2$

CD 杆横截面积：$2.32 \times 10^3 \times 10^{-6}\text{m} = 2.32 \times 10^{-3}\text{m}$

$E = 2.1 \times 10^{11}\text{Pa}$

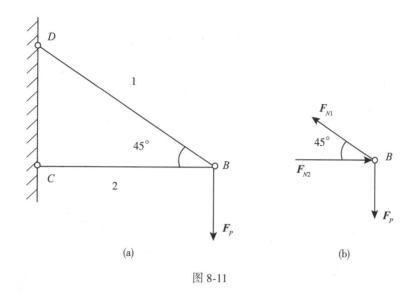

(a)   (b)

图 8-11

首先用杆单元建模，如图 8-12 所示。

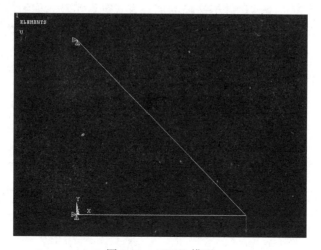

图 8-12　ANSYS 模型

用 ANSYS 分析的应力图如 8-13 所示。

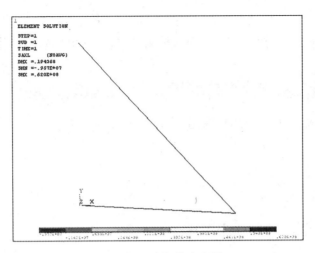

图 8-13　三角架的应力图

ANSYS 分析结果：

BD 杆横截面上的应力：$\sigma_{BD} = 0.61991 \times 10^8 \mathrm{Pa}$

CD 杆横截面上的应力：$\sigma_{CD} = -0.95690 \times 10^7 \mathrm{Pa}$

8.3　材料在拉伸与压缩时的力学性能

8.3.1　材料在拉伸时的力学性能

分析构件的强度时，除计算应力外，还应了解材料的力学性能。材料的力学性能也称为机械性质，是指材料在外力作用下表现出的变形、破坏等方面的特性，材料的机械性质要由实验来测定。在室温下，以缓慢平稳的加载方式进行实验，称为常温静载实验，是测定材料力学性能的基本实验。为了便于比较不同材料的实验结果，对试样的形状、加工精度、加载速度、实验环境等，各国的标准都有统一规定。如图 8-14 所示，在试样上取长为 l 的一段作为试验段，l 称为标距。对圆截面试样，标距 l 与直径 d 有两种比例，即

$$l = 5d$$

和

$$l = 10d$$

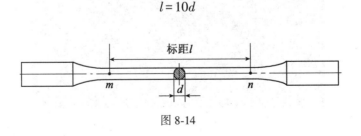

图 8-14

实际工程中常用的材料品种很多，下面以低碳钢和铸铁为主要代表，介绍材料拉伸时的力学性能。

1. 低碳钢拉伸时的力学性能

低碳钢是指含碳量在 $0.1\% \sim 0.3\%$ 之间的碳素钢。这类钢材在实际工程中使用较广，在拉伸实验中表现出的力学性能也最为典型。

试样装在试验机上，受到缓慢增加的拉力作用。对应着每一个拉力 F 试样标距 l 有一个伸长量 Δl。表示 F 和 Δl 的关系曲线，称为拉伸图或 F-Δl 曲线，如图 8-15 所示。

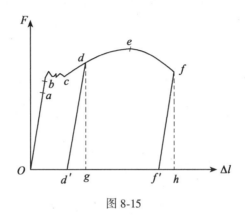

图 8-15

F-Δl 曲线与试样的尺寸有关。为了消除试样尺寸的影响，把拉力 F 除以试样横截面的原始面积 A，得出正应力：$\sigma = \dfrac{F}{A}$；同时把伸长量 Δl 除以标距的原始长度 l，得到应变：$\varepsilon = \dfrac{\Delta l}{l}$。附带指出，$\dfrac{\Delta l}{l}$ 是标距 l 内的平均应变。因在标距 l 内各点应变相等，应变是均匀的，这时，任意点的应变都与平均应变相同。以 σ 为纵坐标，ε 为横坐标，作图表示 σ 与 ε 的关系，图 8-16 称为应力-应变图或 σ-ε 曲线。

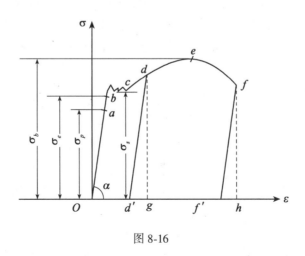

图 8-16

根据实验结果，低碳钢的力学性能大致如下：

(1)弹性阶段。

在拉伸的初始阶段，σ 与 ε 的关系为直线 Oa，表示在这一区段内，应力 σ 与应变 ε 成正比，即

$$\sigma \propto \varepsilon \tag{8-4}$$

或者写成等式

$$\sigma = E\varepsilon \tag{8-5}$$

式(8-4)、式(8-5)就是拉伸或压缩的胡克定律，式(8-5)中 E 为与材料有关的比例常数，称为弹性模量。因为应变 ε 没有量纲，故 E 的量纲与 σ 相同，常用单位是 GPa（$1\text{GPa} = 10^9\text{Pa}$）。式(8-4)、式(8-5)表明，$E = \dfrac{\sigma}{\varepsilon}$，而 $\dfrac{\sigma}{\varepsilon}$ 正是直线 Oa 的斜率。直线部分的最高点 a 所对应的应力 σ_p 称为比例极限。显然，只有应力低于比例极限时，应力才与应变成正比，材料才服从胡克定律。这时，称此材料是线弹性的。

超过比例极限后，从点 a 到点 b，σ 与 ε 之间的关系不再是直线，但解除拉力后材料的变形仍可完全消失，材料的这种变形称为弹性变形。点 b 所对应的应力 σ_e 是材料只出现弹性变形的极限值，称为弹性极限。在 σ-ε 曲线上，a，b 两点非常接近，所以实际工程中对弹性极限和比例极限并不严格区分。

在应力大于弹性极限后，若再解除拉力，则试样变形的一部分随之消失，这就是上述提到的弹性变形。但还遗留下一部分不能消失的变形，这种变形称为塑性变形或残余变形。

（2）屈服阶段。

当应力超过点 b 增加到某一数值时，应变有非常明显的增加，而应力先是下降，然后作微小的波动，在 σ-ε 曲线上出现接近水平线的小锯齿形线段。这种应力基本保持不变，而应变显著增加的现象，称为屈服或流动。在屈服阶段内的最高应力和最低应力分别称为上屈服极限和下屈服极限。上屈服极限的数值与试样形状、加载速度等因素有关，一般是不稳定的。下屈服极限则有比较稳定的数值，能够反映材料的性能。通常把下屈服极限称为屈服极限或屈服点，用 σ_s 表示。

表面磨光的试样屈服时，表面将出现与轴线大致成 45° 倾角的条纹，如图 8-17 所示。这是由于材料内部相对滑移形成的，称为材料的滑移线。因为标件被拉伸时在与杆件成 45° 倾角的斜截面上，其应力为最大值，可见这种现象的出现与最大切应力有关。

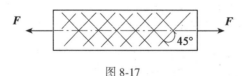

图 8-17

材料屈服表现为显著的塑性变形，而零件的塑性变形将影响机器的正常工作，所以屈服极限 σ_s 是衡量材料强度的重要指标。

（3）强化阶段。

过屈服阶段后，材料又恢复了抵抗变形的能力，要使材料继续变形必须增加拉力。这种现象称为材料的强化。如图 8-16 所示，材料强化阶段中的最高点 e 所对应的应力 σ_b 是材料所能承受的最大应力，称为材料的强度极限或抗拉强度。材料的强度极限是衡量材料

强度的另一重要指标。在强化阶段中，试样的横向尺寸有明显的缩小。

（4）局部变形阶段。

过 e 点后，在试样的某一局部范围内，横向尺寸突然急剧缩小，形成颈缩现象，如图 8-18 所示。由于在颈缩部分横截面面积迅速减小，使试样继续伸长所需要的拉力也相应减小。在应力—应变图中，用横截面原始面积 A 计算出的应力 $\sigma = \dfrac{F}{A}$ 随之下降，降落到 f 点试样被拉断。

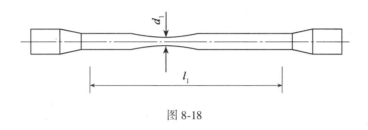

图 8-18

（5）延伸率和断面收缩率。

试样被拉断后，由于保留了塑性变形，试样长度由原来的 l 变为 l_1，用百分比表示，即

$$\delta = \frac{l_1 - l}{l} \times 100\% \tag{8-6}$$

式中，δ 称为延伸率。试样的塑性变形（$l_1 - l$）越大，δ 也就越大。因此，材料的延伸率是衡量材料塑性的指标。低碳钢材料的延伸率很高，其平均值为 20%~30%，这说明低碳钢材料的塑性性能很好。

实际工程中通常按材料延伸率的大小把材料分成两大类，$\delta > 5\%$ 的材料称为塑性材料，如碳钢、黄铜、铝合金铝等；$\delta < 5\%$ 的材料称为脆性材料，如灰铸铁、玻璃、陶瓷等。

原始截面面积为 A 的试样，拉断后颈缩处的最小截面面积变为 A_1，用百分比表示，即

$$\psi = \frac{A - A_1}{A} \times 100\% \tag{8-7}$$

称为断面收缩率。ψ 也是衡量材料塑性的指标。

（6）卸载定律及冷作硬化。

如图 8-19 所示，若把试件拉伸到超过屈服极限进入强化阶段的任一点 H 后，再逐渐卸载至零，应力-应变曲线将沿着与 Oa 几乎平行的斜直线 O_1H 回到 O_1 点。这说明材料在卸载过程中应力与应变成直线关系，这种性质称为卸载定律。载荷完全卸除后，试件中的弹性变形 O_1O_2 消失，仅剩下塑性变形 OO_1。

对有塑性变形的试件卸载后紧接着重新加载，则应力-应变关系大致上为 O_1H，直到 H 点后，又沿曲线 Hdf 变化。可见，再次加载后，应力达到屈服极限 σ_s 时并未发生屈服现象，而是到达 H 点以后，才再次出现塑性变形，比较 $OHdf$ 和 O_1Hdf 两条曲线，可见第二次加载时，其比例极限得到了提高，但材料的塑性变形和延伸率有所降低。这种在常温

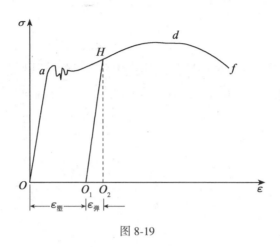

图 8-19

下经过塑性变形后材料比例极限提高、塑性性能降低的现象称为冷作硬化。冷作硬化现象经退火后又可以消除。

实际工程中常利用材料的这种性质来提高比例极限。例如图 8-19 中用的钢索和建筑构件用的钢筋，用冷作硬化来提高材料的比例极限，从而在弹性设计中提高其强度达到节约材料的目的。又如对轴的喷丸处理，使其表面发生塑性变形，形成冷硬层，以提高零部件表面层的比例极限，从而提高材料的弹性抵抗力及表面强度。另一方面，零件初加工后，由于冷作硬化使材料变脆、变硬，给下一步加工造成困难，且容易产生裂纹，往往就需要在工序之间安排退火，以消除冷作硬化对材料的影响。

2. 其他塑性材料拉伸时的力学性能

实际工程中常用的塑性材料，除低碳钢外，还有中碳钢、某些高碳钢和合金钢、铝合金、青铜、黄铜等。图 8-20 中是几种塑性材料的 σ-ε 曲线。可以看出，其中 16Mn 钢与低碳钢的 σ-ε 曲线相似，有完整的弹性阶段、屈服阶段、强化阶段和局部变形阶段。但实际工程中大部分金属材料都没有明显的屈服阶段，如黄铜、铝合金等。这类材料的共同特点是延伸率 δ 均较大，都属于塑性材料。

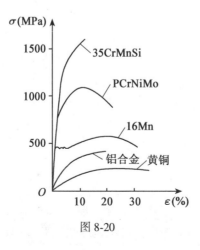

图 8-20

对没有明显屈服极限的塑性材料可以将产生 0.2% 塑性应变时的应力作为屈服指标，并用 $\sigma_{0.2}$ 来表示，如图 8-21 所示。

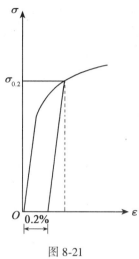

图 8-21

各类碳素钢中，随含碳量的增加，屈服极限和强度极限相应提高，但伸长率降低。例如合金钢、工具钢等高强度钢材，屈服极限较高，但塑性性能却较差。

3. 铸铁拉伸时的力学性能

灰口铸铁拉伸时的应力-应变关系是一段微弯曲线，如图 8-22 所示，没有明显的直线部分。这种材料在较小的应力下就被拉断，没有屈服和颈缩现象，拉断前的应变很小，伸长率也很小。灰口铸铁是典型的脆性材料。

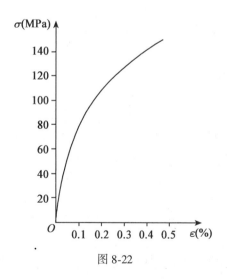

图 8-22

由于铸铁的 $\sigma\text{-}\varepsilon$ 图没有明显的直线部分，弹性模量 E 的数值随应力的大小而变。但在实际工程中铸铁的拉应力不能很高，而在较低的拉应力下，则可以近似地认为服从胡克定律。通常取 $\sigma\text{-}\varepsilon$ 曲线的割线代替 $\sigma\text{-}\varepsilon$ 曲线的开始部分，并以割线的斜率作为为弹性模量，称为割线的弹性模量。

铸铁拉断时的最大应力即为其强度极限。因为没有屈服现象，强度极限 σ_b 是衡量强度的唯一指标。铸铁等脆性材料的抗拉强度很低，所以不宜作为抗拉零部件的材料。

铸铁经球化处理成为球墨铸铁后，其力学性能有显著变化，不但有较高的强度，还有较好的塑性性能。国内许多工厂成功地用球墨铸铁代替钢材制造曲轴、齿轮等零部件。

8.3.2　材料在压缩时的力学性能

金属的压缩试样一般制成很短的圆柱，以免被压弯。圆柱高度为直径的 1.5～3 倍。混凝土、石料等则制成立方形的试块。

低碳钢压缩时的 $\sigma\text{-}\varepsilon$ 曲线如图 8-23 所示。相关试验表明：低碳钢压缩时的弹性模量 E 和屈服极限 σ_s 都与拉伸时大致相同。屈服阶段以后，试样越压越扁，其横截面面积不断增大。试样抗压能力也继续增高，因而不能得到压缩时的强度极限。由于可以从拉伸试验测定低碳钢压缩时的主要性能，所以不一定要进行压缩试验。

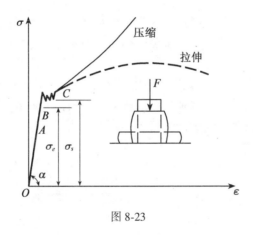

图 8-23

如图 8-24 所示，表示铸铁压缩时的 $\sigma\text{-}\varepsilon$ 曲线。试样仍然在较小的变形下突然破坏。破坏断面的法线与轴线成 45°～55°的倾角，表明试样沿斜截面因相对错动而被破坏。铸铁的抗压强度比其抗拉强度高 4～5 倍。其他脆性材料，如混凝土、石料等，抗压强度也远高于抗拉强度。

脆性材料抗拉强度低，塑性性能差，但其抗压能力强，且价格低廉，宜于作为抗压构件的材料。铸铁坚硬耐磨，易于浇铸成形状比较复杂的零部件。广泛用于铸造机床床身、机座、缸体及轴承座等受压零部件。因此，其压缩试验比拉伸试验更为重要。

综上所述，衡量材料力学性能的指标主要有：比例极限（或弹性极限）σ_p、屈服极限 σ_s、强度极限 σ_b、弹性模量 E、延伸率 δ 和断面收缩率 ψ 等。对许多金属而言，这些量往往受温度、热处理等条件的影响。

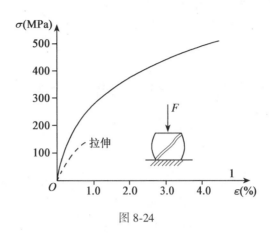

图 8-24

8.4 许用应力与强度条件

8.4.1 许用应力

由前面对材料机械性质的讨论可知脆性材料轴向拉伸或压缩时，若其横截面上的正应力(也是其各截面上的最大应力)达到强度极限 σ_b，则在很小的变形下发生断裂破坏；塑性材料轴向拉伸或压缩时，若其横截面上的正应力(同样也是其各截面上的最大应力)达到屈服极限 σ_s，虽然未发生断裂，但已出现塑性变形，不能保持原有的形状和尺寸，故不能正常工作，实际工程中也认为其已被破坏。上述破坏都是由于强度不足引起的，故称为强度失效。当然构件的失效还有其他情形，例如刚度失效、稳定性失效等。这里主要讨论强度失效，其他形式的失效将在后面介绍。

脆性材料的强度极限 σ_b 和塑性材料的屈服极限 σ_s 是构件正常工作的极限应力，为了保证构件具有足够的强度而能正常工作，显然工作时的最大工作应力 σ_{max} 应低于上述的极限应力，实际工程中通常将极限应力除以大于 1 的系数 n，将所得结果称为许用应力，用 $[\sigma]$ 表示，即：

对塑性材料
$$[\sigma] = \frac{\sigma_s}{n_s} \tag{8-8}$$

对脆性材料
$$[\sigma] = \frac{\sigma_b}{n_b} \tag{8-9}$$

式中，$[\sigma]$——许用应力；n——安全系数。

安全系数由以下因素确定：

(1)材料素质(质量、均匀性、塑性、脆性)；

(2)载荷情况(峰值载荷、动静、不可预见性)；

(3)构件简化过程和计算方法的精确度；

(4)零部件的重要性、制造维修的难易程度；

(5)减轻重量(飞机、手提设备等)。

一般的，塑性材料：$n_s = 1.2 \sim 2.5$；脆性材料：$n_b = 2 \sim 3.5$。

8.4.2　强度条件

许用应力是构件正常工作时应力的极限值，即要求最大工作应力 σ_{max} 不超过许用应力 $[\sigma]$，这就是构件轴向拉伸或压缩时的强度条件，即

$$\sigma_{max} = \frac{F_N}{A} \leqslant [\sigma] \qquad (8\text{-}10)$$

一般而言，式(8-10)中 F_N 是构件内轴力的最大值，A 为杆的横截面面积。对变截面轴，应考虑 F_N 与 A 的比值，其最大值作为上述式(8-10)中的 σ_{max}。针对不同情形，可以利用上述强度条件对拉(压)构件进行下列三种强度计算：

(1)强度校核。已知构件的材料、截面尺寸和所承受的载荷，校核构件是否满足强度条件式(8-10)，从而判断构件是否能安全工作。

(2)设计截面尺寸。已知杆件所用材料及载荷，确定杆件所需要的最小横截面面积，即

$$A \geqslant \frac{F_N}{[\sigma]} \qquad (8\text{-}11)$$

(3)确定许用载荷。已知构件的截面尺寸和许用应力，确定构件或结构所能承受的最大载荷。为此，可以先计算构件允许承受的最大轴力

$$F_{Nmax} \leqslant A[\sigma] \qquad (8\text{-}12)$$

下面举例说明强度计算的方法。

[**例 8-4**]　如图 8-25(a)所示杆 $A_1 = 200\text{mm}^2$，$A_2 = 500\text{mm}^2$，$A_3 = 600\text{mm}^2$，$[\sigma] = 12\text{MPa}$，试校核该杆的强度。

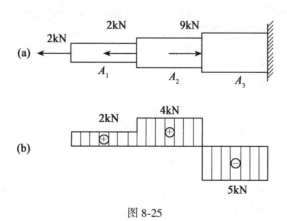

图 8-25

解：绘制杆的轴力图如图 8-25(b)所示，则

$$\sigma_1 = \frac{F_{N_1}}{A_1} = \frac{2000}{200} = 10(\text{MPa})$$

$$\sigma_2 = \frac{F_{N_2}}{A_2} = \frac{4000}{500} = 8(\text{MPa})$$

$$\sigma_3 = \frac{F_{N_3}}{A_3} = \frac{5000}{600} = 8.33(\text{MPa})$$

$$\sigma_{\max} = \sigma_1 = 10\text{MPa} \leqslant [\sigma] = 12(\text{MPa})$$

故该杆安全。

[**例 8-5**] 如图 8-26(a)所示三角架在节点 B 处悬挂一重物 $F_P = 10\text{kN}$。已知杆 1 为钢杆，其长度 $l_1 = 2\text{m}$，横截面面积 $A_1 = 600\ \text{mm}^2$，许用应力 $[\sigma_1] = 160\text{MPa}$，弹性模量 $E_1 = 200\text{GPa}$。杆 2 为木杆，其横截面面积 $A_2 = 10^4\ \text{mm}^2$，许用应力 $[\sigma_2] = 7\text{MPa}$，弹性模量 $E_2 = 10\text{GPa}$。(1)试校核该三角架的强度；(2)试求许可荷载 $[F_P]$；(3)当荷载 $F_P = [F_P]$ 时，重新选择杆的截面。

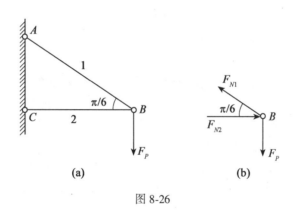

图 8-26

解：(1)取节点 B 为分离体，如图 8-26(b)所示。由平衡方程

$$\sum F_y = 0, \quad F_{N1}\sin\frac{\pi}{6} - F_P = 0, \quad F_{N1} = 2F_P = 20\text{kN} \quad (拉力) \tag{1}$$

$$\sum F_x = 0, \quad F_{N2} - F_{N1}\cos\frac{\pi}{6} = 0, \quad F_{N2} = \sqrt{3}F_P = 17.3\text{kN} \quad (压力) \tag{2}$$

根据强度条件式(8-10)得

$$\sigma_1 = \frac{F_{N1}}{A_1} = \frac{20\times10^3}{600\times10^{-6}} = 33.3\times10^6(\text{Pa}) = 33.3\text{MPa} < [\sigma_1] = 160\text{MPa}$$

$$\sigma_2 = \frac{F_{N2}}{A_2} = \frac{17.3\times10^3}{10^4\times10^{-6}} = 1.73\times10^6(\text{Pa}) = 1.73\text{MPa} < [\sigma_2] = 7\text{MPa}$$

故该三角架满足强度要求。

(2)由式(8-12)有

$$F_{N1} \leqslant A_1[\sigma_1] = 600\times10^{-6}\times160\times10^6\text{N} = 96000\text{N} = 96\text{kN} = [F_{N1}]$$

$[F_{N1}]$ 表示杆 1 所能承受的最大轴力，由式(1)可以求解出仅考虑杆 1 的强度时所允

许的最大荷载$[F_P]_1$，即

$$[F_P]_1 = \frac{1}{2}[F_{N1}] = 48\text{kN} \tag{2}$$

同理，考虑杆 2 的强度，由式(8-12)有

$$F_{N2} \leqslant A_2[\sigma_2] = 10^4 \times 10^{-6} \times 7 \times 10^6 \text{N} = 70000\text{N} = 70\text{kN} = [F_{N2}]$$

由式(2)得出仅考虑杆 2 的强度时所允许的最大荷载$[F_P]_2$，即

$$[F_P]_2 = \frac{[F_{N2}]}{\sqrt{3}} = 40.4\text{kN} \tag{4}$$

同时考虑式(3)和式(4)，求解出三角架的许可荷载$[F_P]$，得

$$[F_P] = \min([F_P]_1, [F_P]_2) = [F_P]_2 = 40.4\text{kN}。$$

(3)当荷载$F_P = [F_P]$时，杆 2 的轴力$F_{N2} = [F_{N2}]$，即$\sigma_2 = [\sigma_2]$，这时杆 2 充分发挥作用，故其面积仍为$A_2 = 10^4$ mm² 不变。杆 1 此时的轴力$F_{N1} < [F_{N1}]$，即$\sigma_1 < [\sigma_1]$，杆 1 未能充分发挥作用，可以根据式(8-12)，$A \geqslant \dfrac{F_N}{[\sigma]}$选择截面大小，即

$$A_1 \geqslant \frac{F_{N1}}{[\sigma_1]} = \frac{2 \times 40.4 \times 10^3}{160 \times 10^6} = 505 \times 10^{-6}\text{m}^2 = 505 \text{ mm}^2$$

所以，当荷载$F_P = [F_P]$时，杆 1 的面积可以重新选择为$A_1 = 505$ mm²。

实际工程中，常因实际需要而在杆件上开槽、钻孔、车削螺纹等，这就引起了杆件横截面尺寸的突然改变。相关实验和理论分析表明，在截面突变处附近，应力的数值急剧增加。这种由于截面尺寸突然改变而引起的局部应力急剧增大的现象称为应力集中。

例如开有圆孔和带有切口的板条[见图 8-27(a)、(d)]，当其受拉时，在横跨圆孔或切口的截面上，靠近圆孔或切口的局部区域内，应力很大，而在离开这一区域稍远处，应力就小得多，且趋于均匀分布[见图 8-27(b)、(e)]。在离圆孔或切口稍远的截面上，应力是均匀分布的[见图 8-27(c)]。

图 8-27 表明，截面尺寸改变得越急剧，孔越小、角越尖，局部出现的最大应力$\sigma_{\max}$就越大。通常用最大局部应力$\sigma_{\max}$与按削弱后的净面积A_n[见图 8-27(b)、(e)中画有阴影线的面积]计算得的平均应力$\sigma_m = \dfrac{F_n}{A_n}$，最大局部应力$\sigma_{\max}$与平均应力$\sigma_m$的比值$\alpha$来表示应力集中的程度，即

$$\alpha = \frac{\sigma_{\max}}{\sigma_m} \tag{8-13}$$

式中，α——应力集中因数，是一个大于 1 的因数。

对于实际工程中各种典型的应力集中情况，如开孔、浅槽、螺纹等，其应力集中因数α可以在相关设计手册中查阅到，该值在 1.2 ~ 3 之间。查出α后，利用式(8-13)计算得最大局部应力$\sigma_{\max}$，即可进行强度计算。

应该指出，在静荷载作用下，应力集中对塑性材料和脆性材料所产生的影响是不同的。塑性材料因其具有屈服阶段，当应力集中处的最大应力$\sigma_{\max}$达到屈服极限σ_s时，仅局部产生塑性变形，只有荷载继续加大，尚未屈服区域的应力才随之增加而相继达到σ_s。

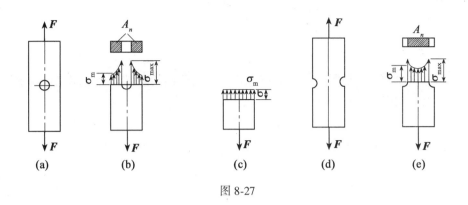

图 8-27

因此,诸如钢等塑性材料在静荷载作用下,可以不考虑应力集中的影响。脆性材料则不同,当应力集中处的最大应力 σ_{max} 达到强度极限 σ_b 时,其局部就出现裂纹,从而产生断裂。因而,诸如混凝土等脆性材料应考虑应力集中的影响。但在随时间作周期性变化的荷载或冲击荷载作用下,则无论是塑性材料还是脆性材料,应力集中的影响都必须加以考虑。

应力集中对于杆件的工作是不利的。因此,在设计时应尽可能使杆的截面尺寸不发生突变,并使杆的外形平缓光滑,尽可能避免带尖角的孔、槽和划痕等,以降低应力集中的影响。

8.5 胡克定律与拉(压)杆的变形

8.5.1 胡克定律

定律 8.1(胡克(Hooke)定律) 对于一般工程材料制成的轴向受拉(压)杆,相关实验证明:当杆所受的外力未超过材料的比例极限时,杆的伸长(缩短)Δl 与杆所受的外力 F 及杆的原长 l 成正比,而与其横截面积 A 成反比,即 $\Delta l \propto \dfrac{Fl}{A}$ 引入比例常数 E,则有

$$\Delta l = \frac{Fl}{EA} \tag{8-14}$$

由于 $F = F_N$,故上式又可以写为

$$\Delta l = \frac{F_N l}{EA} \tag{8-15}$$

这一比例关系称为胡克定律。式(8-15)中的比例常数 E 称为弹性模量。弹性模量表示材料在拉伸(压缩)时抵抗弹性变形的能力。其值随材料而异,由实验测定。单位是 Pa(MPa 或 GPa),式(8-15)中的 EA 称为抗拉(压)刚度。对于长度和受力均相同的拉(压)杆,其抗拉(压)刚度愈大,则杆件的变形愈小,所以 EA 是反映杆件抵抗拉伸(压缩)变形能力大小的一个力学量。应用式(8-14)或式(8-15)即可根据外力 F 或轴力 F_N 求解杆的伸长或缩短,Δl 的正负号与 F_N 一致。把式(8-14)、式(8-15)稍加改写,则有

$$\frac{\Delta l}{l} = \frac{1}{E}\frac{F_N}{A} \tag{8-16}$$

即 $\varepsilon = \dfrac{\sigma}{E}$ 或 $\sigma = E\varepsilon$。

这是胡克定律的另一形式，它比式(8-15)具有更普遍的意义。于是胡克定律也可以叙述如下：在比例极限内，杆的正应力 σ 与线应变 ε 成正比。

[**例 8-6**]　钢制直杆，各段长度及载荷情况如图 8-28(a)所示。各段横截面面积分别为 $A_1 = A_3 = 300\,\text{mm}^2$，$A_2 = 200\,\text{mm}^2$。材料弹性模量 $E = 200\text{GPa}$。试计算杆件各段的轴向变形，并确定杆件截面 D 的位移。

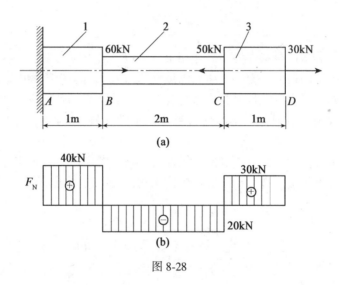

图 8-28

解：(1)绘制杆件的轴力图。用截面法计算杆件各段的轴力，如图 8-28(b)所示。
(2)杆件各段轴向变形量的计算。按式(8-15)，杆件各段轴向变形为

$$\Delta l_{AB} = \frac{40 \times 10^3 \times 1}{200 \times 10^9 \times 300 \times 10^{-6}} = 0.67 \times 10^{-3}\,(\text{m}) = 0.67\,\text{mm} \quad (\text{伸长})$$

$$\Delta l_{BC} = -\frac{20 \times 10^3 \times 2}{200 \times 10^9 \times 200 \times 10^{-6}} = -1 \times 10^{-3}\,(\text{m}) = -1\,\text{mm} \quad (\text{缩短})$$

$$\Delta l_{CD} = \frac{30 \times 10^3 \times 1}{200 \times 10^9 \times 300 \times 10^{-6}} = 0.5 \times 10^{-3}\,(\text{m}) = 0.5\,\text{mm} \quad (\text{伸长})$$

(3)杆件截面 D 位移的确定。杆件于左端截面 A 处固定，考虑到杆件各段的伸长或缩短对位移的不同影响，杆件截面 D 的轴向位移为

$$\Delta = (0.67 - 1 + 0.5)\,\text{mm} = 0.17\,\text{mm} \quad (\text{向右})$$

工程结构中，构件的变形以及由此而引起结构各点的位移与构件原始尺寸相比较都是很小的量。材料力学中只研究这种小变形情况。在建立静力平衡方程时，不考虑外力作用点位置因构件变形而发生的变化。即构件的内力分析与计算(以及在此基础上的应力计算和强度计算)，仍按构件的原始尺寸和外力作用点的原始位置进行。这样做引起的误差很小，但可以使计算大为简化。

[例 8-7] 如图 8-29(a)所示刚性梁用两根钢杆悬挂着,受铅垂力 $F = 100$kN 的作用。已知钢杆 AC 和 BD 的直径分别为 $d_1 = 25$mm 和 $d_2 = 18$mm,钢的许用应力 $[\sigma] = 170$MPa,弹性模量 $E = 210$GPa。

(1)试校核钢杆的强度,并计算钢杆的变形 Δl_{AC},Δl_{BD} 及 A,B 两点的竖直位移 Δ_A,Δ_B。

(2)若荷载 $F = 100$kN 作用于点 A 处,试求点 G 的竖直位移 Δ_G。

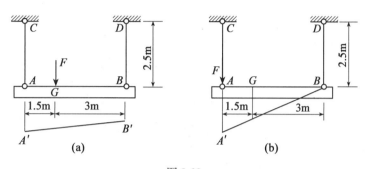

图 8-29

解:(1)以 AB 杆为研究对象,则

$$\sum M_B(\boldsymbol{F}) = 0 \quad \Rightarrow \quad F_{NAC} = \frac{200}{3}\text{kN}$$

$$\sum M_A(\boldsymbol{F}) = 0 \quad \Rightarrow \quad F_{NBD} = \frac{100}{3}\text{kN}$$

$$\sigma_{AC} = \frac{F_{NAC}}{A_1} = \frac{8 \times 100 \times 10^3}{3 \times \pi \times 25^2}\text{MPa} = 135\text{MPa} < [\sigma]$$

$$\sigma_{BD} = \frac{F_{NBD}}{A_2} = \frac{4 \times 100 \times 10^3}{3 \times \pi \times 18^2}\text{MPa} = 131\text{MPa} < [\sigma]$$

故各杆满足强度要求。由图 8-29(a)变形图,可知

$$\Delta_A = \Delta l_{AC} = \frac{F_{NAC}}{EA_1} = \frac{\frac{2}{3}Fl_{AC}}{\frac{E\pi d_1^2}{4}} = \frac{8 \times 100 \times 10^3 \times 2.5}{3 \times 210 \times 10^9 \times \pi \times 25^2 \times 10^{-6}}\text{m} = 1.62\text{mm}。$$

$$\Delta_B = \Delta l_{BD} = \frac{F_{NBD}}{EA_2} = \frac{\frac{1}{3}Fl_{BD}}{\frac{E\pi d_2^2}{4}} = \frac{4 \times 100 \times 10^3 \times 2.5}{3 \times 210 \times 10^9 \times \pi \times 18^2 \times 10^{-6}}\text{m} = 1.56\text{mm}。$$

(2)以 AB 杆为对象,则

$$\sum M_A(\boldsymbol{F}) = 0 \quad \Rightarrow F_{NBD} = 0$$

$$\sum M_B(\boldsymbol{F}) = 0 \quad \Rightarrow F_{NAC} = F$$

由图 8-29(b)变形图可知

$$\Delta_G = \frac{2}{3}\Delta_A = \frac{2}{3}\Delta l_{AC} = \frac{2}{3} \cdot \frac{F_{NAC}}{EA_1} = \frac{2}{3} \cdot \frac{Fl_{AC}}{\dfrac{E\pi d_1^2}{4}} = 1.62\text{mm}$$

结果表明，$\Delta_G = \Delta_A$，事实上这是线性弹性体中普遍存在的关系，称为位移互等定理。

8.5.2 拉(压)杆的变形

直杆在轴向拉伸或压缩时，将引起轴向尺寸的伸长或缩短，以及横向尺寸的缩短或伸长。设等直杆在变形前其原长为 l ，横向尺寸为 d ；变形后杆的长度变为 l_1 横向尺寸变为 d_1，如图 8-30 所示。杆件沿轴向的变形称为纵向变形，横向的变形称为横向变形。下面分别予以讨论。

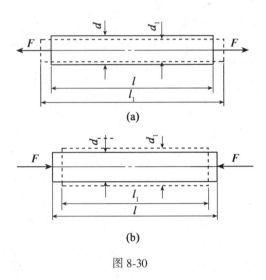

图 8-30

杆件的纵向变形及纵向应变

$$\Delta l = l_1 - l \tag{8-17}$$

称 Δl 为纵向变形，Δl 反映了杆件总的纵向变形量，但不能反映变形的程度。为此记

$$\varepsilon = \frac{\Delta l}{l} \tag{8-18}$$

称 ε 为纵向线应变，简称线应变，ε 反映了杆件纵向变形的程度。ε 是一个量纲为一的量，ε 的正负号规定与 Δl 相同，拉伸时为正，压缩时为负。

杆件的横向变形与横向应变

$$\Delta d = d_1 - d \tag{8-19}$$

称 Δd 为横向变形，其相应的横向应变记为 ε' ，即

$$\varepsilon' = \frac{\Delta d}{d} \tag{8-20}$$

相关实验表明，当应力不超过比例极限时，横向线应变与轴向线应变成正比，但符号相反，即

$$\varepsilon' = -\mu\varepsilon \tag{8-21}$$

式中，μ 称为泊松比，是无量纲量，μ 和弹性模量 E 一样，都是材料的固有弹性常数。

表 8-1 给出了实际工程中几种常用材料的弹性模量 E 和泊松比 μ 的值。

表 8-1 　　　　　　　　　　　　几种常用材料的 E 和 μ 的值

材料名称	$E(\text{GPa})$	μ
碳素钢	196~216	0.24~0.28
合金钢	186~26	0.25~0.30
灰铸铁	78.5~157	0.23~0.27
铜及其合金	72.6~128	0.31~0.42
铝合金	70	0.33

8.6　简单拉(压)静不定问题

前面几节所讨论的杆或杆系结构问题中，只需根据静力平衡方程就可以求出全部支座约束力和内力，这样的结构称为静定结构，如图 8-31(a)所示的结构。但对有些结构，仅根据静力平衡方程不能求出全部支座约束力和内力，这类结构称为超静定结构。如果在上述桁架中增加一杆 AD，如图 8-31(b)所示，则未知轴力变为三个(F_{N1}，F_{N2}，F_{N3})，但有效平衡方程仍然只有两个：$\sum F_x = 0$ 和 $\sum F_y = 0$，显然，仅由这两个条件尚不能确定上述三个轴力。这种仅仅根据平衡方程尚不能确定全部未知力的结构称为超静定结构。在超静定问题中，对于维持结构的几何不变性而言，多余的支座或杆件习惯上称为"多余"约束。由于多余约束的存在，使得超静定问题中未知力的个数多于能够建立的独立平衡方程式的数目，多出的未知力个数称为超静定次数。如图 8-31(b)所示的结构超静定次数为 1 次，该结构为 1 次超静定结构。

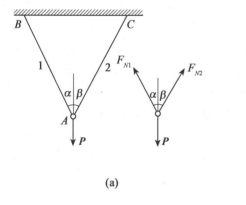

(a)

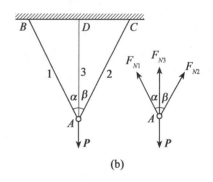

(b)

图 8-31

为求得超静定结构的全部未知力，除了利用静力平衡条件外，还需要通过对变形的研究来建立足够数目的补充方程。补充方程的数目等于超静定次数，即等于多余约束数。一方面，由于杆和杆系各部分的变形均与其所受到的约束相适应，因此，在这些变形之间必存在着一定的制约条件。这种制约条件称为变形协调条件，表达变形协调条件的几何关系式称为变形几何方程式。另一方面，杆的变形大小与受力之间总存在着一定的物理关系。对于服从胡克定律的材料来说，当应力不超过比例极限时，这一关系就是变形与力成正比。利用这一关系即可将上述变形几何方程式改写为所需的补充方程式。将补充方程式与问题的静力平衡方程式联解，即可求得全部未知力。

综上所述，运用几何学、物理学、静力学三个方面的条件来求解超静定问题，其关键在于根据问题的变形协调条件来建立变形几何方程式。下面通过例题来说明求解超静定问题的步骤。

[**例 8-8**]　三杆组成的杆系如图 8-32 所示，已知节点 A 作用铅垂力 F，杆 1 和杆 3 的刚度相同，均为 $E_1 A_1$，杆 2 的刚度为 $E_2 A_2$。试求三杆的内力。

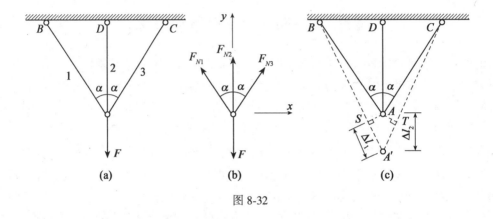

图 8-32

解：(1)力学条件：以节点 A 为分离体，绘制受力图如图 8-32(b)所示，平面汇交力系可以列出两个独立的平衡方程，所以该杆系是一次超静定杆系。

$$\sum F_x = 0, \quad F_{N3}\sin\alpha - F_{N1}\sin\alpha = 0 \tag{a}$$

$$\sum F_y = 0, \quad F_{N1}\cos\alpha + F_{N2} + F_{N3}\cos\alpha - F = 0 \tag{b}$$

(2)几何条件：为了得到各杆之间的变形协调条件(即三杆变形后仍连接于一点，不散开)，需要假设变形后节点 A 的位置，绘制出变形图。由于结构左右对称，所以点 A 受力后将沿铅垂方向下移至点 A'，其结构变形图如图 8-32(c)中虚线所示。图 8-32(c)中 AA' 等于杆 2 的伸长 Δl_2。由点 A 作 $A'B$ 的垂线，由于是小变形，$A'S$ 近似等于杆 1 的伸长 Δl_1。同理 $A'T$ 近似等于杆 3 的伸长 Δl_3，并且 $\Delta l_1 = \Delta l_3$。

由直角三角形 ASA' 可知：$A'S = AA'\cos\angle AA'S$，由于是小变形，$\angle AA'S \approx \alpha$，于是

$$\Delta l_1 = \Delta l_2\cos\alpha \tag{c}$$

式(c)就是变形协调条件。

(3)物理条件：由胡克定律有

$$\Delta l_1 = \frac{F_{N1}l_1}{E_1 A_1} = \frac{F_{N1}l}{E_1 A_1\cos\alpha} \tag{d}$$

$$\Delta l_2 = \frac{F_{N2}l_2}{E_2 A_2} = \frac{F_{N2}l}{E_2 A_2} \tag{e}$$

(4)将式(d)、式(e)代入式(c)，得到补充方程

$$\frac{F_{N1}l}{E_1A_1\cos\alpha} = \frac{F_{N2}l}{E_2A_2}\cos\alpha \tag{f}$$

联立求解平衡方程式(a)、式(b)和式(f)，得

$$F_{N1} = F_{N3} = \frac{E_1A_1\cos^2\alpha}{2E_1A_1\cos^3\alpha + E_2A_2}F$$

$$F_{N2} = \frac{E_2A_2}{2E_1A_1\cos^3\alpha + E_3A_3}F$$

总结上述解题过程，归纳求解超静定问题的步骤如下：

(1)根据静力平衡条件列出独立的静力平衡方程。

(2)根据变形与约束条件建立变形的几何关系(变形协调条件)。

(3)根据胡克定律列出变形与内力的物理关系。

(4)由(2)、(3)得补充方程。

(5)联立求解平衡方程和补充方程，即得到问题的解答。

[**例 8-9**] 如图 8-33(a)所示为在 A 端铰支刚性梁 AB 受均布载荷作用，已知钢杆 CE 和 BD 的横截面面积分别为 $A_1 = 400\,\text{mm}^2$ 和 $A_2 = 200\,\text{mm}^2$，许用应力 $[\sigma_t] = 160\text{MPa}$，许用压应力 $[\sigma_c] = 100\text{MPa}$。试校核两杆的强度。

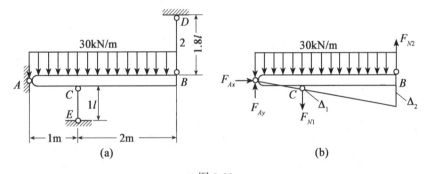

图 8-33

解：一次超静定问题，以 AB 为研究对象，绘制受力图如图 8-33(b)所示，则

$$\sum M_A(F) = 0, \qquad \frac{30 \times 3^2}{2} + F_{N1} - 3F_{N2} = 0$$

$$\Delta_2 = 3\Delta_1, \qquad \Delta_1 = -\Delta l_1, \qquad \Delta_2 = \Delta l_2$$

即

$$\frac{F_{N2}l_2}{EA_2} = -3 \cdot \frac{F_{N1}l_1}{EA_1} \quad \Rightarrow \quad F_{N2} = -\frac{2}{1.8} \cdot \frac{3}{4} \cdot F_{N1} = -\frac{5}{6}F_{N1}$$

则

$$F_{N1} = -\frac{30 \times 3^2}{7} = -38.57\text{kN（压）}$$

$$F_{N2} = 32.14\text{kN（拉）}$$

CE 杆的强度 $\qquad \sigma_c = \left| \dfrac{F_{N1}}{A_1} \right| = \dfrac{38.57 \times 10^3}{400} = 96.4\text{MPa} < [\sigma_c]$

BD 杆的强度 $\qquad \sigma = \dfrac{F_{N2}}{A_2} = \dfrac{32.14 \times 10^3}{200} = 160.7\text{MPa} < [\sigma] \times 1.05$

故各杆满足强度要求。

思考题与习题 8

1. 杆内的最大正应力是否一定发生在轴力最大的截面上？

2. 若杆的总变形为零，则杆内任一点的应力、应变和位移是否也为零？为什么？

3. 低碳钢和铸铁在拉伸和压缩时其失效形式有何不同？说明其原因。

4. 何谓胡克定律？胡克定律有几种表达形式？胡克定律的应用条件是什么？

5. 如何判断材料的强度、刚度和塑性？

6. 两个横截面面积和材料不同的拉杆，受相同拉力的作用，横截面的轴力与正应力是否相同？如果横截面面积和材料相同，但其长度不同，受相同拉力作用，轴向变形与轴向线应变是否相同？

7. 等截面直杆长 $l = 300\text{mm}$，直径 $d = 10\text{mm}$，材料屈服极限 $\sigma_s = 280\text{MPa}$，$E = 200\text{GPa}$，杆端拉力 $F = 25\text{kN}$，根据胡克定律计算杆的伸长为

$$\Delta l = \frac{F_N}{A} = \frac{25000 \times 300}{200 \times 10^3 \times \pi \times 10^2 / 4} = 0.48\text{mm}$$

该结果是否正确？为什么？

8. 试绘制如图 8-34 所示杆的轴力图。

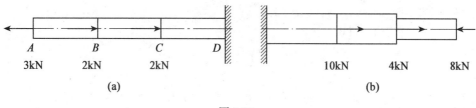

图 8-34

9. 已知 $A_1 = 2000\,\text{mm}^2$、$A_2 = 1000\,\text{mm}^2$，试求如图 8-35 所示杆各段横截面上的正应力。

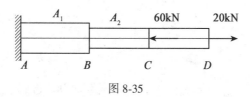

图 8-35

10. 如图 8-36 所示，一方形截面的砖柱(压杆有时也称为柱)，$F = 50\text{kN}$，试求砖柱的最大正应力。

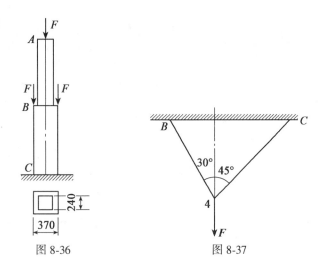

图 8-36   图 8-37

11. 如图 8-37 所示的结构中，AB 和 AC 均为 Q235 钢制成的圆截面杆，其直径相同，均为 $d = 20\text{mm}$，许用应力 $[\sigma] = 160\text{MPa}$。试确定该结构的许用载荷。

12. 已知 AC 杆为直径 $d = 25\text{mm}$ 的 A_3 圆钢，材料的许用应力 $[\sigma] = 141\text{MPa}$，AC 杆与 AB 杆之间的夹角 $\alpha = 30°$，如图 8-38 所示，A 处作用力 $F = 20\text{kN}$。

(1)试校核 AC 杆的强度。

(2)试选择最经济的直径 d。

(3)若用等边角钢，试选择角钢型号。

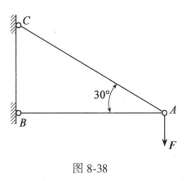

图 8-38

13. 某车间一自制桅杆式起重机的简图如图 8-39 所示，已知起重杆(杆 1)为钢管，外径 $D = 400\text{mm}$，内径 $d = 20\text{mm}$，许用应力 $[\sigma]_1 = 80\text{MPa}$，钢丝绳 2 的横截面积 $A_2 = 500\text{ mm}^2$，许用应力 $[\sigma]_2 = 60\text{MPa}$，若最大起重量 $F = 55\text{kN}$，试校核该起重机的强度是否安全。

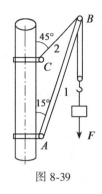
图 8-39

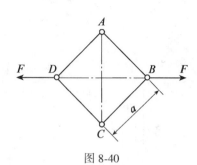
图 8-40

14. 铰接正方形结构如图 8-40 所示，各杆的横截面面积均为 30 cm²，材料为铸铁，其许用拉应力为 $[\sigma_t] = 30\text{MPa}$，许用压应力为 $[\sigma_c] = 120\text{MPa}$，试求该结构的许可载荷。

15. 如图 8-41 所示的受多个力作用的等直杆，横截面面积 $A = 500\ \text{mm}^2$，$AB = 1\text{m}$，$BC = 2\text{m}$，$CD = 1.5\text{m}$，材料的弹性模量 $E = 200\text{GPa}$，试求杆件总的纵向变形量，并用 ANSYS 分析变形结果。

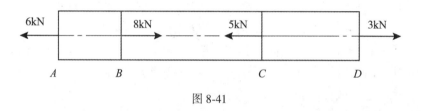
图 8-41

16. 一直径 $d = 10\text{mm}$ 的圆截面杆，在轴向拉力 F 作用下，其直径减小 0.0021mm，设材料的弹性模量 $E = 210\text{GPa}$，泊松比 $\mu = 0.3$，试求轴向拉力 F。

17. 试求如图 8-42 所示结构中刚性杆 AB 中点 C 的位移 δ_C。

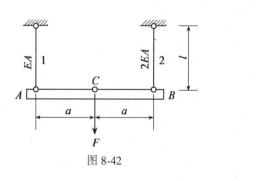
图 8-42

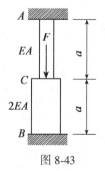
图 8-43

18. 试绘制如图 8-43 所示杆的轴力图。

19. 如图 8-44 所示，结构中水平横梁 AB 设为刚性杆，其变形可以不计，1、2 两杆拉、压刚度分别为 E_1A_1 和 E_2A_2，试求在荷载 F 作用下，两杆的应力。

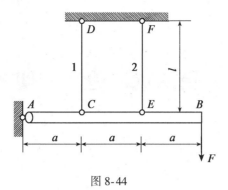

图 8-44

第9章 剪 切

剪切是实际工程中一种常见的变形形式，其多数发生在实际工程中的连接构件上，如铆钉连接、销轴连接、平键连接等，都是剪切变形的实例。

9.1 剪切的概念与实例

实际工程中的构件之间，往往采用铆钉、螺栓、销轴以及键等部件相互连接，如图9-1所示。构件之间起连接作用的部件称为连接件。连接件在工作中主要承受剪切和挤压作用。由于连接件大多为粗短杆，其应力和变形规律比较复杂，因此理论分析十分困难，通常采用实用计算法。

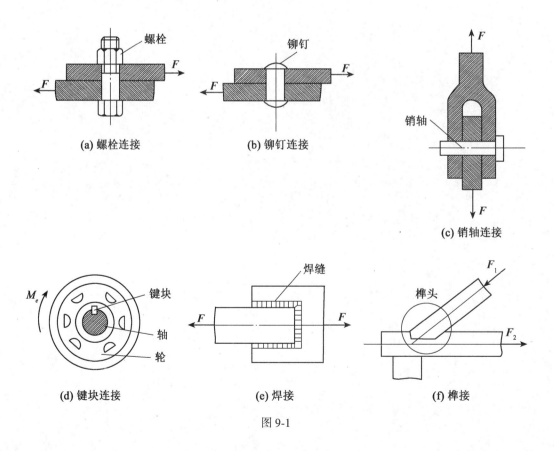

(a) 螺栓连接   (b) 铆钉连接   (c) 销轴连接

(d) 键块连接   (e) 焊接   (f) 榫接

图 9-1

现以铆钉连接为例，介绍剪切的概念及其实用计算。如图 9-2(b) 所示，当上、下两块钢板以大小相等、方向相反、作用线相距很近且垂直于铆钉轴线的两个力 F 作用于铆钉上时，铆钉将沿 m-m 截面发生相对错动，即剪切变形，如图 9-2(a) 所示。若力 F 过大，铆钉会被剪断。m—m 截面称为剪切面。

应用截面法，将铆钉假想沿 m—m 截面切开，并取其中一部分为研究对象，利用平衡方程求得剪切面上的剪力 $F_s = F$，如图 9-2(c) 所示。

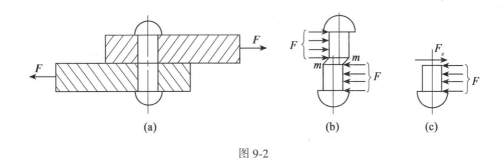

(a)　　　　　　　　　　(b)　　　　(c)

图 9-2

9.2　剪切与挤压的实用强度计算

受剪构件除了承受剪切外，往往同时伴随着挤压、弯曲和拉伸等作用。在图 9-2 中没有完全给出构件所受的外力和剪切面上的全部内力，而只是给出了主要的受力和内力。实际受力和变形比较复杂，因而对这类构件的工作应力进行理论上的精确分析是困难的。实际工程中对这类构件的强度计算，一般采用在试验和经验基础上建立起来的比较简便的计算方法，称为剪切的实用计算或工程计算。

在剪切的实用计算中，假定切应力在剪切面上均匀分布，因而有

$$\tau = \frac{F_s}{A_s} \tag{9-1}$$

式中，A_s 为剪切面面积；F_s 为剪切面上的剪力。

τ 与剪切面相切故为切应力。以上计算是以假设切应力在剪切面上均匀分布为基础的，实际上切应力 τ 只是剪切面内的一个平均切应力，所以也称为名义切应力。

当 F 达到 F_b 时的切应力称为剪切极限应力，记为 τ_b。对于上述剪切试验，剪切极限应力为

$$\tau_b = \frac{F_b}{A_s}$$

将 τ_b 除以安全系数 n，即得到许用切应力

$$[\tau] = \frac{\tau_b}{n}$$

剪切强度条件为

$$\tau = \frac{F_s}{A_s} \leqslant [\tau] \tag{9-2}$$

对于钢材，其许用切应力与许用拉应力之间大致有如下关系：

$$[\tau] = (0.6 \sim 0.8)[\sigma]$$

需要注意的是，在计算中要正确确定有几个剪切面，以及每个剪切面上的剪力。

图 9-2(a) 所示的铆钉在受剪切的同时，在钢板和铆钉的相互接触面上，还会出现局部受压现象，称为挤压。这种挤压作用有可能使接触处局部区域内的材料发生较大的塑性变形而被破坏。连接件与被连接件的相互接触面，称为挤压面，如图 9-3 所示。挤压面上传递的压力称为挤压力，用 F_{bs} 表示。挤压面上的应力称为挤压应力，用 σ_{bs} 表示。

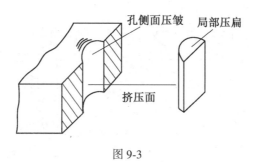

图 9-3

在挤压的实用计算中，假定挤压应力在挤压面的计算面积 A_{bs} 上均匀分布，因而有

$$\sigma_{bs} = \frac{F_{bs}}{A_{bs}} \tag{9-3}$$

挤压强度条件为

$$\sigma_{bs} = \frac{F_{bs}}{A_{bs}} \leqslant [\sigma_{bs}] \tag{9-4}$$

式中，$[\sigma_{bs}]$ 为材料的挤压许用应力，由试验测定。对于钢材，其挤压许用应力 $[\sigma_{bs}]$ 与许用拉应力 $[\sigma]$ 之间大致有如下关系：

$$[\sigma_{bs}] = (1.7 \sim 2.0)[\sigma]$$

上述两式中的挤压面计算面积 A_{bs} 规定如下：当挤压面为平面时（如键连接），A_{bs} 即为该平面的面积；当挤压面为半圆柱面时（如铆钉连接、螺栓连接），A_{bs} 为挤压面在其直径平面上投影的面积，即图 9-4(b) 中阴影线部分的面积。这是由于这样计算得到的挤压应力值，与理论分析所得的最大挤压应力值相近，如图 9-4(a) 所示。

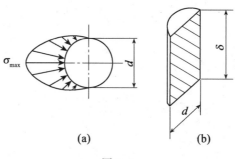

(a)   (b)

图 9-4

许用应力值通常可以根据材料、连接方式和载荷情况等实际工作条件在相关设计规范中查阅到。一般地,许用切应力 $[\tau]$ 要比同样材料的许用拉应力 $[\sigma]$ 小,而许用挤压应力 $[\sigma_{bs}]$ 则比许用拉应力 $[\sigma]$ 大。

对于塑性材料

$$[\tau] = (0.6 \sim 0.8)[\sigma]$$
$$[\sigma_{bs}] = (1.5 \sim 2.5)[\sigma]$$

对于脆性材料

$$[\tau] = (0.8 \sim 1.0)[\sigma]$$
$$[\sigma_{bs}] = (0.9 \sim 1.5)[\sigma]$$

应当注意,挤压应力是在连接件和被连接件之间相互作用的。因而,当两者材料不同时,应校核其中许用挤压应力较低的材料的挤压强度。

本章所讨论的剪切与挤压的实用计算与其他章节的一般分析方法不同。由于剪切和挤压问题的复杂性,很难得出与实际情况相符的理论分析结果,所以实际工程中主要是采用以实验为基础而建立起来的实用计算方法。

[例 9-1] 已知如图 9-5 所示圆梯形杆 $D = 32mm$, $d = 20mm$, $h = 12mm$,材料的 $[\tau] = 100MPa$, $[\sigma_{bs}] = 200MPa$ 。受拉力 $F = 50kN$ 作用,试校核该杆的强度。

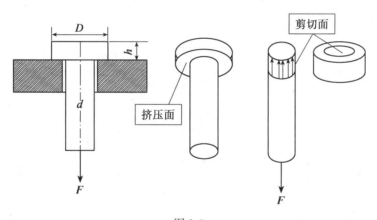

图 9-5

解: 因为

$$F_s = F_{bs} = F$$

剪切面面积

$$A_s = \pi dh$$

挤压面面积

$$A_{bs} = \frac{\pi}{4}(D^2 - d^2)$$

$$\tau = \frac{F_s}{A_s} = \frac{F}{\pi dh} = \frac{50 \times 10^3}{\pi \times 20 \times 12} = 66.3(MPa) < [\tau]$$

$$\sigma_{bs} = \frac{F_{bs}}{A_{bs}} = \frac{4F}{\pi(D^2 - d^2)} = \frac{4 \times 50 \times 10^3}{\pi(32^2 - 20^2)} = 102(MPa) < [\sigma_{bs}]$$

故该杆安全。

[例 9-2] 木榫接头如图 9-6(a)所示,宽 $b = 20cm$,材料 $[\tau] = 1MPa$, $[\sigma_{bs}] =$

10MPa。受拉力 $F = 40$kN 作用，试设计尺寸 a、h。

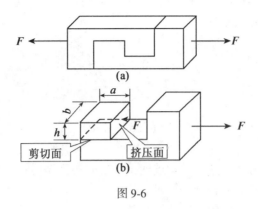

图 9-6

解：剪切面面积　　　　　　　　　　　　$A_s = ab$

挤压面面积　　　　　　　　　　　　$A_{bs} = bh$

取接头右边，绘制受力图如图 9-6(b)所示。

$$F_s = F_{bs} = F$$

$$\tau = \frac{F_s}{A_s} = \frac{F}{ab} \leqslant [\tau]$$

$$a \geqslant \frac{F}{[\tau] b} = \frac{40 \times 10^3}{1 \times 200} = 200 (\text{mm})$$

$$\sigma_{bs} = \frac{F_{bs}}{A_{bs}} = \frac{F}{bh} \leqslant [\sigma_{bs}]$$

$$h \geqslant \frac{F}{[\sigma_{bs}] b} = \frac{40 \times 10^3}{10 \times 200} = 20 (\text{mm})$$

[例 9-3]　拖车挂钩用销轴连接，如图 9-7(a)所示。销轴材料的许用应力 $[\tau] = 30$MPa，$[\sigma_{bs}] = 80$MPa。挂钩与被连接的板件厚度分别为 $\delta_1 = 8$mm，$\delta_2 = 12$mm。拖车拉力 $F = 15$kN。试确定销轴的直径 d。

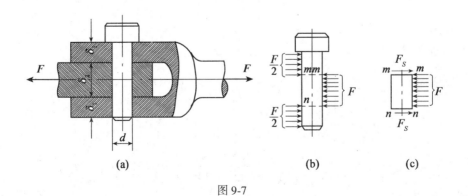

图 9-7

解：绘制插销的受力图如图 9-7(c)所示，可以求得

$$F_s = \frac{F}{2} = \frac{15}{2}\text{kN} = 7.5\text{kN}$$

先按剪强度条件进行设计

$$A_s \geqslant \frac{F_s}{[\tau]} = \frac{7500}{30 \times 10^6}\text{m}^2 = 2.5 \times 10^{-4}\text{m}^2$$

即

$$\frac{\pi d^2}{4} \geqslant 2.5 \times 10^{-4}\text{m}^2$$

$$d \geqslant 0.0178\text{m} = 17.8\text{mm}$$

再由销轴的挤压强度条件确定销轴直径的 d。由于销轴上段及下段的挤压力之和等于中段的挤压力，而中段的挤压面计算面积为 $\delta_2 d$，小于上段及下段挤压面计算面积之和 $2\delta_1 d$，如图 9-7(b)所示，故应按中段进行挤压强度计算。由挤压强度条件

$$\sigma_{bs} = \frac{F_{bs}}{A_{bs}} = \frac{F}{\delta_2 d} \leqslant [\sigma_{bs}]$$

可得

$$d \geqslant \frac{F}{\delta_2[\sigma_{bs}]} = \frac{15 \times 10^3}{12 \times 10^{-3} \times 80 \times 10^6} = 15.6 \times 10^{-3}(\text{m})$$

最后选取销轴直径 $d = 18\text{mm}$。

[例 9-4] 如图 9-8 所示一松木屋架的端节点。已知 $F_1 = 15\text{kN}$，$F_2 = 13\text{kN}$；木材的顺纹许用切应力 $[\tau] = 1\text{MPa}$，顺纹许用挤压应力 $[\sigma_{bs}] = 10\text{MPa}$，顺纹许用拉应力 $[\sigma_t] = 6\text{MPa}$，与木纹成 $30°$ 角的斜纹许用挤压应力 $[\sigma_{bs}]_{30°} = 7.2\text{MPa}$。试求 l 和 h_c 的尺寸。

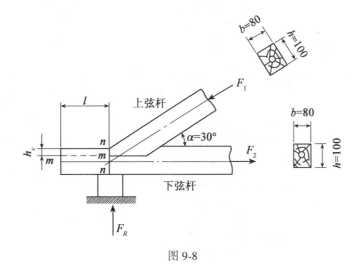

图 9-8

解：（1）由剪切强度条件决定 l 的尺寸。在上弦杆的压力 F_1 的水平分力 $F_1\cos\alpha$ 和下弦杆的拉力 F_2 作用下，下弦杆将沿截面 m-m 发生顺纹剪切。

剪力 $F_s = F_2 = F_1\cos\alpha$，剪切面面积 $A_s = bl$。由剪切强度条件

$$\tau = \frac{F_s}{A_s} = \frac{F_2}{bl} \leqslant [\tau]$$

$$l \geqslant \frac{F_2}{b[\tau]} = \frac{13 \times 10^3}{80 \times 10^3 \times 1 \times 10^6} = 0.163m = 163mm$$

（2）由挤压强度条件决定 h_c 的尺寸。在挤压面 m-n 处，下弦杆顺纹挤压，而上弦杆斜纹挤压。由已知条件可知，斜纹许用挤压应力低于顺纹许用挤压应力，故上弦杆的抗挤压能力弱，应对其进行计算。挤压力 $F_{bs} = F_2 = F_1\cos\alpha$，挤压面的计算面积

$$A_{bs} = bh_c$$

由挤压强度条件 $$\sigma_{bs} = \frac{F_{bs}}{A_{bs}} = \frac{F_2}{bh_c} \leqslant [\sigma_{bs}]_{30°}$$

得 $$h_c \geqslant \frac{F_2}{b[\sigma_{bs}]_{30°}} = \frac{13 \times 10^3}{80 \times 10^{-3} \times 7.2 \times 10^6} = 0.023(m) = 23mm$$

（3）校核下弦杆的拉伸强度。由于切槽、下弦杆的截面受到削弱。被削弱的截面 n-n 上的应力为

$$\sigma = \frac{F_N}{A} = \frac{F_2}{b(h-h_c)} = \frac{13 \times 10^3}{80 \times 10^{-3} \times (100-23) \times 10^{-3}} = 2.11 \times 10^6 Pa = 2.11MPa < [\sigma_t]$$

可见其应力满足抗拉强度要求。

[**例 9-5**]   如图 9-9（a）所示拉杆，用四个直径相同的铆钉固定在另一个板上，拉杆和铆钉的材料相同，已知 $F = 80kN$，$b = 80mm$，$t = 10mm$，$d = 16mm$，$[\tau] = 100MPa$，$[\sigma_{bs}] = 300MPa$，$[\sigma] = 150MPa$，试校核铆钉和拉杆的强度。

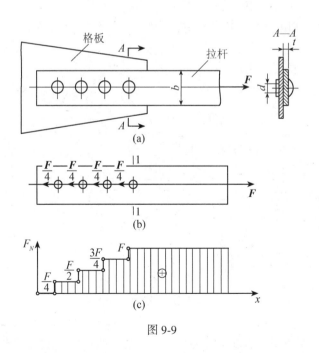

图 9-9

解：根据受力分析，该结构有三种可能的破坏，即铆钉被剪断或产生挤压破坏，或拉杆被拉断。

（1）铆钉的抗剪强度计算。

当各铆钉的材料和直径均相同，且外力作用线通过铆钉组剪切面的形心时，可以假设

各铆钉剪切面上的剪力相同。所以，对于如图9-9(a)所示铆钉组，各铆钉剪切面上的剪力均为

$$F_Q = \frac{F}{4} = \frac{80}{4}\text{kN} = 20\text{kN}$$

相应的切应力为

$$\tau = \frac{F_Q}{A_s} = \frac{20 \times 10^3 \text{kN}}{\frac{\pi}{4} \times 16^2 \times 10^{-6}\text{m}^2} = 99.5\text{MPa} < [\tau]$$

(2)铆钉的挤压强度计算。

四个铆钉受挤压力为 F，每个铆钉所受到的挤压力 F_{bs} 为

$$F_{bs} = \frac{F}{4} = 20\text{kN}$$

由于挤压面为半圆柱面，则挤压面积应为其投影面积，即

$$A_{bs} = td$$

故挤压应力为

$$\sigma_{bs} = \frac{F_{bs}}{A_{bs}} = \frac{20 \times 10^3 \text{kN}}{10 \times 16 \times 10^{-6}\text{m}^2} = 125\text{MPa} < [\sigma_{bs}]$$

(3)拉杆的强度计算。

拉杆的轴力图如图9-9(c)所示，其危险面为 $1-1$ 截面，所受到的拉力为 F，危险截面面积为 $A_1 = (b-d)t$，故最大拉应力为

$$\sigma = \frac{F}{A_1} = \frac{80 \times 10^3 \text{kN}}{(80-16) \times 10 \times 10^{-6}\text{m}^2} = 125\text{MPa} < [\sigma]$$

根据以上强度计算，铆钉和拉杆均满足强度要求。

[**例9-6**] 如图9-10所示圆截面杆件，承受轴向拉力 F 作用。设拉杆的直径为 d，端部墩头的直径为 D，其高度为 h，已知许用应力 $[\sigma] = 120\text{MPa}$，许用切应力 $[\tau] = 90\text{MPa}$，许用挤压应力 $[\sigma_{bs}] = 240\text{MPa}$。试从强度方面考虑，建立三者之间的合理比值。

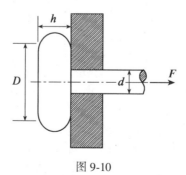

图9-10

解：可能发生的破坏为墩头的剪切和挤压破坏、杆件的拉伸破坏，合理的尺寸应使剪切面上的切应力、最大挤压应力和杆件横截面上拉应力之间的比值等于相应的许用应力之间的比值，即

$$\tau : \sigma_{bs} : \sigma = [\tau] : [\sigma_{bs}] : [\sigma] = 90 : 240 : 120 = 3 : 8 : 4$$

其中

$$\tau = \frac{F_s}{A_s} = \frac{F}{\pi d h}$$

$$\sigma_{bs} = \frac{F_b}{A_{bs}} = \frac{F}{\dfrac{\pi(D^2 - d^2)}{4}} = \frac{F}{\dfrac{\pi d^2\left(\dfrac{D^2}{d^2} - 1\right)}{4}}$$

$$\sigma = \frac{F_N}{A} = \frac{F}{\dfrac{\pi d^2}{4}}$$

则有

$$\frac{\tau}{\sigma} = \frac{d}{4h} = \frac{3}{4} \Rightarrow h = \frac{d}{3}$$

$$\frac{\sigma}{\sigma_{bs}} = \left(\frac{D}{d}\right)^2 - 1 = \frac{1}{2} \Rightarrow D = \frac{\sqrt{6}}{2}d = 1.225d$$

即

$$D : h : d = 1.225 : 0.333 : 1$$

实际工程中的剪切和挤压问题必须同时解决,这就是连接件的强度问题。提高连接件的强度,就是满足构件既安全又经济的要求下,提高连接件的承载能力。连接件的破坏形式主要有剪断和挤压破坏。从强度条件可以看出,连接件的强度与外力、剪切面(挤压面)面积及所用材料有关。在尽可能降低材料消耗的前提下,提高连接件的强度的主要措施有:增加连接件数量、加大承载面积。

思考题与习题 9

1. 何谓挤压? 挤压和轴向压缩有何不同?

2. 剪切实用计算和挤压实用计算实用了哪些假设? 为什么采用这些假设?

3. 如图 9-11 所示,电瓶车挂钩用插销连接,已知 $t = 8\text{mm}$,插销材料的许用切应力 $[\tau] = 30\text{MPa}$,许用挤压应力 $[\sigma_{bs}] = 100\text{MPa}$,牵引力 $F = 15\text{kN}$。试选定插销的直径 d。

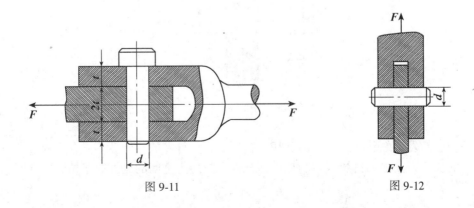

图 9-11   图 9-12

4. 如图 9-12 所示连接销钉，已知 $F = 100\text{kN}$，销钉直径 $d = 30\text{mm}$，材料的许用切应力 $[\tau] = 60\text{MPa}$。试校核连接销钉的抗剪强度，若其强度不够，应改用多大直径的销钉？

5. 如图 9-13 所示，轴的直径 $d = 50\text{mm}$，键的尺寸 $b = 16\text{mm}$，$h = 10\text{mm}$。键的许用切应力 $[\tau] = 80\text{MPa}$，许用挤压应力 $[\sigma_{bs}] = 240\text{MPa}$。若由轴通过键所传递的扭转力偶矩 $T_e = 1.6\text{kN} \cdot \text{m}$，试求所需键的长度 l。

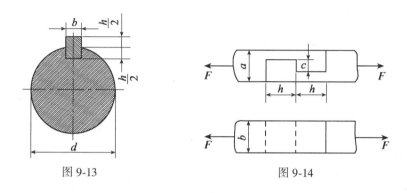

图 9-13   图 9-14

6. 木榫接头如图 9-14 所示。$a = b = 120\text{mm}$，$h = 350\text{mm}$，$c = 45\text{mm}$，$F = 40\text{kN}$。试求接头的剪切应力和挤压应力。

7. 如图 9-15 所示凸缘，连轴节传递的扭矩 $T_e = 1\text{kN} \cdot \text{m}$。四个直径 $d = 10\text{mm}$ 的螺栓均匀地分布在 $D = 80\text{mm}$ 的圆周上。材料的许用切应力 $[\tau] = 90\text{MPa}$，试校核螺栓的抗剪强度。

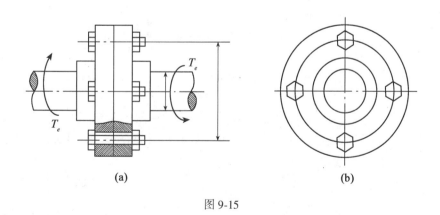

(a)   (b)

图 9-15

8. 如图 9-16 所示拉杆及头部均为圆截面，已知 $D = 40\text{ mm}$，$d = 20\text{ mm}$，$h = 15\text{ mm}$。材料的许用切应力 $[\tau] = 100\text{ MPa}$，许用挤压应力 $[\sigma_{bs}] = 240\text{ MPa}$，试由拉杆头的强度确定许用拉力 F。

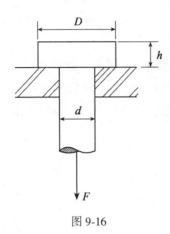

图 9-16

9. 如图 9-17 所示铆接接头中，已知载荷 $F = 110$kN，板宽 $b = 85$mm，板厚 $t = 10$mm，铆钉直径 $d = 16$mm，许用切应力 $[\tau] = 140$MPa，许用挤压力 $[\sigma_{bs}] = 240$MPa，许用拉力 $[\sigma] = 160$MPa，试校核该接头的强度。

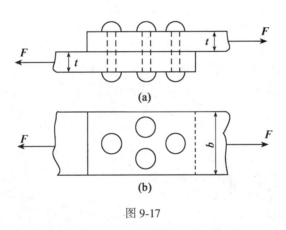

图 9-17

10. 如图 9-18 所示，用夹剪剪断直径为 3mm 的铅丝。若铅丝的剪切极限应力为 100MPa，试问需要多大的力 F 才能将铅丝剪断？若销钉 B 的直径为 8mm，试求销钉内的切应力。

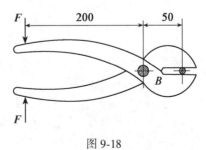

图 9-18

第10章 扭 转

10.1 扭转的概念和实例 外力偶矩的计算

10.1.1 扭转的概念和实例

实际工程中，有许多承受扭转的杆件。例如汽车方向盘的操纵杆，见图 10-1(a)；机器中的传动轴，见图 10-1(b)；钻机的钻杆，见图 10-1(c)；以及房屋中的雨篷梁和边梁，见图 10-1(d)、(e)等。实际工程中常把以扭转为主要变形的构件称为轴。本章主要研究圆轴的扭转。

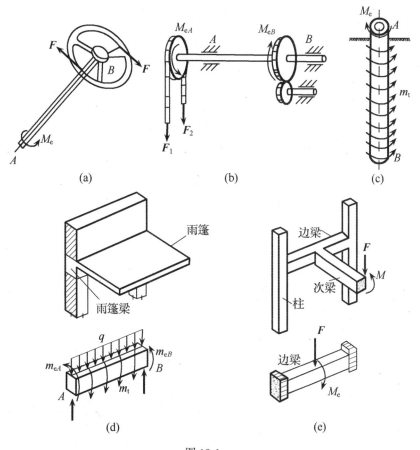

(a)　　　　　　　　(b)　　　　　　　　(c)

(d)　　　　　　　　(e)

图 10-1

扭转杆件的受力特点是：在杆件两端受到两个作用面垂直于杆轴线的力偶的作用，两力偶大小相等、转向相反。其变形特点是：杆件任意两个横截面都绕杆轴线作相对转动，两横截面之间的相对角位移称为扭转角，用 φ 表示。图 10-2 是受扭杆的计算简图，φ 表示截面 B 相对于截面 A 的扭转角。扭转时杆件的纵向线发生微小倾斜，表面纵向线的倾斜角用 γ 表示。

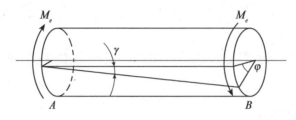

图 10-2

10.1.2　外力偶矩的计算

实际工程中作用于轴上的外力偶矩一般不直接给出，而是给出轴的转速和轴所传递的功率。这时需先由转速及功率计算出相应的外力偶矩。

由理论力学知，矩为 M_e 的外力偶产生角位移 θ 时，外力偶所作的功为 $W = M_e\theta$。

轴转动一周时外力偶所作的功为

$$W = 2\pi M_e \tag{10-1}$$

若轴的转速为 n（单位为 r/min），则外力偶每分钟所作的功为

$$W = 2\pi n M_e \tag{10-2}$$

若功率用 P 表示（单位为 kW），则外力偶每分钟所作的功也可以表示为

$$W = 60 \times 10^3 P \quad (\text{N} \cdot \text{m}) \tag{10-3}$$

令式（10-2）等于式（10-3），可得外力偶矩的计算公式为

$$M_e = 9549 \frac{P}{n} \quad (\text{N} \cdot \text{m}) \tag{10-4}$$

式中：M_e ——轴上某处的外力偶矩，单位为 N·m；

P ——轴上某处输入或输出的功率，单位为 kW；

n ——轴的转速，单位为 r/min。

[例 10-1]　传动轴如图 10-3 所示，主动轮 A 输入功率 $P_A = 50\text{kW}$，从动轮 B、C、D 输出功率分别为 $P_B = P_C = 15\text{kW}$，$P_D = 20\text{kW}$，轴的转速 $n = 300\text{r/min}$，试计算各轮上所受的外力偶矩。

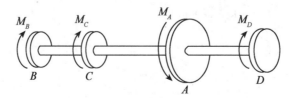

图 10-3

解：计算外力偶矩

$$M_A = 9549\,\frac{P_A}{n} = 1592\mathrm{N} \cdot \mathrm{m}$$

$$M_B = M_C = 9549\,\frac{P_B}{n} = 477.5\mathrm{N} \cdot \mathrm{m}$$

$$M_D = 9549\,\frac{P_D}{n} = 637\mathrm{N} \cdot \mathrm{m}$$

10.2 扭矩与扭矩图

确定了作用于轴上的外力偶矩之后，就可以应用截面法求其横截面上的内力。设有一圆截面轴如图 10-4(a)所示，在外力偶矩 M_e 的作用下处于平衡状态，现求任意截面 $m\text{-}m$ 上的内力。

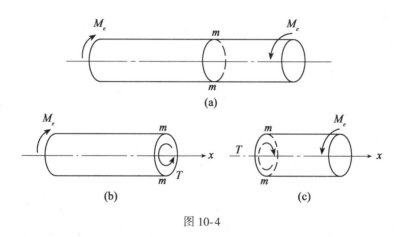

图 10-4

假想将轴在 $m\text{-}m$ 截面处截开，任取其中一段，例如取左段为研究对象，如图 10-4(b)所示。由于左端有外力偶作用，为使其保持平衡，$m\text{-}m$ 截面上必存在一个内力偶矩。这个内力偶矩是截面上分布内力的合力偶矩，称为扭矩，用 T 来表示。由空间力系的平衡方程

$$\sum M_X = 0, \qquad T - M_e = 0$$

得

$$T = M_e$$

若取右段为研究对象，也可以得到相同的结果，如图 10-4(c)所示，但扭矩的转向相反。

为了使同一截面上扭矩不仅数值相等，而且符号相同，对扭矩 T 的正负号作如下规定：使右手四指的握向与扭矩的转向一致，若拇指指向截面外法线，则扭矩 T 为正，如图 10-5(a)所示；反之为负，如图 10-5(b)所示。显然，在图 10-4(b)中，$m - m$ 截面上的扭矩 T 为正。与求轴力一样，用截面法计算扭矩时，通常假定扭矩为正。

为了直观地表示出轴的各个截面上扭矩的变化规律，与轴力图一样用平行于轴线的横坐标表示各横截面的位置，垂直于轴线的纵坐标表示各横截面上扭矩的数值，选择适当的

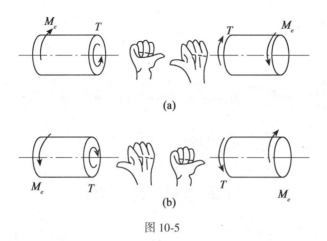

图 10-5

比例尺，将扭矩随截面位置的变化规律绘制成图，称为扭矩图。在扭矩图中，把正扭矩绘制在横坐标轴的上方，负扭矩绘制在横坐标轴的下方。

　　[例 10-2]　　如图 10-6(a)所示，已知传动轴的转速 $n = 300\text{r/min}$ ，主动轮 A 的输入功率 $P_A = 29\text{kW}$ ，从动轮 B 、C 、D 的输出功率分别为 $P_B = 7\text{kW}$ ，$P_C = P_D = 11\text{kW}$ 。试绘制出该轴的扭矩图。

　　解：（1）计算外力偶矩

$$M_A = 9549 \frac{P_A}{n} = 923\text{N} \cdot \text{m}$$

$$M_B = M_C = 9549 \frac{P_B}{n} = 223\text{N} \cdot \text{m}$$

$$M_D = 9549 \frac{P_D}{n} = 350\text{N} \cdot \text{m}$$

　　（2）计算各段轴内横截面上的扭矩。利用截面法，取截面 1-1 以左部分为研究对象，如图 10-6(c)所示，由平衡方程

$$\sum M_x = 0, \quad T_1 + M_B = 0$$

得
$$T_1 = - M_B = - 223\text{N} \cdot \text{m}$$

T_1 为负值，表示假设的扭矩方向与实际方向相反。

　　再取 2-2 截面以左部分为研究对象，如图 10-6(d)所示，由平衡方程

$$\sum M_x = 0, \quad T_2 + M_C + M_B = 0$$

得
$$T_2 = - (M_C + M_B) = - 573\text{N} \cdot \text{m}$$

　　最后取 3-3 截面以右部分为研究对象，如图 10-6(e)所示，由平衡方程

$$\sum M_x = 0, \quad T_3 - M_D = 0$$

得
$$T_3 = M_D = 350\text{N} \cdot \text{m}$$

　　（3）绘制扭矩图如图 10-6(b)所示。由图 10-6(b)可知，最大扭矩发生在 CA 段轴的各个截面上，其值为 $|T|_{\max} = 573\text{N} \cdot \text{m}$ 。

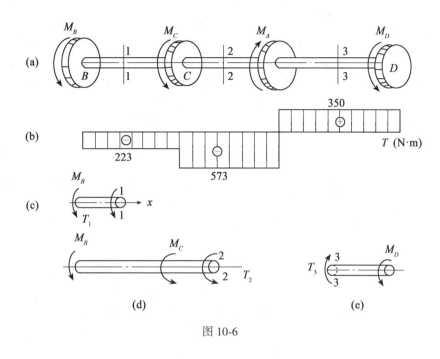

图 10-6

10.3 圆轴扭转时横截面上的应力与强度条件

10.3.1 圆轴的扭转试验与分析

如图 10-7(a)所示为一圆轴，在其表面绘制若干条纵向线和圆周线，形成矩形网格。扭转变形后，如图 10-7(b)所示，在弹性范围内，可以观察到以下现象：

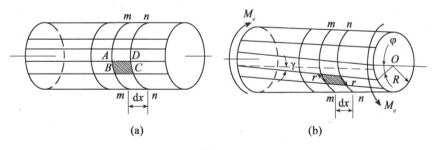

图 10-7

(1)各纵向线都倾斜了一个微小的角度 γ，矩形网格变成了平行四边形。

(2)各圆周线的形状、大小及间距保持不变，但各圆周线都绕轴线转动了不同的角度。

根据以上观察到的现象，可以作出以下的假设及推断：

(1)由于各圆周线的形状、大小及间距保持不变，可以假设圆轴的横截面在扭转后仍保持为平面，各横截面像刚性平面一样绕轴线作相对转动。这一假设称为圆轴扭转时的平面假设。

（2）由于各圆周线的间距保持不变，故知横截面上没有正应力。

（3）由于矩形网格歪斜成了平行四边形，即左右横截面发生了相对错动，故可以推断横截面上必有切应力 τ，且切应力的方向垂直于轴的半径。

（4）由于各纵向线都倾斜了一个角度 γ，故各矩形网格的直角都改变了 γ 角，直角的改变量称为切应变。切应变 γ 是由切应力 τ 引起的。

10.3.2 切应力互等定理

设矩形网格 $ABCD$ 沿纵向长为 $\mathrm{d}x$，沿圆周向长为 $\mathrm{d}y$，以矩形网格 $ABCD$ 作为一个面，再沿半径方向取长为 $\mathrm{d}z$，截出一个微小正六面体，称为单元体，如图 10-8 所示。当圆轴发生扭转变形时，横截面上有切应力 τ，故单元体左、右面上有切应力 τ。

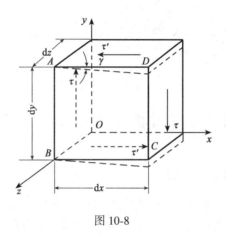

图 10-8

根据平衡条件，两个面上的切应力大小相等、方向相反，组成一个力偶，其矩为 $(\tau \mathrm{d}y\mathrm{d}z)\mathrm{d}x$。为了保持单元体的平衡，在上、下面上必定还存在着切应力 τ'，组成一个方向相反的力偶，其矩为 $(\tau'\mathrm{d}x\mathrm{d}z)\mathrm{d}y$。由平衡方程 $\sum M_Z = 0$ 得

$$(\tau \mathrm{d}y\mathrm{d}z)\mathrm{d}x = (\tau'\mathrm{d}x\mathrm{d}z)\mathrm{d}y$$

故 $$\tau = \tau' \tag{10-5}$$

式（10-5）表明，在单元体相互垂直的两个平面上，沿垂直于两面交线作用的切应力必然成对出现，且大小相等，方向共同指向或背离该两面的交线。这一结论称为切应力互等定理。如图 10-8 所示单元体的两对面上只有切应力而没有正应力，这种应力情况称为纯剪切。

10.3.3 剪切胡克定律

如图 10-8 所示，切应力越大，单元体的歪斜越厉害，即切应变 γ 越大。大量相关试验表明：当切应力 τ 未超过材料的剪切比例极限 τ_p 时，切应力 τ 与其相应的切应变 γ 成正比。引入比例常数 G，则可得到

$$\tau = G\gamma \qquad (10\text{-}6)$$

式(10-6)称为剪切胡克定律。式(10-6)中的比例常数 G 称为材料的切变模量。材料的切变模量与材料的力学性能有关。对同一材料,切变模量 G 为常数,可以由试验测定。G 的单位与应力的单位相同。

各向同性材料,三个弹性常数之间的关系为

$$G = \frac{E}{2(1+\mu)} \qquad (10\text{-}7)$$

10.3.4 圆轴扭转时横截面上的切应力

为了得到圆轴扭转时横截面上的应力,必须综合考虑几何关系、物理关系和静力平衡关系三方面。

1. 几何关系

从圆轴中截取长为 dx 的一段进行分析,如图 10-9(a)所示。假想截面 $m-m$ 固定不动,则截面 $n-n$ 相对截面 $m-m$ 绕轴线转动了一个角度 $d\varphi$,其上的半径 O_2D 也转过了角度 $d\varphi$,而到达位置 O_2D'。相应地,纵向线 AD 倾斜了一个微小角度 γ,该倾斜角即为圆轴表面 A 点处的切应变。同理,设半径 O_2D 上任一点 G 的纵向线 EG 的倾斜角为 γ_ρ,γ_ρ 即为 E 点处的切应变。

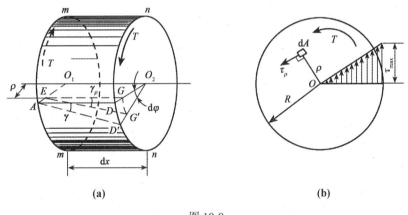

(a)   (b)

图 10-9

令 G 点到轴线的距离为 ρ,由几何关系知

$$\gamma_\rho \approx \tan\gamma_\rho = \frac{GG'}{EG} = \rho \cdot \frac{d\varphi}{dx} \qquad (10\text{-}8)$$

由于在同一横截面处 $\dfrac{d\varphi}{dx}$ 为一个常量,因此式(10-8)表明,横截面上任一点处的切应变 γ_ρ 与该点到圆心的距离 ρ 成正比。这就是变形的几何关系。

2. 物理关系

设横截面上距圆心为 ρ 点处的切应力为 τ_ρ,由剪切胡克定律,有

$$\tau_\rho = G\gamma_\rho \qquad (10\text{-}9)$$

将式(10-8)代入式(10-9),得

$$\tau_\rho = G\rho \cdot \frac{\mathrm{d}\varphi}{\mathrm{d}x} \tag{10-10}$$

因 $G \cdot \dfrac{\mathrm{d}\varphi}{\mathrm{d}x}$ 为常数，所以式(10-10)表明切应力的大小与 ρ 成正比，τ_ρ 沿任一半径的变化规律如图 10-9(b)所示。可见同一半径 ρ 的圆周上各点处的切应力 τ_ρ 相同，截面边缘各点处的切应力最大。

3. 静力平衡关系

下面我们由静力平衡条件来确定 $\dfrac{\mathrm{d}\varphi}{\mathrm{d}x}$ 的数值。如图 10-9(b)所示，距圆心为 ρ 的微小面积上的微小内力为 $\tau_\rho \mathrm{d}A$，其对圆心的矩为 $\rho\tau_\rho \mathrm{d}A$。因扭矩 T 为截面上的分布内力的合力，则

$$\int_A \rho\tau_\rho \mathrm{d}A = T \tag{10-11}$$

将式(10-10)代入式(10-11)，整理得

$$G \cdot \frac{\mathrm{d}\varphi}{\mathrm{d}x}\int_A \rho^2 \mathrm{d}A = T \tag{10-12}$$

令

$$I_P = \int_A \rho^2 \mathrm{d}A \tag{10-13}$$

则式(10-12)可以写为

$$\frac{\mathrm{d}\varphi}{\mathrm{d}x} = \frac{T}{GI_P} \tag{10-14}$$

式(10-14)是研究圆轴扭转变形的基本公式。将式(10-14)代入式(10-10)得

$$\tau_\rho = \frac{T \cdot \rho}{I_P} \tag{10-15}$$

式中：T——横截面上的扭矩；

ρ——横截面上任一点到圆心的距离；

I_P——横截面对圆心的极惯性矩，单位为 mm^4 或 m^4。

式(10-15)就是圆轴扭转时横截面上任一点处切应力大小的计算公式。

切应力的方向则与半径垂直，并与扭矩的转向一致，如图 10-9(b)所示。由式(10-15)可知，当 $\rho = R$ 时，切应力最大，最大切应力为

$$\tau_{\max} = \frac{TR}{I_P}$$

令

$$W_t = \frac{I_P}{R} \tag{10-16}$$

则有

$$\tau_{\max} = \frac{T}{W_t} \tag{10-17}$$

式中：W_t——抗扭截面系数，单位为 mm^3 或 m^3。

亦即，极惯性矩 I_P 和抗扭截面系数 W_t 是只与横截面形状、尺寸有关的几何量。

　　由式(10-13)及式(10-16)可以计算得，直径为 D 的圆截面和外径为 D、内径为 d 的空心圆截面，其对圆心的极惯性矩和抗扭截面系数分别为：

圆截面

$$I_P = \frac{\pi D^4}{32} \tag{10-18}$$

$$W_t = \frac{\pi D^3}{16} \tag{10-19}$$

空心圆截面

$$I_P = \frac{\pi D^4(1-\alpha^4)}{32} \tag{10-20}$$

$$W_t = \frac{\pi D^3(1-\alpha^4)}{16} \tag{10-21}$$

式中，$\alpha = \dfrac{d}{D}$，为圆截面内径、外径的比值。

　　为使圆轴扭转时能正常工作，必须要求圆轴内的最大切应力 $\tau_{\max}$ 不超过材料的许用切应力 $[\tau]$，若用 $T_{\max}$ 表示危险截面上的扭矩，则圆轴扭转时的强度条件为

$$\tau_{\max} = \frac{T_{\max}}{W_t} \leqslant [\tau] \tag{10-22}$$

式中：$[\tau]$——材料的许用切应力，通过试验测得。

　　$[\tau]$ 与许用拉应力之间有如下关系：

塑性材料　　　　　　　　$[\tau] = (0.5 \sim 0.6)[\sigma]$

脆性材料　　　　　　　　$[\tau] = (0.8 \sim 1.0)[\sigma]$

　　利用式(10-22)可以对圆轴进行强度校核、设计截面尺寸和确定许用荷载等三类强度计算问题。

　　[例 10-3]　如图 10-10(a)所示的空心圆轴，外径 $D=100\text{mm}$，内径 $d=80\text{mm}$，外力偶矩 $M_{e1}=6\text{kN·m}$、$M_{e2}=4\text{kN·m}$。材料的许用切应力 $[\tau]=50\text{MPa}$，试进行强度校核。

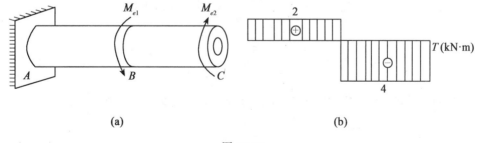

图 10-10

　　解：(1)求危险截面上的扭矩。绘制出轴的扭矩图如图 10-10(b)所示，BC 段各横截面为危险截面，其上的扭矩为

$$T_{\max} = 4\text{kN·m}$$

　　(2)校核轴的扭转强度。截面的抗扭截面系数为

$$W_t = \frac{\pi D^3(1-\alpha^4)}{16} = \frac{\pi \times 0.1^3 \times (1-0.8^4)}{16} = 1.16 \times 10^{-4} \text{m}^3$$

轴的最大切应力为

$$\tau_{max} = \frac{T_{max}}{W_t} = \frac{4 \times 10^3}{1.16 \times 10^{-4}} = 34.5 \times 10^6 \text{Pa} = 34.5 \text{MPa} < [\tau] = 50 \text{MPa}$$

可见轴是安全的。

[**例 10-4**] 如图 10-11 所示，实心轴和空心轴通过牙式离合器连接在一起。$P = 7.5$kW，$n = 100$r/min，最大切应力不得超过 40MPa，空心圆轴的内、外直径之比 $\alpha = 0.5$。二轴长度相同。试求实心轴的直径 d_1 和空心轴的外直径 D_2；试确定二轴的重量之比。

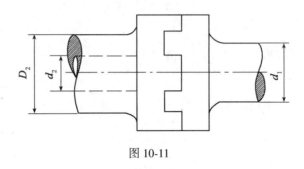

图 10-11

解：首先由轴所传递的功率计算作用在轴上的扭矩

$$T = 9549 \times \frac{P}{n} = 9549 \times \frac{7.5}{100} = 716.2 (\text{N} \cdot \text{m})$$

$$\tau_{max1} = \frac{T}{W_{t1}} = \frac{16T}{\pi d_1^3} \leq [\tau] = 40 \text{MPa}$$

实心轴 $$d_1 = \sqrt[3]{\frac{16 \times 716.2}{\pi \times 40 \times 10^6}} = 0.045\text{m} = 45\text{mm}$$

空心轴 $$\tau_{max2} = \frac{T}{W_{t2}} = \frac{16T}{\pi D_2^3(1-\alpha^4)} \leq [\tau] = 40 \text{MPa}$$

$$D_2 = \sqrt[3]{\frac{16 \times 716.2}{\pi \times (1-\alpha^4) \times 40 \times 10^6}} = 0.046\text{m} = 46\text{mm}$$

$$d_2 = 0.5, \quad D_2 = 23\text{mm}$$

长度相同的情形下，实心轴与空心轴的重量之比即为横截面面积之比，即

$$\frac{A_1}{A_2} = \frac{d_1^2}{D_2^2(1-\alpha^2)} = \left(\frac{45 \times 10^{-3}}{46 \times 10^{-3}}\right)^2 \times \frac{1}{1-0.5^2} = 1.28$$

根据[例 10-4]的分析，把轴心附近的材料移向边缘，得到空心轴，这一举措可以在保持重量不变的情况下，取得较大的 I_P，亦即取得较大的刚度。因此，若保持 I_P 不变，则空心轴比实心轴可以少用材料，重量也较轻。所以，飞机、轮船、汽车的某些轴常采用空心轴，以减轻重量。车床主轴采用空心轴既提高了强度和刚度，又便于加工长工件。当然，若将直径较小的长轴加工成空心轴，则因工艺复杂，反而增加成本，并不经济。例如车床的光杆一般应采用实心轴。此外，空心轴体积较大，在机器中要占用较大空间，而且

若轴壁太薄，还会因扭转而不能保持稳定性。

10.4 圆轴扭转时的变形与刚度条件

10.4.1 圆轴扭转时的变形

圆轴扭转时的变形通常是用两个横截面绕轴线转动的相对扭转角 φ 来度量的。在上一节中已得到式(10-14)，即

$$\frac{\mathrm{d}\varphi}{\mathrm{d}x} = \frac{T}{GI_P}$$

式中，$\mathrm{d}\varphi$——相距为 $\mathrm{d}x$ 的两横截面之间的扭转角。

上式也可以写成 $\qquad \mathrm{d}\varphi = \frac{T}{GI_P} \cdot \mathrm{d}x$

因此，相距为 l 的两横截面之间的扭转角为

$$\varphi = \int_l \mathrm{d}\varphi = \int_l \frac{T}{GI_P} \mathrm{d}x \qquad (10\text{-}23)$$

如果该段轴为同一材料制成的等直圆轴，并且各横截面上扭矩 T 的数值相同，则式(10-23)中的 T、G、I_P 均为常量，积分后得

$$\varphi = \frac{Tl}{GI_P} \qquad (10\text{-}24)$$

扭转角 φ 的单位为 rad。

由式(10-24)可见，扭转角 φ 与 GI_P 成反比，即 GI_P 越大，轴就越不容易发生扭转变形。因此把 GI_P 称为圆轴的抗扭刚度，用 GI_P 来表示圆轴抵抗扭转变形的能力。实际工程中通常采用单位长度扭转角，即 $\theta = \frac{\mathrm{d}\varphi}{\mathrm{d}x}$，由式(10-24)得

$$\theta = \frac{T}{GI_P} \qquad (10\text{-}25)$$

单位长度扭转角 θ 的单位为 rad/m。

10.4.2 圆轴的刚度计算

对于承受扭转的圆轴，除了满足强度条件外，还要求圆轴的扭转变形不能过大。例如，精密机床上的轴若产生过大变形则会影响机床的加工精度；机器的传动轴若有过大的扭转变形，将使机器在运转时产生较大振动。

因此必须对轴的扭转变形加以限制，即使其满足刚度条件

$$\theta_{\max} = \frac{T_{\max}}{GI_P} \leqslant [\theta] \qquad (10\text{-}26)$$

式中，$[\theta]$——许用单位长度扭转角，单位为 rad/m，其数值是由轴上荷载的性质及轴的工作条件等因素决定的，可以从相关设计手册中查阅到。

实际工程中 $[\theta]$ 的单位通常为°/m，刚度条件变为

$$\theta_{max} = \frac{T_{max}}{GI_P} \times \frac{180}{\pi} \leqslant [\theta] \tag{10-27}$$

一般情况下，对精密机械中的轴，其 $[\theta] = (0.25°/m \sim 0.50°/m)$ 之间；一般传动轴，其 $[\theta] = (0.5°/m \sim 1.0°/m)$ 之间；精密度较低的轴，$[\theta] = (1.0°/m \sim 2.5°/m)$。

与强度条件类似，利用刚度条件式(10-27)可以对轴进行刚度校核、设计横截面尺寸及确定许用载荷等方面的刚度计算。

一般机械设备中的轴，先按强度条件确定轴的尺寸，再按刚度要求进行刚度校核。精密机器对轴的刚度要求很高，往往其截面尺寸的设计是由刚度条件所控制的。

[例10-5] 如图10-12(a)所示的传动轴，在截面 A、B、C 三处输入或输出的功率分别为 $P_A = 100kW$、$P_B = 60kW$、$P_C = 40kW$，轴的转速 $n = 200r/min$，轴的直径 $D = 90mm$，材料的切变模量 $G = 80 \times 10^3 MPa$，材料的许用切应力 $[\tau] = 60MPa$，单位长度许用扭转角 $[\theta] = 1.1°/m$。试校核该轴的强度和刚度。

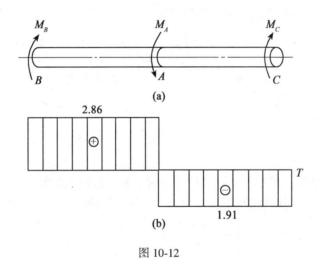

图 10-12

解：(1)计算外力偶矩。由式(10-4)，得

$$M_A = 9549 \frac{P_A}{n} = 4770N \cdot m = 4.77kN \cdot m$$

$$M_B = 9549 \frac{P_B}{n} = 2860N \cdot m = 2.86kN \cdot m$$

$$M_C = 9550 \frac{P_D}{n} = 1910N \cdot m = 1.91kN \cdot m$$

(2)求危险截面上的扭矩。绘制出扭矩图如图10-12(b)所示。由图10-12(b)可知，BA 段各横截面为危险截面，其上的扭矩为

$$T_{max} = 2.86kN \cdot m$$

(3)强度校核。截面的抗扭截面系数和极惯性矩分别为

$$W_t = \frac{\pi D^3}{16} = \frac{\pi \times 0.09^3}{16} = 1.43 \times 10^{-4} m^3$$

$$I_P = \frac{\pi D^4}{32} = \frac{\pi \times 0.09^4}{32} = 6.44 \times 10^{-4} \text{m}^4$$

轴的最大切应力为

$$\tau_{max} = \frac{T_{max}}{W_t} = \frac{2.86 \times 10^3}{1.43 \times 10^{-4}} = 20 \times 10^6 \text{Pa} = 20\text{MPa} < [\tau] = 60\text{MPa}$$

可见其强度满足要求。

（4）刚度校核。轴的单位长度最大扭转角为

$$\theta_{max} = \frac{T_{max}}{GI_P} \times \frac{180}{\pi} = \frac{2.86 \times 10^3}{8.0 \times 10^{10} \times 6.44 \times 10^6} \times \frac{180}{\pi} = 0.318°/\text{m} < [\theta] = 1.1°/\text{m}$$

可见其刚度也满足要求。

[例 10-6] 一钢制传动圆轴。材料的切变模量 $G = 79 \times 10^3\text{MPa}$，许用切应力 $[\tau] = 88.2\text{MPa}$，单位长度许用扭转角 $[\theta] = 0.5°/\text{m}$，承受的扭矩为 $T = 39.6\text{kN} \cdot \text{m}$。试根据强度条件和刚度条件设计圆轴的直径 D。

解：（1）按强度条件设计圆轴的直径。由强度条件式（10-22），即

$$\tau_{max} = \frac{T_{max}}{W_t} \leq [\tau] \Rightarrow W_t = \frac{\pi D^3}{16} \geq \frac{T_{max}}{[\tau]}$$

得

$$D \geq \sqrt[3]{\frac{16T_{max}}{\pi[\tau]}} = \sqrt[3]{\frac{16 \times 39.6 \times 10^3}{\pi \times 88.2 \times 10^6}} = 0.131\text{m} = 131\text{mm}$$

（2）按刚度条件设计轴的直径。由刚度条件式（10-27），即

$$\theta_{max} = \frac{T_{max}}{GI_P} \times \frac{180}{\pi} \leq [\theta]$$

$$I_P = \frac{\pi D^4}{32} \geq \frac{T_{max} \times 180}{G \cdot \pi[\theta]}$$

得

$$D \geq \sqrt[4]{\frac{32 \times T_{max} \times 180}{G\pi^2[\theta]}} = \sqrt[4]{\frac{32 \times 39.6 \times 10^3 \times 180}{79 \times 10^9 \times \pi^2 \times 0.5}} = 0.156\text{m} = 156\text{mm}$$

故取 $D = 160\text{mm}$，显然轴能同时满足强度条件和刚度条件。

10.5 非圆截面的扭转问题

在土木建筑工程中经常会遇到非圆截面杆，例如矩形截面杆的扭转问题。在如图 10-13(a)所示矩形截面杆的表面画上若干纵向线和横向线，则在扭转后可以看到所有横向线都变成了曲线，如图 10-13(b)所示，这说明横截面不再保持为平面而变为曲面，这种现象称为翘曲。相关试验表明，非圆截面杆扭转时都会发生翘曲，圆轴扭转时的平面假设不再成立，应力和变形的计算公式也不再适用。

当非圆截面杆不受任何约束时，横截面能自由翘曲，各截面翘曲的程度相同（见图 10-13），此时横截面上只有切应力而没有正应力，这种扭转称为自由扭转。若杆件受到约

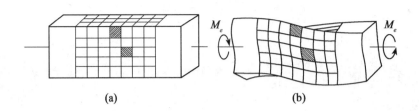

图 10-13

束，例如一端固定，则各截面的翘曲受到限制，横截面上不仅有切应力，而且还有正应力，这种扭转称为约束扭转。

对于实体截面杆，由约束扭转所引起的正应力数值很小，可以忽略不计；而对于薄壁截面杆，这种正应力往往较大，不能忽略。

非圆截面杆的扭转，必须用弹性力学的方法来研究。下面仅简单介绍矩形截面杆自由扭转的主要结论：

（1）矩形截面杆自由扭转时横截面上切应力的分布规律如图 10-14 所示。截面周边各点处的切应力平行于周边且与扭矩方向一致；在对称轴上，各点的切应力垂直于对称轴；其他各点的切应力是斜向的；角点及形心处的切应力为零；最大切应力 $\tau_{\max}$ 发生在长边中点处；短边中点处有较大的切应力 τ_1。

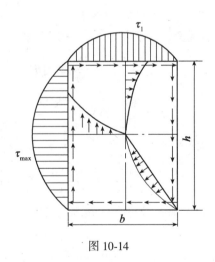

图 10-14

（2）计算公式。最大切应力为

$$\tau_{\max} = \frac{T}{\alpha h b^2} \tag{10-28}$$

短边中点处的切应力为

$$\tau_1 = \gamma \tau_{\max} \tag{10-29}$$

单位长度扭转角为

$$\theta = \frac{T}{G\beta\alpha b^3 h} \tag{10-30}$$

式中: α、β、γ——与矩形截面高宽比 $\dfrac{h}{b}$ 有关的系数，可以从相关工程手册中查表得出。

10.6 圆轴扭转变形的有限元分析

[**例 10-7**]　左端固定、右端受主动力矩的薄壁圆轴的扭转变形的有限元分析。

图 10-15(a)、(b)、(c)分别是薄壁圆轴的扭转变形的有限元分析模型、变形图、应力分布云图。

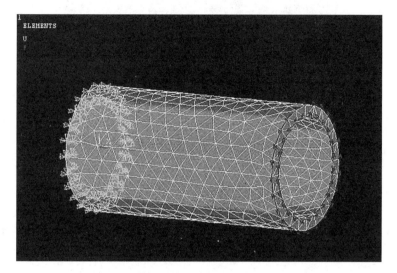

图 10-15(a)　薄壁圆轴扭转变形的有限元分析模型图

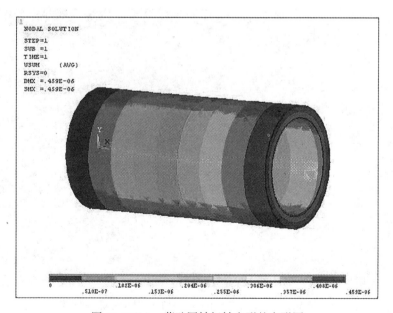

图 10-15(b)　薄壁圆轴扭转变形的变形图

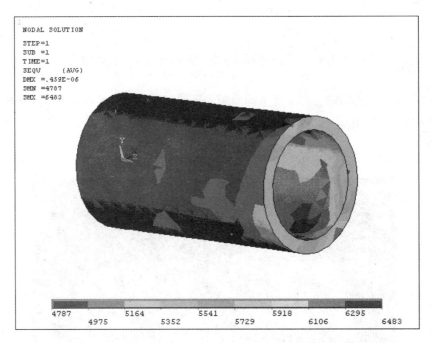

图 10-15(c)　薄壁圆轴扭转变形的应力分布云图

[**例 10-8**]　左端固定、右端受主动力矩的实心圆轴的扭转变形的有限元分析。

图 10-16(a)、(b)、(c)分别是实心圆轴的扭转变形的有限元分析模型、变形图、应力分布云图。

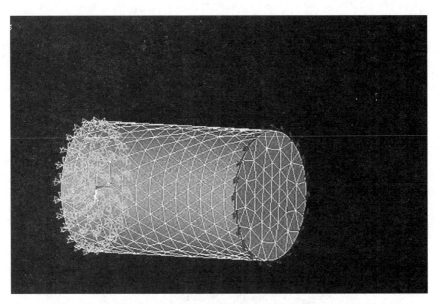

图 10-16(a)　实心圆轴扭转变形的有限元分析模型图

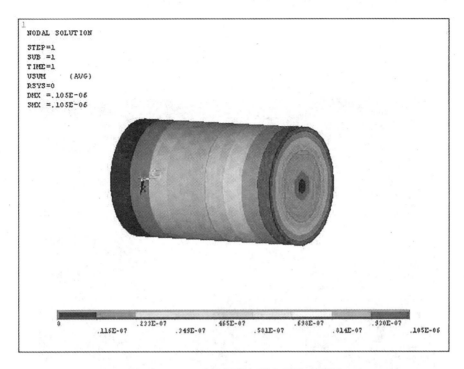

图 10-16(b) 实心圆轴扭转变形的变形图

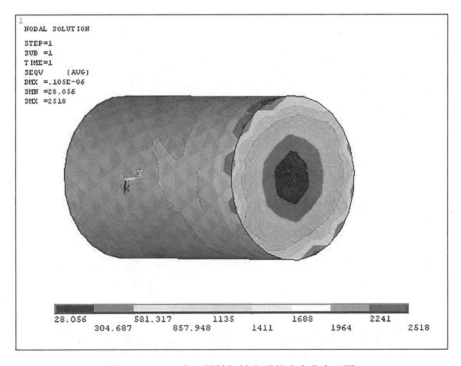

图 10-16(c) 实心圆轴扭转变形的应力分布云图

[**例 10-9**] 左端固定、右端受主动力矩的实心矩形截面长轴的扭转变形的有限元分析。

图 10-17(a)、(b)、(c)分别是实心矩形截面长轴的扭转变形的有限元分析模型、变形图、应力分布云图。

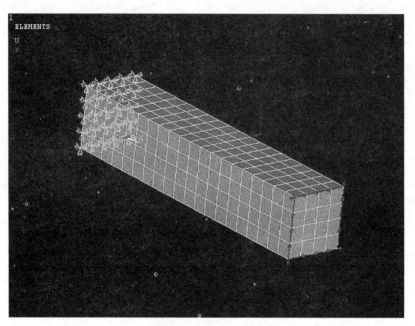

图 10-17(a) 实心矩形截面长轴的扭转变形的有限元分析模型图

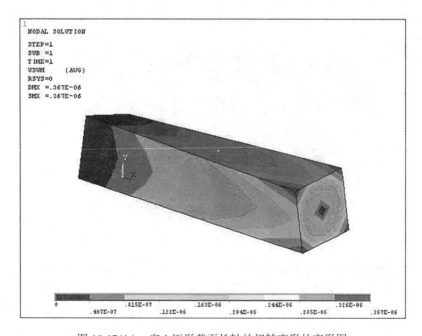

图 10-17(b) 实心矩形截面长轴的扭转变形的变形图

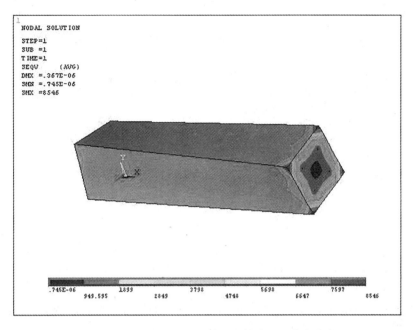

图 10-17(c)　实心矩形截面长轴的扭转变形的应力分布云图

思考题与习题 10

1. 传动轴的外力偶矩和功率、转速有何关系？减速箱中转速高的轴和转速低的轴哪个直径大？为什么？

2. 分别绘制出如图 10-18 所示三种横截面的扭转切应力沿半径的分布规律。

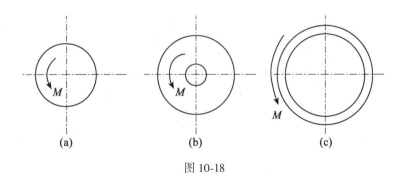

图 10-18

3. 车削工件时，通常在粗加工时用较低转速，在精加工时用较高转速，为什么？

4. 对等直圆轴、阶梯轴、实心圆轴和空心圆轴扭转时，如何选取危险截面和危险点？

5. 为什么条件相同的受扭空心圆轴比实心圆轴的强度和刚度大？

6. 外径为 D ，内径为 d 的空心圆轴，其 $I_P = \dfrac{\pi D^4}{32} - \dfrac{\pi d^4}{32}$ ， $W_t = \dfrac{\pi D^3}{16} - \dfrac{\pi d^3}{16}$ 对否？

7. 如图 10-19 所示，试求各杆 1—1 截面、2—2 截面和 3—3 截面上的扭矩，并作扭矩图。

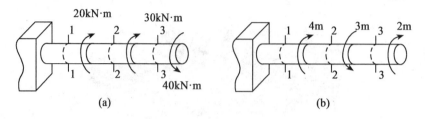

图 10-19

8. 如图 10-20 所示，受扭圆轴某截面上的扭矩 $T = 20\text{kN} \cdot \text{m}$ ， $d = 100\text{mm}$ 。试求该截面 a 、 b 、 c 三点的切应力，并在图 10-20 中标出方向。

9. 如图 10-21 所示，某传动轴由电机带动，已知轴的转速为 $n = 300\text{r/min}$ ，轮 1 为主动轮，输入功率 $P_1 = 50\text{kW}$ ，轮 2、轮 3 与轮 4 为从动轮，输入功率分别为 $P_2 = 10\text{kW}$ 、 $P_3 = P_4 = 20\text{kW}$ 。

（1）试绘制轴的扭矩图，并求轴的最大扭矩。

（2）若将轮 1 和轮 3 的位置对调，轴的最大扭矩为多少？对轴的受力是否有利？

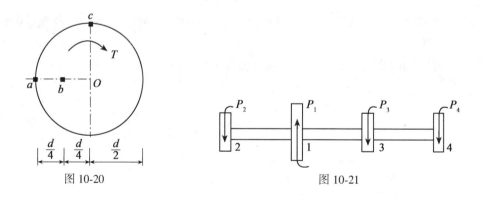

图 10-20

图 10-21

10. 一直径为 D_1 的实心轴，另一内直径与外直径之比为 $\alpha = \dfrac{d_2}{D_2} = 0.8$ 的空心轴，若两轴横截面上的扭矩相同，且最大切应力相等。试求两轴的直径之比 $\dfrac{D_2}{D_1}$ 。

11. 某一传动轴所传递的功率 $P = 80\text{kW}$ ，其转速 $n = 582\text{r/min}$ ，直径 $d = 55\text{mm}$ ，材料的许用切应力 $[\tau] = 50\text{MPa}$ ，试校核该轴的强度。

12. 汽车方向盘的直径 $D = 520\text{mm}$ ，加在方向盘上的平行力 $P = 300\text{N}$ ，盘下面的竖轴的材料许用切应力 $[\tau] = 60\text{MPa}$ 。

（1）当竖轴为实心轴时，试设计轴的直径。

（2）试采用空心轴，且 $\alpha = 0.8$，设计内外直径。

（3）试比较实心轴和空心轴的重量比。

13. 如图 10-22 所示阶梯形圆轴，AB 段为实心部分，直径 $d_1 = 40\text{mm}$，BC 段为空心部分，内径 $d = 50\text{mm}$，外径 $D = 60\text{mm}$。扭转力偶矩为 $M_A = 0.8\text{kN} \cdot \text{m}$，$M_B = 1.8\text{kN} \cdot \text{m}$，$M_C = 1\text{kN} \cdot \text{m}$。已知材料的许用切应力为 $[\tau] = 80\text{MPa}$，试校核轴的强度。

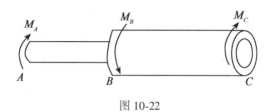

图 10-22

14. 某传动轴受力如图 10-23 所示。已知 $M_A = 0.5\text{kN} \cdot \text{m}$，$M_C = 1.5\text{kN} \cdot \text{m}$。轴截面的极惯性矩 $I_P = 2 \times 10^5 \text{mm}^4$，两段长度为 $l_1 = l_2 = 2\text{m}$，轴的切变模量 $G = 80 \times 10^3 \text{MPa}$。试计算 C 截面相对 A 截面的扭转角 φ_{AC}。

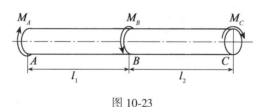

图 10-23

15. 如图 10-24 所示为阶梯轴，直径分别为 $d_1 = 40\text{mm}$，$d_2 = 55\text{mm}$，已知 C 轮输入转矩 $M_C = 1432.5\text{N} \cdot \text{m}$，$A$ 轮输出转矩 $M_A = 620.8\text{N} \cdot \text{m}$，轴的转速 $n = 200\text{r/min}$，轴材料的许用切应力 $[\tau] = 60\text{MPa}$，许用单位长度扭角 $[\theta] = 2°/\text{m}$，切变模量 $G = 80 \times 10^3 \text{MPa}$，试校核该轴的强度和刚度。

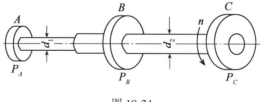

图 10-24

16. 如图 10-25 所示钻探机钻杆的外径 $D = 60\text{mm}$，内径 $d = 50\text{mm}$，功率 $P = 7.35\text{kW}$，转速 $n = 180\text{r/min}$，钻杆入土深度 $l = 40\text{m}$，材料的切变模量 $G = 80 \times 10^3 \text{MPa}$，许用切应力 $[\tau] = 40\text{MPa}$。假设土壤对钻杆的阻力沿长度均匀分布，试求：

（1）单位长度上土壤对钻杆的阻力矩。

（2）作钻杆的扭矩图，并进行强度校核。

（3）A、B 两截面的相对扭转角。

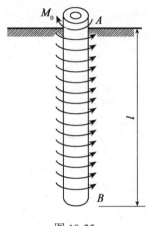

图 10-25

第11章 弯 曲 变 形

梁的弯曲变形特别是平面弯曲是实际工程中遇到最多的一种基本变形，弯曲强度和弯曲刚度的研究在材料力学中占重要地位。梁的内力分析和绘制内力图是计算梁的强度和刚度的首要条件，应熟练掌握。本章比较集中且完整地体现了材料力学研究问题的基本方法，学习中应注意理解概念，熟悉方法，掌握理论以解决实际问题。

11.1 平面弯曲的概念与实例 梁的基本形式

11.1.1 平面弯曲的概念与实例

实际工程中经常遇到这样一类构件，这类构件所承受的荷载是作用线垂直于杆件轴线的横向力，或者位于通过杆轴纵向平面内的外力偶。在这些外力的作用下，杆件的横截面要发生相对的转动，杆件的轴线也要弯成曲线，这种变形称为弯曲变形。凡是以弯曲变形为主要变形的构件，通常称为梁。

梁是工程结构中应用非常广泛的一种构件。例如，如图 11-1 所示的工厂厂房的行车大梁、图 11-2 所示的火车的轮轴、图 11-3 所示的房屋建筑的阳台挑梁等。

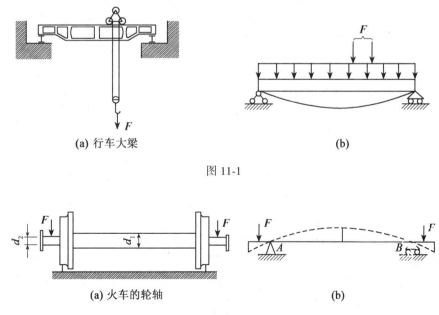

(a) 行车大梁   (b)

图 11-1

(a) 火车的轮轴   (b)

图 11-2

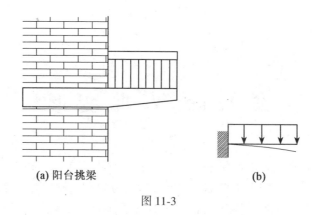

(a) 阳台挑梁　　　　　　　(b)

图 11-3

梁的轴线方向称为纵向，垂直于轴线的方向称为横向。梁的横截面是指梁垂直于轴线的截面，一般都存在着对称轴，常见的有圆形、矩形、工字形和 T 形等。梁的纵向平面是指过梁的轴线的平面，这种平面有无穷多个，但通常所说的纵向平面是指梁横截面的纵向对称轴与梁的轴线所构成的平面，称为梁的纵向对称面。

如果梁的外力和外力偶都作用在梁的纵向对称面内，那么梁的轴线将在该对称面内弯成一条平面曲线，这样的弯曲变形称为平面弯曲，如图 11-4 所示。产生平面弯曲变形的梁，称为平面弯曲梁。

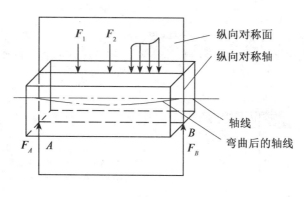

图 11-4

平面弯曲梁是实际工程中最常见的构件。作用线垂直于梁的轴线的集中力，称为横向外力。

在进行梁的工程分析和计算时，不必把梁的复杂的工程图原原本本地绘制出来，而是以能够代表梁的结构、荷载情况的，按照一定的规律简化出来的图形代替，这种简化后的图形称为梁的计算简图。一般应对梁作以下三方面的简化：

1. 梁本身的简化

梁本身可以用其轴线来代表，但要在图上注明梁的结构尺寸数据，必要时也要把梁的截面尺寸用简单的图形表示出来。

2. 荷载的简化

梁上的荷载一般简化为集中力、集中力偶和均布荷载，分别用 q、F、M_e 表示。集中力和均布荷载的作用点简化在轴线上，集中力偶的作用面简化在纵向对称面内。

3. 支座的简化

梁的支承情况很复杂，为了计算方便，可以简化为活动铰支座、固定铰支座和固定端支座三种情况。

如图 11-1 所示的行车大梁行车时，总有一端的行车轨道限制大梁脱开，因此可以将梁的两端约束分别看成固定铰支座和活动铰支座，计算简图可以看成简支梁；如图 11-2 所示的火车轮轴的约束和行车大梁的轨道约束是相同的，但轮轴外伸在约束支座外侧，计算简图用外伸梁；如图 11-3 所示的阳台挑梁，左端简化成固定端，右端自由，计算简图为悬臂梁。

11.1.2 梁的基本形式

静定梁与超静定梁的概念：梁可以分为静定梁和超静定梁。如果梁的支座约束力的数目等于梁的静力平衡方程的数目，就可以由静力平衡方程来完全确定支座约束力，这样的梁称为静定梁，静定梁有三种形式：简支梁、外伸梁和悬臂梁，其计算简图如图 11-1~图 11-3 所示。

反之，如果梁的支座约束力的数目多于梁的静力平衡方程的数目，就不能由静力平衡方程来完全确定支座约束力，这样的梁称为超静定梁，如图 11-5 所示。

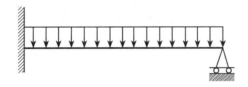

图 11-5

11.2 平面弯曲时梁横截面上的内力

11.2.1 剪力与弯矩的概念

梁的任一横截面上的内力，在作用于梁上的外力确定后，可以由截面法求得。图 11-6(a)是一个受集中力 F 作用的简支梁，现在求其任意横截面 m-m 上的内力。首先沿截面 m-m 假想地把梁 AB 截成左、右两段，然后取其中的一段作为研究对象。

例如，取梁的左段为研究对象，梁的右段对左段的作用则以截面上的内力来代替，如图 11-6(b)所示。根据静力平衡条件，在截面 m-m 上必然存在着一个沿截面方向的内力 F_S。由平衡方程

$$\sum F_y = 0, \quad F_A - F_S = 0$$

得

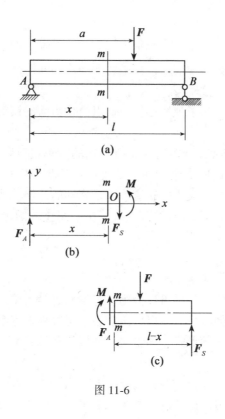

图 11-6

$$F_S = F_A$$

F_S 称为剪力，F_S 是横截面上分布内力系在截面方向的合力。由图 11-6(b) 可以看出，剪力 F_S 和支座约束力 F_A 组成了一个力偶，因而，在横截面 $m-m$ 上还必然存在着一个内力偶 M 与之平衡，由平衡方程

$$\sum M_O(\boldsymbol{F}) = 0, \qquad M - F_A x = 0$$

得

$$M = F_A x$$

M 称为弯矩，M 是横截面上分布内力系的合力偶矩。

11.2.2　剪力与弯矩的符号规定

在上述讨论中，如果取右段梁为研究对象，同样也可以求得横截面 $m-m$ 上的剪力 F_S 和弯矩 M，如图 11-6(c) 所示。但是，根据力的作用与反作用定律，取左段梁与右段梁作为研究对象求得的剪力 F_S 和弯矩 M 虽然大小相等，但方向相反。

为了使无论取左段梁还是右段梁得到的同一截面上的剪力 F_S 和弯矩 M 不仅大小相等，而且正负号一致，需要根据梁的变形来规定剪力 F_S 和弯矩 M 的符号。

1. 剪力的符号规定

梁截面上的剪力 F_S 对所取梁段内任一点的矩为顺时针方向转动时为正，反之为负，如图 11-7(a) 所示。可以简记为左上右下为正，左右是指横截面在所研究对象的端部，上下是剪力的方向。

2. 弯矩的符号规定

梁截面上的弯矩 M 使所取梁段上部受压、下部受拉时为正，反之为负，如图 11-7(b)所示。可以简记为左顺右逆为正，左右是指横截面在所选取的研究对象的端部，顺逆是弯矩的方向。

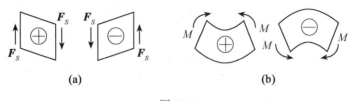

(a)   (b)

图 11-7

根据上述正负号的规定，在图 11-6(b)、(c)两种情况中，横截面 $m\text{-}m$ 上的剪力 F_S 和弯矩 M 均为正。

[**例 11-1**] 简支梁如图 11-8(a)所示，试求横截面 1-1、2-2、3-3 上的剪力和弯矩。

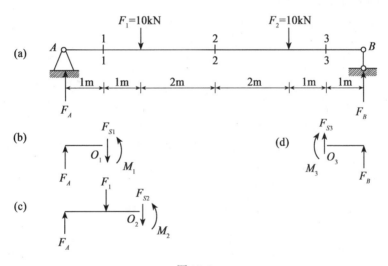

图 11-8

解：(1)求支座约束力。由梁的平衡方程求得支座 A、B 处的反力为 $F_A = F_B = 10\text{kN}$。

(2)求横截面 1-1 上的剪力和弯矩。沿截面 1-1 假想地把梁截成两段，取受力较简单的左段为研究对象，设截面上的剪力 F_{S1} 和弯矩 M_1 均为正，如图 11-8(b)所示。列出平衡方程

$$\sum F_y = 0, \quad F_A - F_{S1} = 0$$

$$\sum M_{O_1}(\boldsymbol{F}) = 0, \quad M_1 - F_A \times 1 = 0$$

得

$$F_{S1} = F_A = 10\text{kN}, \quad M_1 = F_A \times 1 = 10\text{kN} \cdot \text{m}$$

计算结果剪力 F_{S1} 和弯矩 M_1 为正, 表明二者的实际方向与假设的相同, 即 F_{S1} 为正剪力, M_1 为正弯矩。

(3)求横截面 2 - 2 上的剪力和弯矩。沿截面 2 - 2 取左段为研究对象, 设截面上的剪力 F_{S2} 和弯矩 M_2 均为正, 如图 11-8(c)所示。列出平衡方程

$$\sum F_y = 0, \quad F_A - F_1 - F_{S2} = 0$$

$$\sum M_{O_2}(\boldsymbol{F}) = 0, \quad M_2 - F_A \times 4 + F_1 \times 2 = 0$$

得 $\qquad F_{S2} = F_A - F_1 = 0, \quad M_2 = F_A \times 4 - F_1 \times 2 = 20 \text{kN} \cdot \text{m}$

由计算结果可知, M_2 为正弯矩。

(4)求横截面 3 - 3 上的剪力和弯矩。取截面 3 - 3 右段为研究对象, 设截面上的剪力 F_{S3} 和弯矩 M_3 均为正, 如图 11-8(d)所示。列出平衡方程

$$\sum F_y = 0, \quad F_B + F_{S3} = 0$$

$$\sum M_{O_3}(\boldsymbol{F}) = 0, \quad F_B \times 1 - M_3 = 0$$

得 $\qquad F_{S3} = -F_B = -10 \text{kN}, \quad M_3 = F_B \times 1 = 10 \text{kN} \cdot \text{m}$

计算结果表明, F_{S3} 的实际方向与假设的相反, 为负剪力; M_3 为正弯矩。

从上述例题中可以总结出如下规律:

(1)梁的任一横截面上的剪力, 在数值上等于该截面左边(或右边)梁上所有外力在截面方向投影的代数和。截面左边梁上向上的外力或右边梁上向下的外力在该截面方向上的投影为正, 反之为负。

(2)梁的任一横截面上的弯矩, 在数值上等于该截面左边(或右边)梁上所有外力对该截面形心的矩的代数和。截面的左边梁上的外力对该截面形心的矩为顺时针转向为正, 反之为负; 或右边梁上的外力对该截面形心的矩为逆时针转向为正, 反之为负。

利用上述规律, 可以直接根据横截面左边梁或右边梁上的外力来求该截面上的剪力或弯矩。

11.3 剪力图和弯矩图

梁横截面上的内力有剪力和弯矩, 因此梁的内力图也分为剪力图和弯矩图。剪力图表示梁横截面上的剪力沿梁轴线的变化规律; 弯矩图表示梁横截面上的弯矩沿梁轴线的变化规律。由内力图可以确定梁的最大内力的数值及其所在的位置, 为梁的强度和刚度计算提供必要的依据。绘制梁的剪力图和弯矩图的方法主要有内力方程法、微分关系法和区段叠加法。

梁横截面上的剪力和弯矩是随着截面位置变化而变化的, 沿梁的轴线建立 x 坐标轴, 以坐标 x 表示梁横截面的位置, 则梁横截面上的剪力和弯矩都可以表示为坐标 x 的函数, 即

$$F_S = F_S(x) \tag{11-1}$$

$$M = M(x) \tag{11-2}$$

以上两个函数表达式分别称为梁的剪力方程和弯矩方程。写方程时, 一般是以梁的左端为 x 坐标的原点, 有些特殊情况, 为了便于计算, 也可以把坐标原点取在梁的右端。

关于剪力方程和弯矩方程的定义域问题，作如下说明：

（1）在集中力作用的截面上，剪力是突变的，故该截面不包括在剪力方程的定义域中。

（2）在集中力偶作用的截面上，弯矩是突变的，故该截面不包括在弯矩方程的定义域中。

与轴力图和扭矩图一样，剪力图和弯矩图是用来表示梁各横截面上的剪力与弯矩随截面位置 x 变化规律的。绘制剪力图和弯矩图时以平行于梁轴线的 x 轴为横坐标，表示截面的位置，以截面上的剪力值和弯矩值为纵坐标，按适当的比例分别绘制出剪力方程和弯矩方程的图线，称为剪力图和弯矩图。这种利用内力方程绘制内力图的方法称为内力方程法，这是绘制内力图的基本方法。

在绘制剪力图时，正的剪力绘制在 x 轴线的上方，负的剪力绘制在 x 轴线的下方，并标明大小和正负号。弯矩图为正值绘制在 x 轴下侧（即弯矩图绘制在梁的受拉侧），弯矩图为负值绘制在 x 轴上侧，并标明大小和正负号。

[**例 11-2**] 如图 11-9(a)所示的悬臂梁在自由端受集中荷载 F 作用，试作该梁的剪力图和弯矩图。

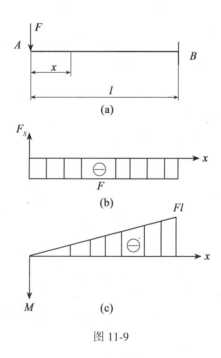

图 11-9

解：将坐标原点取在梁的左端，列出梁的剪力方程和弯矩方程

$$F_s(x) = -F (0 < x < l)$$
$$M(x) = -Fx (0 \leqslant x < l)$$

剪力图和弯矩图分别如图 11-9(b)、(c)所示。

[**例 11-3**] 如图 11-10(a)所示的简支梁，在全梁上受集度为 q 的均布荷载作用，试作该梁的剪力图和弯矩图。

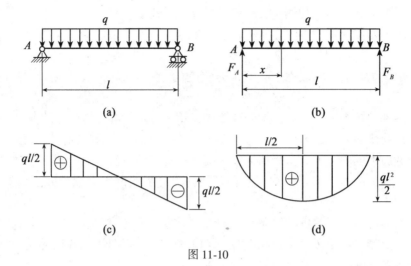

图 11-10

解： (1)求支座约束力，如图 11-10(b)所示，则

$$F_A = F_B = \frac{ql}{2}$$

(2)列剪力方程和弯矩方程

$$F_S(x) = F_A - qx = \frac{ql}{2} - qx \ (0 < x < l)$$

$$M(x) = F_A x - qx \cdot \frac{x}{2} = \frac{qlx}{2} - \frac{qx^2}{2} (0 \leq x \leq l)$$

$$F_S(x) = \frac{ql}{2} - qx (0 < x < l)$$

剪力图为一倾斜直线，即：

在 $x = 0$ 处：
$$F_S = \frac{ql}{2}$$

在 $x = l$ 处：
$$F_S = -\frac{ql}{2}$$

绘制剪力图，如图 11-10(c)所示，则

$$M(x) = F_A x - qx \cdot \frac{x}{2} = \frac{qlx}{2} - \frac{qx^2}{2} \quad (0 \leq x \leq l)$$

弯矩图为一条二次抛物线，由

$$x = 0 , M = 0$$
$$x = l , M = 0$$

令
$$\frac{\mathrm{d}M(x)}{dx} = \frac{ql}{2} - qx = 0$$

得驻点

$$x = \frac{l}{2}$$

弯矩的极值
$$M_{\max} = M_{x = \frac{l}{2}} = \frac{ql^2}{8}$$

绘制弯矩图图 11-10(d)所示，由图 11-10(d)可见，该梁在跨中点截面上的弯矩值为最大。

$$M_{max} = \frac{ql^2}{8}$$

但该截面上

$$F_S = 0 , F_{Smax} = \frac{ql}{2}$$

故两支座内侧横截面上剪力绝对值为最大。

[**例 11-4**] 如图 11-11(a)所示的简支梁在 C 点处受集中荷载 P 的作用，试作该梁的剪力图和弯矩图。

解：(1)求支座约束力，如图 11-11(b)所示，则

$$F_A = \frac{Fb}{l} , \qquad F_B = \frac{Fa}{l}$$

(2)因为 AC 段和 CB 段的内力方程不同，所以必须分段写出剪力方程和弯矩方程，将坐标原点取在梁的左端。

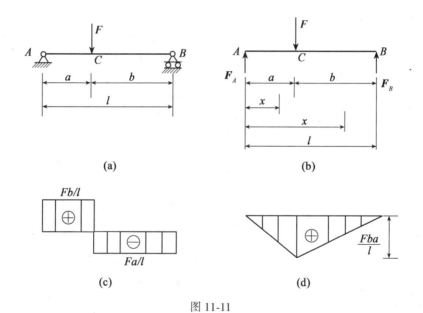

图 11-11

AC 段

$$F_S(x) = \frac{Fb}{l} \quad (0 < x < a) \tag{1}$$

$$M(x) = \frac{Fb}{l}x \quad (0 \leqslant x \leqslant a) \tag{2}$$

CB 段

$$F_S(x) = \frac{Fb}{l} - F = -\frac{F(l-b)}{l} = -\frac{Fa}{l} \quad (a < x < l) \tag{3}$$

$$M(x) = \frac{Fb}{l}x - F(x-a) = \frac{Fa}{l}(l-x) \quad (a \leqslant x \leqslant l) \tag{4}$$

由式(1)、式(3)两式可知，AC、CB 两段梁的剪力图各是一条平行于 x 轴的直线，如图 11-11(c)所示。

由式(2)、式(4)两式可知，AC、CB 两段梁的弯矩图各是一条斜直线，如图 11-11(d) 所示。

在集中荷载作用处的左、右两侧截面上剪力值(图)有突变，突变值等于集中荷载 F。弯矩图形成尖角，该处弯矩值最大。

[**例 11-5**]　图 11-12(a)所示图示的简支梁在 C 点处受矩为 m 的集中力偶作用，试作该梁的剪力图和弯矩图。

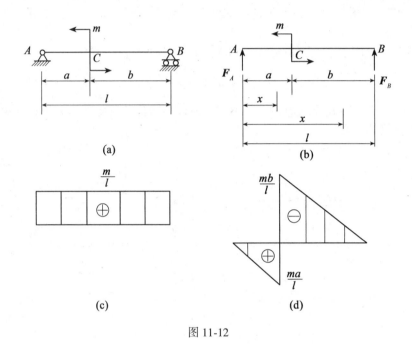

图 11-12

解： 求支座约束力，如图 11-12(b)所示，则

$$F_A = \frac{m}{l}, \qquad F_B = -\frac{m}{l}$$

将坐标原点取在梁的左端，全梁只有一个剪力方程

$$F_S(x) = \frac{m}{l} \qquad (0 < x < l) \tag{1}$$

AC 段和 CB 段的弯矩方程为

AC 段
$$M(x) = \frac{m}{l}x \quad (0 \le x < a) \tag{2}$$

CB 段
$$M(x) = \frac{m}{l}x - m = -\frac{m}{l}(l-x) \qquad (a < x \le l) \tag{3}$$

由式(1)可见，整个梁的剪力图是一条平行于 x 轴的直线。梁的任一横截面上的剪力为

$$F_S = \frac{m}{l}$$

绘制梁的剪力图, 如图 11-12(c)所示。

由式(2)、式(3)可见 AC , CB 两梁段的弯矩图各是一条倾斜直线.

AC 段

$$x = 0 , \qquad M = 0$$

$$x = a , \qquad M_{C左} = \frac{ma}{l}$$

CB 段

$$x = a , \qquad M_{C右} = -\frac{mb}{l}$$

$$x = l , \qquad M = 0$$

绘制梁的弯矩图, 如图 11-12(d)所示。

梁上集中力偶作用处左、右两侧横截面上的弯矩值(图)发生突变, 其突变值等于集中力偶矩的数值, 此处剪力图没有变化。

综合以上, 现将相关内容总结如下:

(1)取梁的左端点为坐标原点, x 轴向右为正; 剪力图向上为正; 弯矩图向下为正。

(2)以集中力、集中力偶作用处、分布荷载开始或结束处, 及支座截面处为界点将梁分段, 分段写出剪力方程和弯矩方程, 然后绘制出剪力图和弯矩图。

(3)梁上集中力作用处左、右两侧横截面上, 剪力(图)有突变, 其突变值等于集中力的数值, 在此处弯矩图则形成一个尖角。

(4)梁上集中力偶作用处左、右两侧横截面上的弯矩值(图)也有突变, 其突变值等于集中力偶矩的数值。但在此处剪力图没有变化。

(5)梁上的最大剪力发生在全梁或各梁段的边界截面处; 梁上的最大弯矩发生在全梁或各梁段的边界截面, 或 $F_S = 0$ 的截面处。

11.4 剪力、弯矩与分布载荷之间的关系

在前面的例 11-3 中, 如果规定向下的分布荷载集度 q 为负, 则将弯矩 $M(x)$ 对 x 求导数, 就得到剪力 $F_S(x)$, 再将 $F_S(x)$ 对 x 求导数, 就得到分布荷载集度 $q(x)$ 。

可以证明, 在直梁中普遍存在如下关系

$$\frac{\mathrm{d}F_S(x)}{\mathrm{d}x} = q(x) \tag{11-3}$$

$$\frac{\mathrm{d}M(x)}{\mathrm{d}x} = F_S(x) \tag{11-4}$$

由上述两式还可以进一步得到

$$\frac{\mathrm{d}^2 M(x)}{\mathrm{d}x^2} = q(x) \tag{11-5}$$

以上三式就是弯矩、剪力与分布荷载集度之间的微分关系。上述三式的几何意义是:

(1)剪力图上某点处的切线斜率等于该点处荷载集度的大小。

(2)弯矩图上某点处的切线斜率等于该点处剪力的大小。

根据式(11-3)~式(11-5), 可以得出剪力图和弯矩图的如下规律:

(1)在无荷载作用的梁段上, $q(x) = 0$ 。该梁段内各横截面上的剪力为常数, 表明剪力图必为平行于 x 轴的直线。同时, 弯矩图必为斜直线, 其倾斜方向由剪力符号决定。当

$F_S(x) > 0$ 时，向右下方倾斜；当 $F_S(x) < 0$ 时，向右上方倾斜。当 $F_S(x) = 0$ 时，弯矩图为水平直线。

（2）在均布荷载作用的梁段上，$q(x) =$ 常数 $\neq 0$。由 $\dfrac{\mathrm{d}^2 M(x)}{\mathrm{d}x^2} = q(x) =$ 常数，可知，该梁段内各横截面上的剪力 $F_S(x)$ 为 x 的一次函数，表明剪力图必为斜直线；弯矩 $M(x)$ 为 x 的二次函数，表明弯矩图必为二次抛物线。剪力图的倾斜方向和弯矩图的凹凸情况由 $q(x)$ 的符号决定：当 $q(x) > 0$ 时，剪力图为向右上倾斜的直线，弯矩图为向上凸的抛物线；当 $q(x) < 0$ 时，剪力图为向右下倾斜的直线，弯矩图为向下凸的抛物线。

以上这些规律可以从［例 11-3］的剪力图和弯矩图中得到验证。几种荷载下剪力图与弯矩图的特征如表 11-1 所示。

表 11-1　　　　　　　　　　　在几种荷载下剪力图与弯矩图的特征

外力	无外力段		均布载荷段		集中力	集中力偶
	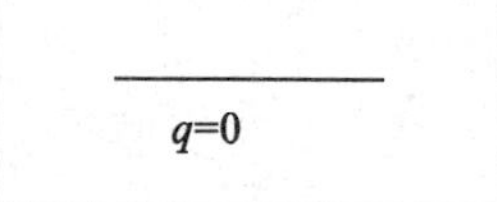 $q=0$		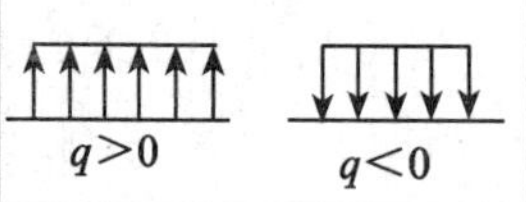 $q>0$　　$q<0$		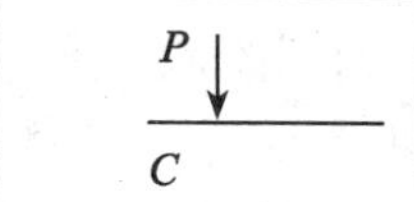 P ↓　C	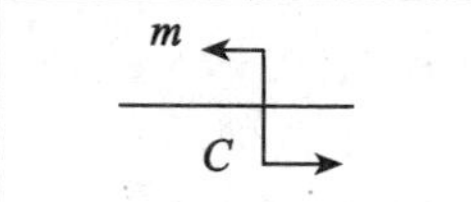 m　C
F_S 图特征	水平直线		斜直线		突变（方向同 P）	无变化
	$F_S>0$	$F_S<0$	右向上	右向下	（P）	（C）
M 图特征	斜直线		曲线		自左向右折角	突变（逆时针，上）
	右向下	右向上	开口向下	开口向上	折向与 P 反向	（m）

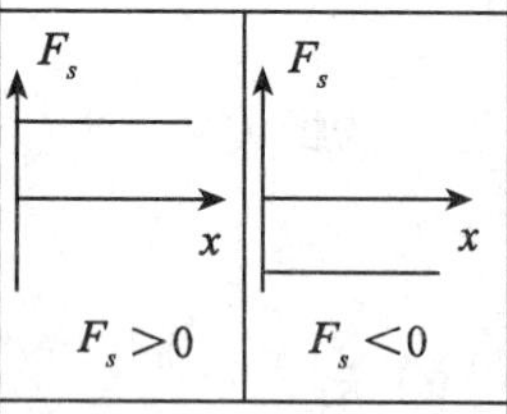

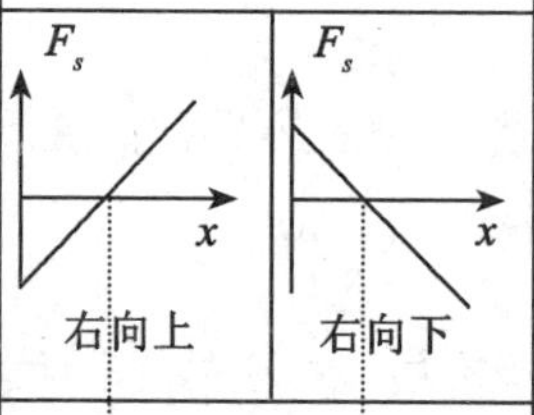

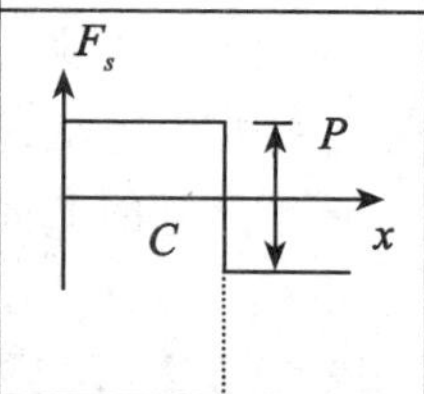

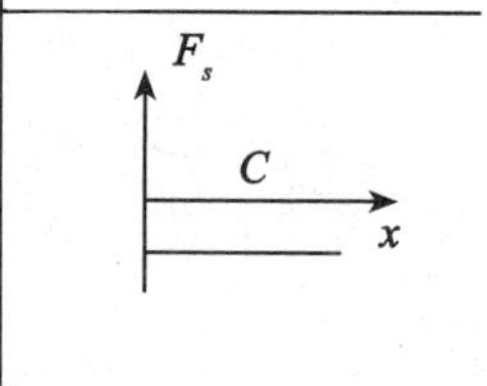

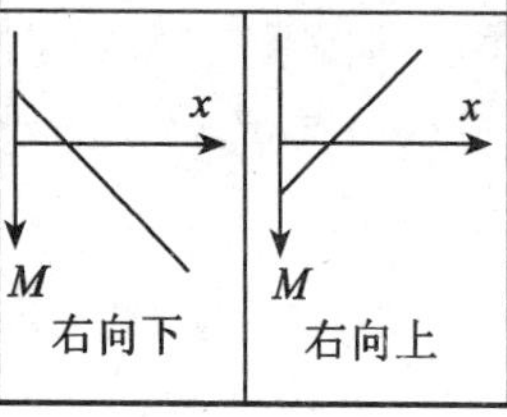

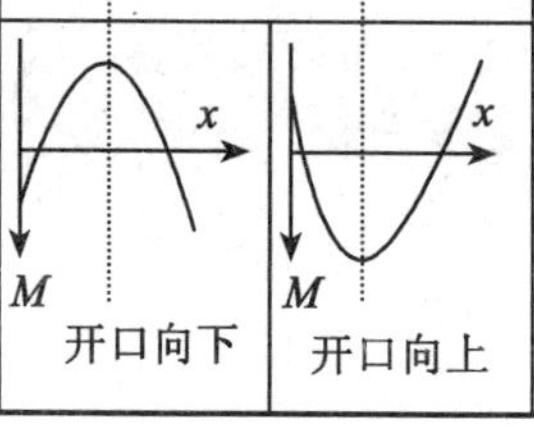

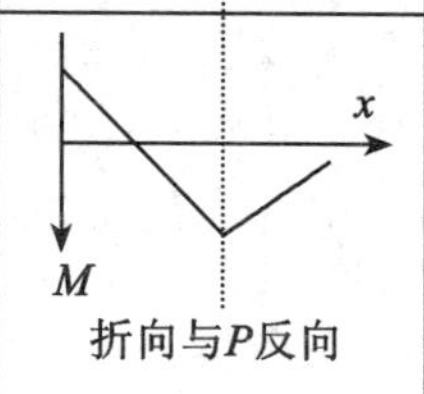

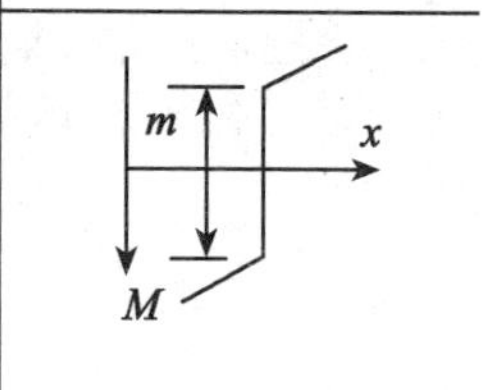

（3）若梁的某截面上的剪力为零，即 $F_S(x) = 0$，则由 $\dfrac{\mathrm{d}M(x)}{\mathrm{d}x} = F_S(x) = 0$ 可知，该截面的弯矩 $M(x)$ 必为极值，表明梁的最大弯矩有可能发生在剪力为零的截面上。

（4）集中力的作用处剪力图有突变，其差值等于该集中力的大小。由于剪力值的突变，弯矩图在此处形成了尖角。

（5）集中力偶的作用处剪力图没有变化，弯矩图有突变，其差值等于该集中力偶矩的大小。同时，由于该处的剪力图是连续的，该处两侧的弯矩图的切线应相互平行。

（6）根据弯矩、剪力与分布荷载集度之间的微分关系，还可以进一步得出：若梁段上作用有按线性规律分布的荷载，即 $q(x)$ 为 x 的一次函数，则剪力图为一条二次抛物线，弯矩图为一条三次抛物线。

[**例 11-6**] 一简支梁受两个力 F 作用，已知 $F = 25.3\text{kN}$，相关尺寸如图 11-13(a)所示。试用本节所述关系作该梁的剪力图和弯矩图。

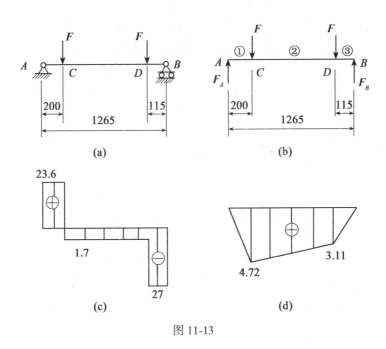

图 11-13

解：(1)求支座约束力，如图 11-13(b)所示，则

$$F_A = 23.6\text{kN}, \qquad F_B = 27\text{kN}$$

将梁分为 AC、CD、DB 三段，每一段均属无载荷区段。

(2)剪力图：每段梁的剪力图均为水平直线，即：

AC 段	$F_{SA右} = F_A = 23.6\text{kN}$
CD 段	$F_{SC右} = F_A - F = -1.7\text{kN}$
DB 段	$F_{SD} = -F_B = -27\text{kN}$

最大剪力发生在 DB 段中的任一横截面上，$F_{S\max} = 27\text{kN}$，如图 11-13(c)所示。

(3)弯矩图：每段梁的弯矩图均为斜直线，且梁上无集中力偶。

$$M_A = 0, \qquad M_C = F_A \times 0.2 = 4.72\text{kN} \cdot \text{m}$$

$$M_D = F_B \times 0.115 = 3.11\text{kN} \cdot \text{m}, \qquad M_B = 0$$

最大弯矩发生在 C 截面 $M_{\max} = 4.72\text{kN} \cdot \text{m}$，如图 11-13(d)所示。

[**例 11-7**] 如图 11-14(a)所示外伸梁，试作梁的内力图。

解：(1)求支座约束力，如图 11-14(b)所示，则

$$F_A = 7\text{kN}, \qquad F_B = 5\text{kN}$$

将梁分为 AC、CD、DB、BE 四段。

(2)剪力图，如图 11-14(c)所示。

AC 段向下斜的直线	$F_{SA右} = 7\text{kN}$,	$F_{SC左} = 3\text{kN}$
CD 段向下斜的直线	$F_{SC右} = 1\text{kN}$,	$F_{SD} = -3\text{kN}$

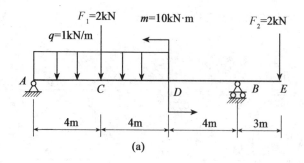

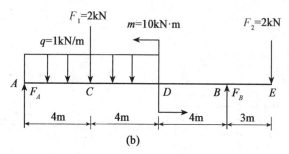

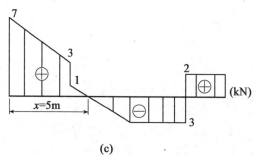

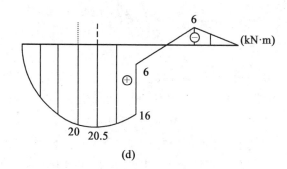

图 11-14

DB 段水平直线 $\qquad F_S = F_2 - F_B = -3\text{kN}$

BE 段水平直线 $\qquad F_{SB右} = F_2 = 2\text{kN}$

F 点剪力为零，令其距 *A* 点为 *x*

$$F_{Sx} = F_A - qx - F_1 = 0 , \qquad x = 5\text{m}$$

（3）弯矩图，如图 11-14（d）所示，则：

AC 段 $\qquad M_A = 0,\qquad M_C = 4F_A - \dfrac{q}{2}4^2 = 20\text{kN}\cdot\text{m}$

CD 段 $\qquad M_{D左} = -7F_2 + 4F_B + m = 16\text{kN}\cdot\text{m},\qquad M_{max} = M_F = 20.5\text{kN}\cdot\text{m}$

DB 段 $\qquad M_{D右} = -7F_2 + 4F_B = 6\text{kN}\cdot\text{m},\qquad M_B = -3F_2 = -6\text{kN}\cdot\text{m}$

BE 段 $\qquad M_E = 0$

11.5 平面弯曲时梁横截面上的正应力

实际工程中常用的梁其横截面大多具有纵向对称轴，如圆形梁、矩形梁、工字形梁、T 形梁及箱形截面梁等，当载荷作用在梁的纵向对称面上时，其轴线将受弯变成纵向对称面内的一条平面曲线，这种弯曲称为对称弯曲。对称弯曲时，由于梁变形后的轴线所在平面与外力作用面重合，因此也称为平面弯曲。平面弯曲是弯曲变形中最简单、最基本的情况，本节将仅讨论直梁的平面弯曲。一般情况下，梁的横截面上同时存在着弯矩和剪力两种内力。由于弯矩 M 只能由法向微内力 $\sigma\,\mathrm{d}A$ 合成，剪力 F_S 只能由切向微内力 $\tau\,\mathrm{d}A$ 合成，因此，梁的横截面上通常同时存在着正应力 σ 和切应力 τ。这种平面弯曲称为横力弯曲（或剪力弯曲）。如果梁的横截面上只有弯矩，而剪力不存在，这时横截面上将只有正应力而无切应力，这种平面弯曲称为纯弯曲。

11.5.1 纯弯曲时梁横截面上的正应力

研究梁纯弯曲时横截面上的正应力与研究圆轴扭转时的切应力相似，需通过试验观察变形情况，从几何关系、物理关系和静力学关系三方面进行综合分析。

1. 几何关系

为便于观察变形现象，采用矩形截面的橡皮梁进行纯弯曲试验。实验前，在梁的侧面上画一些水平的纵向线和与纵向线相垂直的横向线，如图 11-15（a）所示，然后在梁两端纵向对称面内施加一对方向相反、力偶矩均为 M 的力偶，使梁发生纯弯曲变形，如图 11-15（b）所示。从试验中观察到：

（1）变形前互相平行的纵向直线，变形后均变为圆弧线，且靠近梁顶面的纵向线缩短，而靠近梁底面的纵向线伸长。

（2）变形前垂直于纵向线的横向线变形后仍为直线，且仍与纵向曲线正交，只是相对转过了一个角度。

根据上述变形现象，可以对梁内变形做出如下假设：梁弯曲变形后，其横截面仍保持为平面，且仍与纵向曲线正交，称为平面假设。

根据平面假设，梁弯曲时，顶部"纤维"缩短，底部"纤维"伸长，由缩短区到伸长区，其间必存在一长度不变的过渡层，称为中性层。中性层与横截面的交线称为中性轴，如图 11-15（c）所示。由于梁的变形对称于纵向对称面，因此，中性轴 Oz 轴必垂直于横截面的纵向对称轴 Oy 轴。至于中性轴在横截面上的具体位置尚待确定。

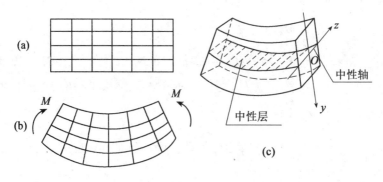

图 11-15

现在，来研究纵向纤维应变的规律。为此，用横截面 $m-m$ 和 $n-n$ 从梁中切取长为 $\mathrm{d}x$ 的一微段，并沿截面纵向对称轴与中性轴分别建立坐标轴 Oy 轴与 Oz 轴，如图 11-16(a) 所示。梁弯曲后，坐标为 y 的纵向纤维 ab 变为弧线 $a'b'$，如图 11-16(b) 所示。设两截面的相对转角为 $\mathrm{d}\theta$，中性层的曲率半径为 ρ，则纵向纤维 ab 的线应变为

$$\varepsilon = \frac{a'b' - ab}{ab} = \frac{(\rho + y)\mathrm{d}\theta - \mathrm{d}x}{\mathrm{d}x} = \frac{(\rho + y)\mathrm{d}\theta - \rho\mathrm{d}\theta}{\rho\mathrm{d}\theta} = \frac{y}{\rho} \qquad (11\text{-}6)$$

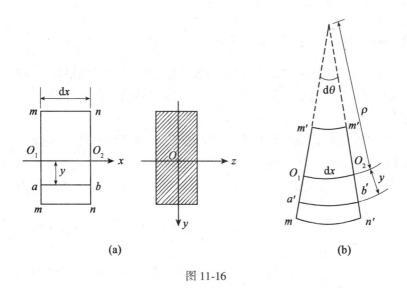

图 11-16

式(11-16)表明，纵向纤维的线应变与纵向纤维到中性层的距离 y 成正比，而与 z 无关。这表明，距中性轴等距离各点处的线应变完全相同。

2. 物理关系

假设梁在纯弯曲时各纵向纤维之间互不挤压(称为单向受力假设)，则每根纵向纤维的受力类似于轴向拉伸(或压缩)的情况。当正应力不超过材料的比例极限时，应满足胡克定律，即

$$\sigma = E\varepsilon = E\frac{y}{\rho} \tag{11-7}$$

可见，正应力沿截面高度呈线性分布，而沿截面宽度为均匀分布，中性轴上各点处的正应力均为零。

3. 静力学关系

根据以上分析得到正应力分布规律的公式(11-7)，但由于在式(11-7)中中性层的曲率半径 ρ 以及中性轴的位置还不知道，故还不能由式(11-7)计算正应力。这些问题必须利用静力学关系才能解决。

当梁纯弯曲时，横截面上各点处的法向内力元素 $\rho \mathrm{d}A$ 构成了空间平行力系，如图11-17所示，这些法向内力元素应满足如下的静力平衡条件，即

$$F_N = \int_A \sigma \mathrm{d}A = 0 \tag{11-8}$$

$$M_y = \int_A z\sigma \mathrm{d}A = 0 \tag{11-9}$$

$$M_z = \int_A y\sigma \mathrm{d}A = M \tag{11-10}$$

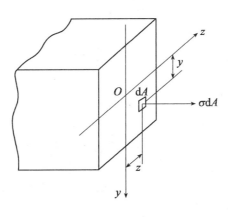

图 11-17

将式(11-7)代入式(11-8)，得

$$F_N = \int_A E\frac{y}{\rho}\mathrm{d}A = 0 \Rightarrow \frac{E}{\rho}\int_A y\mathrm{d}A = 0 \Rightarrow S_z = \int_A y\mathrm{d}A = 0$$

可见，有 $S_z = 0$，即必须横截面对 z 轴的静矩为零，这表明中性轴 Oz 必须过横截面的形心(见附录)，由此确定了中性轴的位置。

将式(11-7)代入式(11-9)，得

$$M_y = \int_A zE\frac{y}{\rho}\mathrm{d}A = 0 \Rightarrow \frac{E}{\rho}\int_A yz\mathrm{d}A = 0 \Rightarrow I_{yz} = \int_A yz\mathrm{d}A = 0$$

由此得到 $I_{yz} = 0$，由于 Oy 轴是横截面的纵向对称轴，必然有 $I_{yz} = 0$(横截面对 Oy 轴和 Oz 轴的惯性积)，所以 $M_y = \int_A zE\frac{y}{\rho}\mathrm{d}A = \frac{E}{\rho}\int_A yz\mathrm{d}A = 0$ 自然满足。

将式(11-7)代入式(11-10)，得

$$M_z = \int_A yE\frac{y}{\rho}\mathrm{d}A = \frac{E}{\rho}I_z = M$$

由此即可得到中性层曲率 $\frac{1}{\rho}$ 的表达式

$$\frac{1}{\rho} = \frac{M}{EI_z} \tag{11-11}$$

式(11-11)是研究弯曲变形的一个基本公式。从式(11-11)可知，在相同弯矩作用下，EI_z 越大，则梁的弯曲程度就越小，所以，将 EI_z 称为梁的抗弯刚度。将式(11-11)代入式(11-7)，得

$$\sigma = \frac{My}{I_z} \tag{11-12}$$

式(11-12)是等直梁在纯弯曲时横截面上任一点的正应力计算公式。式中，M 为横截面上的弯矩，y 为所求正应力点到中性轴的距离，I_z 为横截面对中性轴的惯性矩。

应用式(11-12)时，一般将 M，y 以绝对值代入。根据梁变形的情况直接判断 σ 的正负号，以中性轴为界，梁变形后凸出边的应力为拉应力(σ 为正号)，凹入边的应力为压应力(σ 为负号)。最大正应力发生在横截面上离中性轴最远的点处，即

$$\sigma_{\max} = \frac{M y_{\max}}{I_z} \tag{11-13}$$

引用记号 $W_z = \frac{I_z}{y_{\max}}$ (抗弯截面系数)，它是一个仅与截面形状和尺寸有关的量，其单位为 m^3，则式(11-13)改写为

$$\sigma_{\max} = \frac{M}{W_z} \tag{11-14}$$

(1)当中性轴为对称轴时，直径为 d 的实心圆形截面，其抗弯截面系数为

$$W_z = \frac{I_z}{\frac{d}{2}} = \frac{\frac{\pi d^4}{64}}{\frac{d}{2}} = \frac{\pi d^3}{32} \tag{11-15}$$

对于高为 h，宽为 b 的矩形截面，其抗弯截面系数为

$$W_z = \frac{I_z}{\frac{h}{2}} = \frac{\frac{bh^3}{12}}{\frac{h}{2}} = \frac{bh^2}{6} \tag{11-16}$$

对于内、外径之比为 $\alpha = \frac{d}{D}$ 的空心圆截面，其抗弯截面系数为

$$W_z = \frac{\pi D^3}{32}(1 - \alpha^4) \tag{11-17}$$

(2)如图 11-18 所示，对于中性轴不是对称轴的横截面，应分别以横截面上受拉和受压部分距中性轴最远的距离 $y_{t\max}$ 和 $y_{c\max}$，直接代入公式(11-12)得

$$\sigma_{t\max} = \frac{My_{t\max}}{I_z}, \qquad \sigma_{c\max} = \frac{My_{c\max}}{I_z}$$

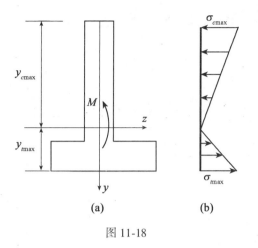

图 11-18

11.5.2 横力弯曲时的正应力

当梁上有横向力作用时，横截面上既有弯矩又有剪力。梁在这种情况下的弯曲称为横力弯曲。梁受横力弯曲时，梁的横截面上既有正应力又有切应力。切应力使横截面发生翘曲，横向力引起与梁的中性层平行的纵截面的挤压应力，纯弯曲时所作的平面假设和单向受力假设都不成立。相关实验和理论分析表明，当梁的跨长 l 与截面高度 h 之比 $\dfrac{l}{h} \geqslant 5$ 时（称为细长梁），剪力对梁的弯曲正应力分布规律的影响甚小，梁纯弯曲时的正应力公式可以用于梁横力弯曲时正应力的计算，其误差很小，足以满足实际工程中的精度要求。而且梁的跨高比 $\dfrac{l}{h}$ 越大，其误差越小。等直梁横力弯曲时，最大正应力发生在弯矩最大的横截面上，其值为

$$\sigma_{\max} = \frac{M_{\max}}{W_z} \tag{11-18}$$

11.6 弯曲正应力的强度条件

等直梁的最大弯曲正应力一般发生在弯矩最大的横截面上离中性轴最远的各点处。而该处的切应力一般为零或很小（见下节），因而最大弯曲正应力作用点可以看做处于单向受力状态，于是可以效仿轴向拉压杆的强度条件来建立梁的正应力强度条件，即

$$\sigma_{\max} = \frac{M_{\max}}{W_z} \leqslant [\sigma] \tag{11-19}$$

即要求梁内的最大弯曲正应力不超过材料在单向受拉(压)时的许用应力 $[\sigma]$。

式(11-19)仅适用于拉压许用应力 $[\sigma_t]$ 与压缩许用应力 $[\sigma_c]$ 相同的梁。如果二者不相同，例如铸铁等脆性材料的拉压许用应力小于压缩许用应力，则应分别求出其最大工作拉应力与最大工作压应力，按下式进行强度计算：

$$\sigma_{t\max} \leqslant [\sigma_t] \tag{11-20}$$

$$\sigma_{c\max} \leqslant [\sigma_c] \tag{11-21}$$

利用梁的正应力强度条件式(11-19)，可以进行以下三种类型的强度计算：

(1)校核强度：

$$\sigma_{max} \leqslant \frac{M_{max}}{W_z} \leqslant [\sigma] \tag{11-22}$$

(2)设计截面：对于等直梁，强度条件可改写为 $W_z \geqslant \dfrac{M_{max}}{[\sigma]}$ 利用上式求出 W_z ，然后根据 W_z 与截面尺寸之间的关系，求出截面的尺寸。

(3)确定许可载荷：对等直梁，强度条件改写为

$$M_{max} \leqslant W_z [\sigma] \tag{11-23}$$

由式(11-23)求出 M_{max} 后，再利用 M_{max} 与外载荷之间的关系即可以设计出梁中的许可载荷。

[**例 11-8**]　螺栓压板夹紧装置如图 11-19(a)所示。已知板长 $3a = 150\text{mm}$ ，压板材料的弯曲许用应力 $[\sigma] = 140\text{MPa}$ 。试计算压板传递给工件的最大允许压紧力 F 。

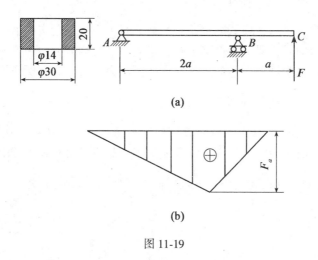

图 11-19

解： (1)图 11-19(b)所示的弯矩图中最大弯矩为 F_a 。

(2)求惯性矩，抗弯截面系数

$$I_z = \frac{(3\text{cm})(2\text{cm})^3}{12} - \frac{(1.4\text{cm})(2\text{cm})^3}{12} = 1.07 \text{ cm}^4$$

$$W_z = \frac{I_z}{y_{max}} = \frac{1.07 \text{ cm}^4}{1\text{cm}} = 1.07 \text{ cm}^3$$

(3)求许可载荷。

$$M_{max} \leqslant W_z [\sigma], \quad F_a \leqslant W_z [\sigma], \quad F \leqslant \frac{W_z [\sigma]}{a} = 3\text{kN}$$

[**例 11-9**]　T 形截面铸铁梁的荷载和截面尺寸如图 11-20(a)所示。铸铁的拉伸许用应力为 $[\sigma_t] = 30\text{MPa}$ ，压缩许用应力为 $[\sigma_c] = 160\text{MPa}$ 。已知截面对形心轴 z 的惯性矩为 $I_z = 763 \text{ cm}^4$ ， $y_1 = 52\text{mm}$ ，试校核梁的强度。

解： (1)绘制如图 11-20(b)所示的弯矩图，最大正弯矩在截面 C 上， $M_C = 2.5\text{kN·m}$ 。最大负弯矩在截面 B 上， $M_B = 4\text{kN·m}$ 。

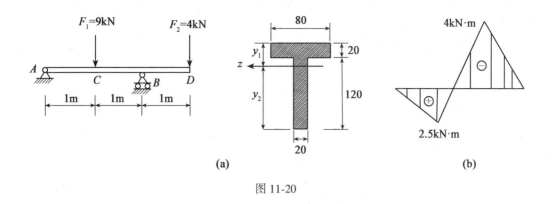

图 11-20

T 形截面对中性轴不对称，同一截面上的最大拉应力和压应力并不相等，计算最大弯曲正应力时，应以 y_1 和 y_2 分别代入公式 11-13。在截面 B 上，弯矩是负的最大拉应力在上边缘各点，最大压应力在下边缘各点。

(2) B 截面：

$$\sigma_{t\max} = \frac{M_B\, y_1}{I_z} = 27.2\text{MPa} < [\sigma_t]$$

$$\sigma_{c\max} = \frac{M_B\, y_2}{I_z} = 46.2\text{MPa} < [\sigma_c]$$

在截面 C 上，弯矩是正的，最大拉应力在下边缘各点，最大压应力在上边缘各点。

C 截面：

$$\sigma_{t\max} = \frac{M_C\, y_2}{I_z} = 28.8\text{MPa} < [\sigma_t]$$

$$\sigma_{c\max} = \frac{M_C\, y_1}{I_z} = 17.0\text{MPa} < [\sigma_c]$$

所以该梁满足强度要求，能安全工作。

11.7 平面弯曲时梁横截面上的切应力简介

梁在横力弯曲时，横截面上同时存在弯曲正应力和弯曲切应力。弯曲正应力已在上节中研究过，现在来介绍几种常见截面梁的弯曲切应力计算公式。

11.7.1 矩形截面梁

关于矩形截面梁弯曲切应力的分布情况，通常采用以下两条基本假设：
(1) 横截面上各点处的切应力均平行于侧边，且与该截面上剪力方向一致。
(2) 切应力沿截面宽度均匀分布，即距中性轴等距离各点处的切应力相等。
由弹性力学可知，对于高度大于宽度的矩形截面梁，以上两条假设是足够准确的。在这两条假设的前提下，切应力的研究大为简化，仅通过静力平衡条件即可导出切应力公式。

现考察一宽度为 b，高度为 h，$h > b$ 的矩形截面梁。设在梁的纵向对称面内承受任意载荷作用而使梁发生横力弯曲。首先用相距 $\mathrm{d}x$ 的两个横截面 m-m 和 n-n 从梁中截取一微段，如图 11-21(a)所示，再用一距中性层距离为 y 的纵截面 ab 将该微段的下部切出，如图 11-21(b)所示。设横截面上距中性轴为 y 处的切应力为 $\tau(y)$，则由切应力互等定理可知，纵截面 ab 上的切应力 τ' 在数值上也等于 $\tau(y)$。因此。若能确定 τ'，则 $\tau(y)$ 也随之确定。

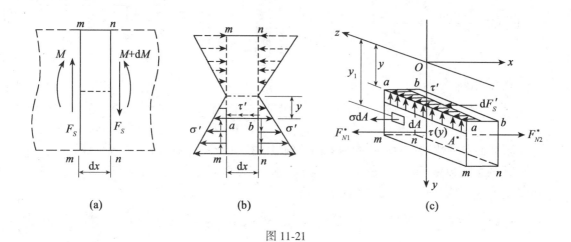

图 11-21

如图 11-21(a)所示，设微段梁左侧截面 m-m 上的剪力和弯矩分别为 F_S 和 M，因微段梁上没有横向载荷，所以微段梁右侧截面 n-n 上的剪力和弯矩分别为 F_S 和 $M + \mathrm{d}M$。微段梁上的应力分布情况如图 11-21(b)所示。设微段梁下部横截面 am 和 bn 的面积为 A^*，在该二截面上与弯曲正应力所对应的分布内力构成的轴向合力分别为 F_{N1}^* 和 F_{N2}^*，在纵向截面 ab 上与切应力 τ' 所对应的分布内力构成的合力为 $\mathrm{d}F_S'$，则有

$$F_{N1} = \int_{A^*} \sigma_1 \mathrm{d}A = \int_{A^*} \frac{My_1}{I_z}\mathrm{d}A = \frac{M}{I_z}\int_{A^*} y_1 \mathrm{d}A = \frac{M}{I_z}S_z^* \qquad (11\text{-}24)$$

$$F_{N2} = \int_{A^*} \sigma_2 \mathrm{d}A = \frac{M + \mathrm{d}M}{I_z}S_z^* \qquad (11\text{-}25)$$

$$\mathrm{d}F_S' = \tau' b \mathrm{d}x \qquad (11\text{-}26)$$

式中，$S_z^* = \int_{A^*} y_1 \mathrm{d}A$ 为面积 A^* 对中性轴的静矩。A^* 为横截面下部 am 和 bn 的面积，I_z 为整个横截面对中性轴的惯性矩。

由微段下部的轴向平衡方程 $\sum F_x = 0$，可得

$$F_{N2} - F_{N1} - \mathrm{d}F_S' = 0 \qquad (11\text{-}27)$$

将式(11-24)~式(11-26)代入式(11-27)，并考虑 $\dfrac{\mathrm{d}M}{\mathrm{d}x} = F_S$，则得到 $\tau' = \dfrac{F_S S_z^*}{I_z b}$，由切应力互等定理 $\tau = \tau'$，故有

$$\tau = \frac{F_S \cdot S_z^*}{I_z b} \qquad (11\text{-}28)$$

上式即为矩形截面梁的弯曲切应力计算公式。式中的 F_S、I_z 和 b 对某一横截面而言均为常量，因此，横截面上的切应力 τ 沿截面高度(即随坐标 y)的变化情况，由部分面积

A^* 与坐标 y 之间的关系所反映。在计算 $S_z^* = \int_{A^*} y_1 \mathrm{d}A$ 时，可以取 $\mathrm{d}A = b\mathrm{d}y_1$，由图 11-22（a）可得：

$$S_z^* = \int_y^{h/2} y_1 b \mathrm{d}A^* = \frac{b}{2}\left(\frac{h^2}{4} - y^2\right)$$

代入式（11-28），即得

$$\tau = \frac{F_S S_z^*}{I_z b} = \frac{F_S}{2I_z}\left(\frac{h^2}{4} - y^2\right)$$

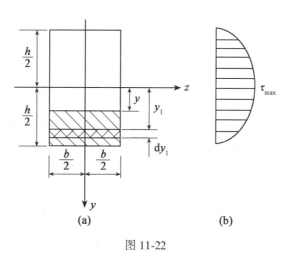

图 11-22

可见，τ 沿截面高度成二次抛物线分布，如图 11-22（b）所示。当 $y = \pm\dfrac{h}{2}$ 时，即在横截面的上、下边缘处，切应力 $\tau = 0$；在中性轴处（$y = 0$），切应力最大，其值为

$$\tau_{\max} = \frac{F_S h^2}{8I_z} = \frac{F_S h^2}{8 \times \dfrac{bh^3}{12}} = \frac{3}{2} \times \frac{F_S}{bh}$$

$$\tau_{\max} = \frac{3F_S}{2A} \tag{11-29}$$

式中，$A = bh$，为矩形截面的面积。这表明矩形截面上的最大切应力为截面上平均切应力的 1.5 倍。

11.7.2 其他截面形状的对称梁

对于其他截面形状的对称梁，如工字形梁、圆形梁等，仍可用式（11-28）近似计算发生在中性轴上的最大切应力。

1. 圆形截面梁

如图 11-23（a）所示为一圆形截面梁，其直径为 d，在截面边缘上各点的切应力的方向与圆周相切最大切应力发生在中性轴上

$$\tau_{\max} = \frac{F_S S_z^*}{I_z b} = \frac{4}{3}\frac{F_S}{A} \tag{11-30}$$

式中 $A = \dfrac{\pi d^2}{4}$ 为圆截面的面积。

2. 圆环形截面梁

如图 11-23(b)所示为一段薄壁环形截面梁，环壁厚度为 δ，环的平均半径为 r_0，由于 $\delta \ll r_0$，故可假设：横截面上切应力的大小沿壁厚无变化；切应力的方向与圆周相切。横截面上最大的切应力发生在中性轴上，其值为

$$\tau_{max} = 2\frac{F_S}{A} \tag{11-31}$$

式中，A 为环形截面的面积。

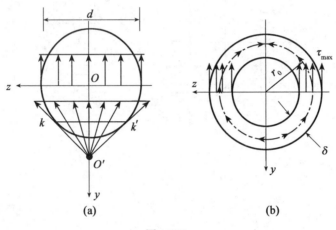

图 11-23

3. 工字形截面梁

如图 11-24(a)所示的工字形截面梁，腹板主要承受切应力，约占该截面上剪力 F_S 的 95%~97%；翼缘主要承受正应力，约占该截面上弯矩 M 的 72%~91%。切应力沿腹板高度的分布规律如图 11-24(b)所示，仍是按抛物线规律分布，最大切应力 τ_{max} 位于截面的中性轴处，可按组合面积(图 11-24(b)中的阴影面积)计算静矩，即

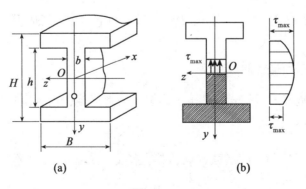

图 11-24

$$S_z^* = \frac{B(H-h)}{2} \times \frac{(H+h)}{4} + b \times \frac{h}{2} \times \frac{h}{4} = \left[\frac{BH^2}{8} - (B-b)\frac{h^2}{8} \right]$$

则按式(11-28)计算

$$\tau_{max} = \frac{F_S}{I_z b} \left[\frac{BH^2}{8} - (B-b)\frac{h^2}{8} \right] \qquad (11\text{-}32)$$

$$\tau_{max} \approx \tau_{min}$$

11.7.3 梁的合理强度设计

一般情况下,梁的强度是由弯曲正应力控制的,所以,提高梁的强度应在满足梁承载能力的前提下,尽可能地降低梁的弯曲正应力,以达到节省材料,减轻自重的目的,实现既经济又安全的合理设计。由梁的正应力强度条件

$$\sigma_{max} = \frac{M_{max}}{W_z} \leqslant [\sigma] \qquad (11\text{-}33)$$

可以看出,减小最大弯矩、增大抗弯截面系数,或局部加强弯矩较大的梁段,都能降低梁的最大正应力,从而提高梁的承载能力,使梁的设计更为合理。

1. 减小最大弯矩值

(1)合理布置载荷。

合理布置载荷,可以降低梁的最大弯矩值。例如,如图11-25所示相同的简支梁,受相同的外力作用,但外力的布置方式不同,则对应的弯矩图也不相同。显然图11-25(b)的布置较为合理。

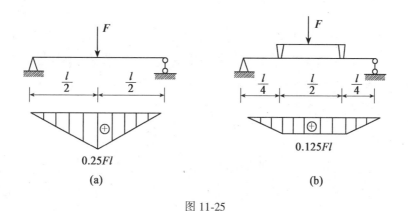

图 11-25

(2)合理安置支座。

合理地设置支座的位置,也可以降低梁内的最大弯矩值。例如,如图11-26(a)所示的梁,若将其支座各向内移动0.2l,如图11-26(b)所示,则后者的最大弯矩值仅为前者的$\frac{1}{5}$,所以,后者支座安置较为合理。

2. 合理选取截面形状

从弯曲强度考虑,比较合理的截面形状,是使用较小的截面面积却能获得较大抗弯截

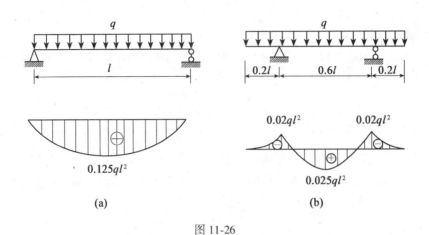

图 11-26

面系数的截面，即使 $\dfrac{W_z}{A}$ 越大越好。由于在一般截面中，W_z 与其高度的平方成正比，所以，应尽可能使横截面面积分布在距中性轴 z 较远的地方，以满足上述要求。实际上，由于弯曲正应力沿截面高度呈线性分布，当离中性轴最远各点处的正应力达到许用应力时，中性轴附近各点处的正应力仍很小，因此，在离中性轴较远的位置，配置较多的材料，将提高材料的利用率。例如，环形截面梁比圆形截面梁合理；矩形截面梁立放比平放合理；而工字形截面梁又比立放的矩形截面梁更为合理。

从材料性能考虑，对于抗拉与抗压强度相同的塑性材料，宜采用关于中性轴对称的截面梁，这样可使最大拉应力和最大压应力同时接近或达到材料的许用应力。例如矩形梁、对称的工字形梁、箱形截面梁等。而对于抗拉强度低于抗压强度的脆性材料，则最好采用中性轴偏于受拉一侧的截面梁，例如 T 字形梁，不对称的工字形梁、箱形截面梁等。并且，理想的设计是使变截面梁：

$$\frac{\sigma_{tmax}}{\sigma_{cmax}} = \frac{[\sigma_t]}{[\sigma_c]}$$

一般情况下，梁在各个截面上的弯矩是随截面位置而变化的。在按最大弯矩所设计的等截面梁中，除最大弯矩所在截面外，其余截面的材料强度均未得到充分利用。因此，在实际工程中，可以根据弯矩沿梁轴的变化情况，将梁也设计成变截面的。例如，可以在弯矩较大的部分进行局部加强。若使梁各横截面上的最大正应力都相等，并均达到材料的许用应力，则称为等强度梁。等强度梁应满足下列条件

$$\sigma_{max} = \frac{M(x)}{W_z(x)} = [\sigma] \tag{11-34}$$

$$W_z(x) = \frac{M(x)}{[\sigma]} \tag{11-35}$$

例如，宽度不变而高度变化的矩形截面简支梁，如图 11-27(a)所示，若设计成等强度梁，则其高度随截面位置的变化规律 $h(x)$，可以由式(11-35)确定，即

$$\frac{bh^2(x)}{6} = \frac{\frac{Fx}{2}}{[\sigma]}$$

由此求得

$$h(x) = \sqrt{\frac{3Fx}{b[\sigma]}} \tag{11-36}$$

但在靠近支座处，应按切应力强度条件确定截面的最小高度，即

$$\tau_{max} = \frac{3F_S}{2A} = \frac{3}{2}\frac{\frac{F}{2}}{bh_{min}} = \frac{3F}{4bh_{min}} = [\tau]$$

$$\tau_{max} = \frac{3F_S}{2A} = \frac{3}{2}\frac{\frac{F}{2}}{bh_{min}} = \frac{3F}{4bh_{min}} = [\tau] \tag{11-37}$$

$$h_{min} = \frac{3F}{4b[\tau]}$$

按式(11-36)和式(11-37)确定的梁的外形，如厂房建筑中常用的鱼腹梁，如图11-27(b)所示。

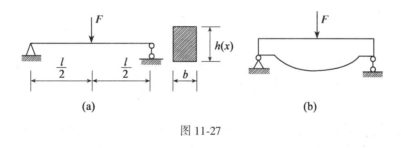

图 11-27

11.8 实际工程中的弯曲变形问题

实际工程中某些受弯构件不仅应该有足够的强度，还应该有足够的刚度。由于在一般细长梁中，剪力对弯曲变形的影响较小，可以忽略不计，故本章主要讨论梁在平面弯曲时由弯矩引起的弯曲变形，介绍梁的挠曲线近似微分方程及梁弯曲变形的两种计算方法，即积分法和叠加法求解梁的挠度和转角。并根据讨论的结果，建立梁弯曲变形的刚度条件。

实际工程中对某些受弯杆件的刚度要求有时是十分重要的。例如，如图11-28所示，机床主轴变形过大时，会影响轴上齿轮之间的正常啮合，以及轴与轴承的配合，从而造成齿轮、轴承和轴的不均匀磨损，同时产生噪声，并影响加工精度。又如，输送液体的管道，若弯曲变形过大，将会影响管道内液体的正常输送，出现积液，沉淀或导致法兰盘连接不紧密的现象。

但在一些场合，又往往需要利用弯曲变形达到某种目的。例如，如图11-29(a)所示，车辆上使用的叠板弹簧正是利用弯曲变形较大的特点，以达到缓冲减振的作用。又如，如图11-29(b)所示的弹簧杆切断刀，由于弹簧刀杆的弹性变形较大，因此有较好的自动让

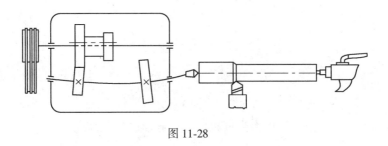

图 11-28

刀作用，能有效地缓和冲击，切削速度比用直刀杆时提高了 2~3 倍。

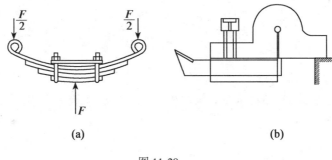

(a)   (b)

图 11-29

　　为了限制或利用梁的变形，需要掌握弯曲变形的计算方法。另外，在求解超静定梁时，需要根据梁的变形，建立变形谐调条件。在讨论梁的振动问题分析时，也需要知道梁的弯曲变形。

　　直梁发生弯曲变形时，除个别受约束处以外，梁内各点都要移动，即都有线位移。由于各个横截面形心的线位移不同，以致原为直线的形心轴变为平滑曲线。这个曲线称为挠曲线。

　　若外力作用于纵向对称平面内或作用于梁的形心主惯性平面内，则直梁将发生平面弯曲，即挠曲线成为一段平面曲线而位于外力作用平面内。挠曲线所在的平面常称为弯曲平面。

　　如图 11-30 所示，以悬臂梁为例，说明有关梁的变形的一些基本概念并介绍几个重要名词。

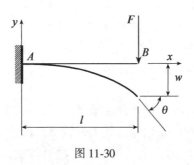

图 11-30

图 11-30 中, AB 线表示梁的轴线, xAy 平面为纵向对称平面, 荷载和支座约束力都作用在这个平面内, 使梁发生平面弯曲。梁的变形用下面两个位移量表示。

1. 挠度 w

梁横截面的形心沿 y 轴方向的线位移(在 x 轴方向的线位移是二阶微量, 可忽略不计), 称为该截面的挠度, 常以"w"来表示, 其正负号与坐标的正负号相同。

2. 转角 θ

梁的横截面对其原有位置转过的角度, 称为该截面的转角, 常以"θ"来表示, 并规定在图 11-30 所示坐标系中逆时针方向转动的为正, 顺时针方向转动的为负。

挠度 w 和转角 θ 是度量梁变形的两个基本量。梁的轴线变形后变成了一条连续光滑的平面曲线, 这个平面挠曲线可以用方程 $w = f(x)$ 表示, 即挠度 w 是 x 的函数。挠曲线上任一点的斜率

$$\frac{\mathrm{d}w}{\mathrm{d}x} = \tan\theta = w'(x) \tag{11-38}$$

由于实际杆件的弯曲变形很小, 转角 θ 的值也很小, 可以认为

$$\tan\theta \approx \theta \tag{11-39}$$

由式(11-38)和式(11-40)得

$$\theta = \frac{\mathrm{d}w}{\mathrm{d}x} = w'(x) \tag{11-40}$$

式(11-40)表示直梁弯曲时挠度 w 与横截面转角 θ 之间的一个重要关系。

11.9 积分法计算梁的变形

11.9.1 梁的挠曲线及其近似微分方程

在本章 11.5 节中推导弯曲正应力时, 曾得到梁的中性层的曲率表达式($\sigma \leqslant \sigma_p$)为

$$\frac{1}{\rho} = \frac{M}{EI_z} \tag{11-41}$$

对于细长梁, 若忽略剪力对弯曲变形的影响, 上式仍可用于横力弯曲。但此时, 梁上的弯矩 M 和曲率半径 ρ 皆是 x 的函数, 即

$$\frac{1}{\rho(x)} = \frac{M(x)}{EI_z} \tag{11-42}$$

另外, 由高等数学知, 曲线 $w = f(x)$ 上任一点的曲率为

$$\frac{1}{\rho(x)} = \pm \frac{w''}{\left[1 + w'^2\right]^{\frac{3}{2}}} \tag{11-43}$$

上述关系同样也适用于挠曲线。比较上述两式, 可得

$$\frac{w''}{\left[1 + w'^2\right]^{\frac{3}{2}}} = \pm\frac{M(x)}{EI_z} \tag{11-44}$$

式(11-44)称为挠曲线微分方程。实际工程中, 梁的挠度 w 和转角 θ 数值都很小, 因此 $w'^2 \ll 1$, 可以忽略不计。于是式(11-44)又可以简化为

$$\frac{\mathrm{d}^2 w}{\mathrm{d}x^2} = \pm \frac{M(x)}{EI_z} \qquad (11\text{-}45)$$

根据弯矩正负号的规定，当挠曲线向下凸出时，M 为正，如图 11-31 所示。另一方面，在本章所选定的右手系中，向下凸出的曲线的二阶导数 w'' 也为正。同理，当挠曲线向上凸时，M 为负而 w'' 也为负。所以，上述两端的符号应一致。于是，上述表达式成为

$$\frac{\mathrm{d}^2 w}{\mathrm{d}x^2} = \frac{M(x)}{EI_z} \qquad (11\text{-}46)$$

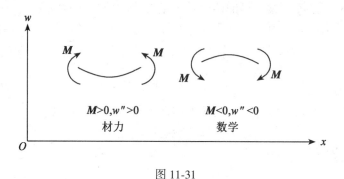

图 11-31

式(11-46)称为挠曲线近似微分方程，由该方程即可求出梁的挠度，同时利用公式(11-40)，又可求得梁横截面的转角。

11.9.2 用积分法求梁的位移

梁的挠曲线近似微分方程是在线弹性小变形情况下研究梁弯曲变形的基本方法。通过求解上述微分方程，即可得到梁的挠曲线方程和转角方程，并可以进一步求出梁任意截面的挠度和转角。

在等直梁的情况下，EI_z 等于常数，式(11-46)又可表示为

$$EI_z w'' = M(x) \qquad (11\text{-}47)$$

两端积分，可得梁的转角方程为

$$EI_z w' = EI_z \theta = \int M(x)\,\mathrm{d}x + C \qquad (11\text{-}48)$$

再次积分，即可得梁的挠曲线方程

$$EI_z w = \iint M(x)\,\mathrm{d}x + Cx + D \qquad (11\text{-}49)$$

上式中 C 和 D 为积分常数，积分常数可以由梁的支承约束条件(统称为边界条件)和光滑连续性条件确定。

11.9.3 边界条件

在如图 11-32(a)所示的简支梁中，左右两铰支座处的挠度 w_A 和 w_B 都等于 0。

在如图 11-32(b)所示的悬臂梁中，固定端处的挠度 w_A 和转角 θ_A 都应等于 0。

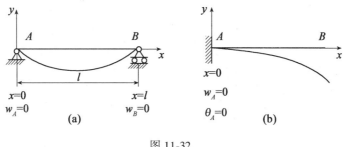

图 11-32

[**例 11-10**] 如图 11-33 所示一抗弯刚度为 EI_z 的悬臂梁，试求梁的挠曲线方程和转角方程，并确定自由端的转角和挠度。

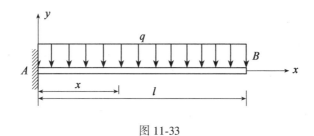

图 11-33

解：求支座约束力 $\qquad F_A = ql, \qquad M_A = \dfrac{ql^2}{2}$

弯矩方程为

$$M(x) = -\frac{1}{2}q\,(l-x)^2$$

$$EI_z w'' = M(x) = -\frac{1}{2}q\,(l-x)^2$$

$$EI_z w' = EI_z \theta(x) = \frac{1}{6}q\,(l-x)^3 + C$$

$$EI_z w = -\frac{1}{24}q\,(l-x)^4 + Cx + D$$

边界条件 $\qquad \theta_{x=0} = 0, \qquad 0 = \dfrac{1}{6}ql^3 + C \Rightarrow C = -\dfrac{ql^3}{6}$

$$w_{x=0} = 0, \qquad 0 = -\frac{1}{24}ql^4 + D \Rightarrow D = \frac{ql^4}{24}$$

$$\theta(x) = \frac{q}{6EI_z}\left[\,(l-x)^3 - l^3\,\right]$$

$$w(x) = -\frac{q}{24EI_z}\left[\,(l-x)^4 + 4l^3x - l^4\,\right]$$

自由端的转角和挠度为

$$\theta_B = -\frac{ql^3}{6EI_z}, \qquad w_B = -\frac{ql^4}{8EI_z}。$$

[**例 11-11**] 如图 11-34 所示一抗弯刚度为 EI_z 的简支梁，在 D 点处受一集中力 F 的作用。试求该梁的挠曲线方程和转角方程。

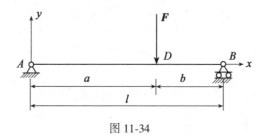

图 11-34

解：（1）求支座约束力 $\qquad F_A = \dfrac{Fb}{l}, \qquad F_B = \dfrac{Fa}{l}$

分段列出弯矩方程：

在 AD 段（$0 \leqslant x \leqslant a$） $\qquad M_1 = \dfrac{Fb}{l}x$ $\hfill$（a）

在 DB 段（$a \leqslant x \leqslant l$） $\qquad M_2 = \dfrac{Fa}{l}(l-x)$ $\hfill$（b）

（2）列挠曲线近似微分方程并积分：

在 AD 段（$0 \leqslant x \leqslant a$） $\qquad EI_z w''_1 = \dfrac{Fb}{l}x$

$$EI_z w'_1 = \frac{Fb}{2l}x^2 + C_1 \tag{c}$$

$$EI_z w_1 = \frac{Fb}{6l}x^3 + C_1 x + D_1 \tag{d}$$

在 DB 段（$a \leqslant x \leqslant l$） $\qquad EI_z w''_2 = \dfrac{Fa}{l}(l-x)$

$$EI_z w'_2 = -\frac{Fa}{2l}(l-x)^2 + C_2 \tag{e}$$

$$EI_z w_2 = \frac{Fa}{6l}(l-x)^3 + C_2 x + D_2 \tag{f}$$

（3）确定积分常数。四个积分常数 C_1、D_1、C_2 及 D_2 可以由边界条件和光滑连续性条件确定。

边界条件 $\qquad w_1 \big|_{x=0} = 0 \Rightarrow D_1 = 0$ $\hfill$（g）

$\qquad w_2 \big|_{x=l} = 0 \Rightarrow D_2 = -C_2 l$ $\hfill$（h）

光滑连续性条件 $\qquad w_1 \big|_{x=a} = w_2 \big|_{x=a}$ $\hfill$（i）

$\qquad w'_1 \big|_{x=a} = w'_2 \big|_{x=a}$ $\hfill$（j）

在式（d）、式（f）和式（c）、式（e）中，令 $x_1 = x_2 = a$ 并应用上述光滑连续性条件，结合式（g）、式（h）得：

$$\frac{Fb}{6l}a^3+C_1a=\frac{Fa}{6l}b^3+C_2a-C_2l \Rightarrow C_1a+C_2b=\frac{Fab^3}{6l}-\frac{Fa^3b}{6l} \tag{k}$$

$$\frac{Fb}{2l}a^2+C_1=-\frac{Fa}{2l}b^2+C_2 \Rightarrow \qquad C_1-C_2=-\frac{Fa^2b}{2l}-\frac{Fab^2}{2l} \tag{l}$$

联立式(k)、式(l)求解

$$C_1=-\frac{Fab}{6l^2}(3ab+a^2+2b^2), \qquad C_2=\frac{Fab}{6l^2}(3ab+2a^2+b^2)$$

$$D_1=0, \qquad D_2=-\frac{Fabl}{6l^2}(3ab+2a^2+b^2)$$

(4)转角方程和挠度方程。将 C_1、D_1、C_2 及 D_2 的值代入式(c)、式(d)及式(e)、式(f),整理后得

AD 段($0 \leq x \leq a$): $\qquad EI_zw'_1=\frac{Fb}{2l}x^2-\frac{Fab}{6l^2}(3ab+a^2+2b^2)$ (m)

$$EI_zw_1=\frac{Fb}{6l}x^3-\frac{Fabx}{6l^2}(3ab+a^2+2b^2) \tag{n}$$

在 DB 段($a \leq x \leq l$): $\qquad EI_zw'_2=-\frac{Fa}{2l}(l-x)^2+\frac{Fab}{6l^2}(3ab+2a^2+b^2)$ (o)

$$EI_zw_2=\frac{Fa}{6l}(l-x)^3+\frac{Fabx}{6l^2}(3ab+2a^2+b^2)-\frac{Fab}{6l}(3ab+2a^2+b^2) \tag{p}$$

(5)最大挠度。当 $EI_zw'=0$ 时,w 有极值。所以应首先确定转角 θ 为零的截面的位置。由式(m)知截面 A 的转角 θ_A 为负。此外,若在式(m)中令 $x_1=a$,又可求得截面 D 的转角为 $\theta_C=\frac{Fab}{3EI_zl}(a-b)$,若 $a>b$,则 θ_C 为正。可见从截面 A 到截面 D,转角由负变为正,改变了符号。因此,对于光滑连续的挠曲线来说,$\theta=0$ 的截面必然出现在 AD 段内。令式(m)等于零,得 $\frac{Fb}{2l}x^2-\frac{Fab}{6l^2}(3ab+a^2+2b^2)=0$,可以求得

$$x^2=\frac{a}{3l}(3ab+a^2+2b^2)=\frac{a(a+b)(a+2b)}{3(a+b)}=\frac{a(a+2b)}{3}$$

$$x_0=\sqrt{\frac{a(a+2b)}{3}}=\sqrt{\frac{l^2-b^2}{3}}$$

x_0 即为挠度为最大值的截面的横坐标。以 x_0 代入式(n),求得最大挠度为:

$$w_{max}=-\frac{Fb(l^2-b^2)^{\frac{3}{2}}}{9\sqrt{3}EI_z \cdot l}$$

讨论两种特殊情况的挠度:

当集中力 F 作用在梁跨度中点$\left(\text{即 } a=b=\frac{l}{2}\right)$时,极值点 x_0 及最大挠度 w_{max} 为

$$x_0=\frac{l}{2}, \qquad w_{max}=-\frac{Fl^3}{48EI_z}$$

当集中力 F 无限接近于右端支座 B($b \to 0$)时,极值点 x_0 及最大挠度 w_{max} 为

$$x_0=\frac{l}{\sqrt{3}} \approx 0.57735l, \qquad w_{max}=-\frac{Fbl^2}{9\sqrt{3}EI_z} \approx -\frac{Fbl^2}{15.58EI_z}$$

而此时中点处的挠度为 $w_{\frac{l}{2}} = -\dfrac{Fbl^2}{16EI_z}$ ，若用中点处的挠度 $w_{\frac{l}{2}}$ 代替最大挠度 $w_{\max}$ ，所引起的误差为

$$\frac{w_{\max} - w_{\frac{l}{2}}}{w_{\max}} = \frac{\dfrac{1}{9\sqrt{3}} - \dfrac{1}{16}}{\dfrac{1}{9\sqrt{3}}} = 2.65\%$$

可见在这种极端的情况下，用中点挠度代替最大挠度，误差仅为 2.65%，故对于简支梁，只要挠曲线上无拐点，总可以用跨度中点的挠度代替最大挠度，并且不会引起很大误差。

11.10 用叠加法计算梁的变形

积分法是求梁弯曲变形的基本方法，利用该方法的优点是可以求得转角和挠度的普通方程式。但当只需确定某些特定截面的转角和挠度时，积分法就显得比较繁琐。通过上节的讨论，可知，在材料服从胡克定律和小变形情况下，挠曲线微分方程是线性的，线性方程的解可以用叠加法求得。可以证明求挠度或转角的叠加原理：在材料服从胡克定律和小变形情况下，梁上有几种载荷共同作用时的挠度或转角，等于几种载荷分别单独作用时的挠度或转角之代数和。

将梁在简单载荷作用下的几种变形汇总于附录 Ⅱ-1 中，以便运用叠加法计算梁的变形时查阅。

[**例 11-12**]　如图 11-35(a)所示一抗弯刚度为 EI_z 的简支梁，受一集中力 F 和均布载荷 q 的作用。按叠加原理求 A 点的转角和 C 点的挠度。

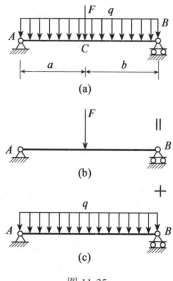

图 11-35

解: (1)载荷分解如图 11-35 所示。

(2)查附录Ⅱ-1 梁在简单载荷作用下的变形表，得

$$\theta_{AF} = -\frac{Fa^2}{4EI_z}, \qquad \theta_{Aq} = -\frac{qa^3}{3EI_z}$$

$$w_{CF} = -\frac{Fa^3}{6EI_z}, \qquad w_{Cq} = -\frac{5qa^4}{24EI_z}$$

叠加

$$\theta_A = \theta_{AF} + \theta_{Aq} = -\frac{Fa^2}{4EI_z} - \frac{qa^3}{3EI_z} = -\frac{a^2(3F + 4qa)}{12EI_z}$$

$$w_C = w_{CF} + w_{qC} = -\frac{Fa^3}{6EI_z} - \frac{5qa^4}{24EI_z}$$

[**例 11-13**] 如图 11-36(a)所示，一抗弯刚度为 EI_z 的简支梁受荷载作用，试按叠加原理求梁跨中点的挠度 w_C 和支座处横截面的转角 θ_A，θ_B。

解: 将梁上荷载分为两项简单的荷载，如图 11-36 所示，

$$w_C = w_{Cq} + w_{Cm} = -\frac{\dot{m}l^2}{16EI_z} - \frac{5ql^4}{38EI_z} \quad (向下)$$

$$\theta_A = \theta_{Aq} + \theta_{Am} = -\frac{ql^3}{24EI_z} - \frac{ml}{3EI_z} \quad (顺时针)$$

$$\theta_B = \theta_{Bq} + \theta_{Bm} = \frac{ql^3}{24EI_z} + \frac{ml}{3EI_z} \quad (逆时针)$$

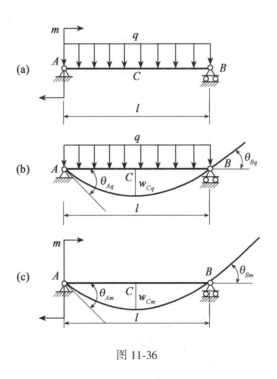

图 11-36

[**例 11-14**] 如图 11-37(a)所示，试利用叠加法求抗弯刚度为 EI_z 的简支梁跨中点的挠度 w_C 和支座处横截面的转角 θ_A , θ_B。

解：可以视为如图 11-37(b)、(c)所示正对称荷载与反对称荷载两种情况的叠加。

（1） 正对称荷载作用下

$$w_{C1} = -\frac{5(\frac{q}{2})l^4}{384EI_z} = -\frac{5ql^4}{768EI_z} , \qquad \theta_{B1} = -\theta_{A1} = \frac{\frac{q}{2}l^3}{24EI_z} = \frac{ql^3}{48EI_z}$$

（2）反对称荷载作用下，在跨中 C 截面处，挠度 w_C 等于 0，但转角不等于 0 且该截面的弯矩也等于 0。

可以将 AC 段和 BC 段分别视为受均布线荷载作用且长度为 $\frac{l}{2}$ 的简支梁。可得到

$$w_{C2} = 0 , \qquad \theta_{B2} = \theta_{A2} = -\frac{\left(\frac{q}{2}\right)\left(\frac{l}{2}\right)^3}{24EI_z} = -\frac{ql^3}{384EI_z}$$

将相应的位移进行叠加，即得

$$w_C = w_{C1} + w_{C2} = -\frac{5ql^4}{768EI_z} \quad （向下）$$

$$\theta_A = \theta_{A1} + \theta_{A2} = -\frac{ql^3}{48EI_z} - \frac{ql^3}{384EI_z} = -\frac{3ql^3}{128EI_z} \quad （顺时针）$$

$$\theta_B = \theta_{B1} + \theta_{B2} = \frac{ql^3}{48EI_z} - \frac{ql^3}{384EI_z} = \frac{7ql^3}{384EI_z} \quad （逆时针）$$

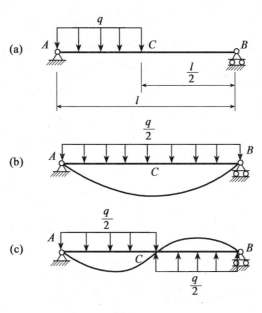

图 11-37

[**例 11-15**]　如图 11-38(a)所示，试求抗弯刚度为 EI_z 的外伸梁 A 截面挠度 w_A。

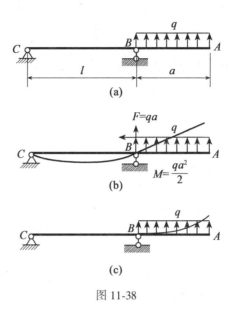

图 11-38

解：在均布载荷的作用下，全梁均产生弯曲变形。变形在 A 截面引起的挠度不仅与 BA 段的变形有关，而且与 CB 段的变形也有关。为此，欲求 A 处挠度，可以先分别求出这两段梁的变形在 A 截面引起的挠度，然后将其叠加，求其代数和。

这种方法称为逐段刚化法。逐段刚化法的基本原理是在材料服从胡克定律而且弯曲变形微小的情况下，梁上的所有载荷对梁某一段所引起的弯曲变形，不会改变这些载荷对梁其他地方的影响。

(1)刚化 BA 段(视 BA 段为刚体，即 $EI_z = \infty$)，此时 BA 段不变形，由于 BA 段均布载荷作用，使 CB 段引起变形，与将均布载荷向 B 点简化为一个集中力 $F = qa$ 和一个集中力偶 $M = \dfrac{qa^2}{2}$，如图 11-38(b)所示，使 CB 段引起的变形是完全相同的。这样，只需讨论图 11-38(b)所示梁的变形即可。由于 B 点处的集中力直接作用在支座 B 上，不引起 CB 梁的变形，因此，只需讨论集中力偶 $M = \dfrac{qa^2}{2}$ 对 CB 梁的作用。查附录，梁在简单载荷作用下的变形表得

$$\theta_B = \frac{qa^2 l}{6EI_z}$$

$$w_A^I = a\tan\theta_B \approx a\theta_B = \frac{qla^3}{6EI}$$

(2)刚化 CB 段(视 CB 段为刚体，即 $EI_z = \infty$)，此时 CB 段不变形，如图 11-38(c)所示，在这种情况下，由于挠曲线的光滑连续，B 截面既不允许产生挠度，也不能出现转角。于是，此时 BA 段可以视为悬臂梁。在均布载荷作用下，A 处的挠度可由查表得

$$w_A^{II} = \frac{qa^4}{8EI}$$

（3）梁在 A 截面挠度由叠加法得

$$w_A = w_A^I + w_A^{II} = \frac{qla^3}{6EI} + \frac{qa^4}{8EI}$$

11.11　梁的刚度条件和简单超静定梁

11.11.1　梁的刚度条件

在根据强度的需要设计了梁的截面以后，常需进一步按梁的刚度条件检查梁的变形是否在设计条件所许可的范围内，因在许多情况下当变形超过一定限度时，梁的正常工作条件就会得不到保证。例如桥梁的挠度过大，会在机车通过时，使桥梁发生很大的振动；机床中的主轴挠度过大，会影响对工件的加工精度；传动轴在机座处的转角过大，将使轴承发生严重磨损；水工闸门主横梁的挠度和转角过大，将使闸门的启闭产生困难或在水流通过时发生很大的振动，等等。

为使梁安全正常工作，应使梁具有足够的刚度，根据具体的工作要求，限制梁的最大挠度和最大转角（或特定截面的挠度和转角），不超过某一规定的数值。所以，梁弯曲的刚度条件为

$$|w|_{max} \leqslant [w] \tag{11-50}$$
$$|\theta|_{max} \leqslant [\theta] \tag{11-51}$$

式中，$[w]$ 是梁的许可挠度，$[\theta]$ 是梁的许可转角。许可挠度 $[w]$ 和许可转角 $[\theta]$ 的值，是根据具体工作要求决定的。例如：在土木建筑工程中

$$[w] = \frac{l}{250} \sim \frac{l}{500}$$

在机械制造工程中　　　　　　　　$[w] = \frac{l}{5000} \sim \frac{l}{10000}$

传动轴支座处　　　　　　　　　　$\theta = 0.05 \sim 0.001 \text{rad}$。

应当指出，一般土木建筑工程中的构件，若能满足强度要求，刚度条件一般也能满足。但当对构件的位移限制很严，或按强度条件设计的构件截面过于单薄时，刚度条件也可能起控制作用。

[例 11-16]　如图 11-39（a）所示为车床主轴示意图。轴的外径 $D = 80\text{mm}$，内径 $d = 40\text{mm}$，$l = 400\text{mm}$，$a = 100\text{mm}$，材料的弹性模量 $E = 210\text{GPa}$。设切削力 $F_1 = 2\text{kN}$，齿轮传动力 $F_2 = 1\text{kN}$。若主轴的许可变形为：卡盘 C 处的挠度 $[w_C] = \frac{l}{10^4} = 40 \times 10^{-6}\text{m}$，轴承 B 处的转角不超过 10^{-3} 弧度。试校核主轴的刚度。

解：车床主轴的惯性矩为

$$I_z = \frac{\pi D^4}{64}(1 - \alpha^4) = \frac{\pi (80 \times 10^{-3})^4}{64} \times \left[1 - \left(\frac{40}{80}\right)^4\right] = 188 \times 10^{-8}(\text{m}^4)$$

主轴的力学简化模型如图 11-39（b）所示。主轴的弯曲变形可以看成是图 11-39（c）和图 11-39（d）两种情况的叠加。

如图 11-39（c）所示，F_1 单独作用时，查附录，有

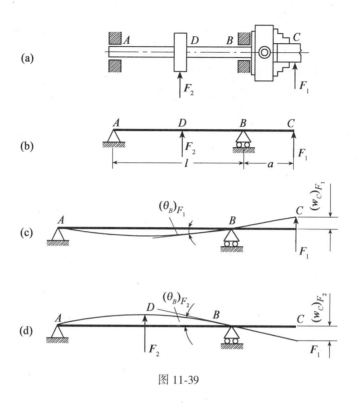

图 11-39

$$\theta_{BF_1} = \frac{(F_1 a) l}{3EI_z} = \frac{2 \times 10^3 \times 100 \times 10^{-3} \times 400 \times 10^{-3}}{3 \times 210 \times 10^9 \times 188 \times 10^{-8}} = 6.76 \times 10^{-5}(\text{rad})$$

$$w_{CF_1} = \frac{F_1 a^2 (l+a)}{3EI_z} = \frac{2 \times 10^3 \times (100 \times 10^{-3})^2 \times (400 \times 10^{-3} + 100 \times 10^{-3})}{3 \times 210 \times 10^9 \times 188 \times 10^{-8}}$$

$$= 8.44 \times 10^{-6}(\text{m})$$

如图 11-39(d)所示，F_2 单独作用时，查附录得

$$\theta_{BF_2} = -\frac{F_2 l^2}{16EI_z} = -\frac{1 \times 10^3 \times (400 \times 10^{-3})^2}{16 \times 210 \times 10^9 \times 188 \times 10^{-8}} = -2.53 \times 10^{-5}(\text{rad})$$

F_2 单独作用时，外伸部分 BC 上无载荷，仍为直线，而且 θ_{BF_2} 又是一个非常小的角度，所以 C 点的挠度为

$$w_{CF_2} = \theta_{BF_2} \times a = -2.53 \times 10^{-5} \times 100 \times 10^{-3} = -2.53 \times 10^{-6}(\text{m})$$

采用叠加法，F_1、F_2 共同作用时，主轴 B 截面的转角和 C 截面的挠度为

$$\theta_{BF} = \theta_{BF_1} + \theta_{BF_2} = 6.76 \times 10^{-5} - 2.53 \times 10^{-5} = 4.23 \times 10^{-5}\text{rad} < [\theta_B] = 10^{-3}(\text{rad})$$

$$w_{CF} = w_{CF1} + w_{CF2} = 8.44 \times 10^{-6} - 2.53 \times 10^{-6} = 5.91 \times 10^{-6}\text{m} < [w_C] = 40 \times 10^{-6}(\text{m})$$

由此可知，主轴满足刚度条件。

11.11.2　简单超静定梁

前面所讨论的梁，其支座约束力都可以通过静力平衡方程求得，皆为静定梁。实际工

程中，为提高梁的强度和刚度，或因构造上的需要，往往在静定梁上增加 1 个或若干个约束。这时，未知支座约束力的数目将多于平衡方程的数目，仅由静力平衡方程不能求解。这种梁称为超静定梁或静不定梁。

例如安装在车床卡盘上的工件[见图 11-40(a)]如果比较长，切削时会产生过大的挠度[见图 11-40(b)]，影响加工精度。为减小工件的挠度，常在工件的自由端用尾架上的顶尖顶紧[见图 11-41(a)]。在不考虑水平方向的支座约束力时，这相当于增加了 1 个可动铰支座[见图 11-41(b)]。这时工件的约束力有 4 个，而有效的平衡方程只有 3 个。未知支座约束力数目比平衡方程数目多出 1 个，这是一次超静定梁。

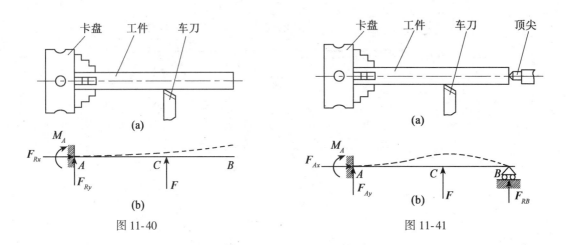

图 11-40　　　　　　　　　　　　　　　　图 11-41

又如一些机器中的齿轮轴，采用 3 个轴承支承(见图 11-42)；厂矿中铺设的管道一般则需用 3 个以上的支座支承(见图 11-43)，这些都属于静不定梁。

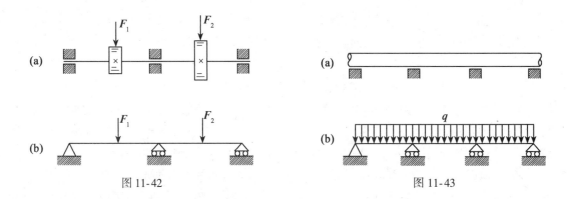

图 11-42　　　　　　　　　　　　　　　　图 11-43

用变形比较法求解静不定梁解超静定梁的方法与解拉、压超静定问题类似，也需根据梁的变形谐调条件和力与变形之间的物理关系，建立补充方程，然后与静力平衡方程联立求解。如何建立补充方程，是解超静定梁的关键。

在超静定梁中，那些超过维持梁平衡所必需的约束，习惯上称为多余约束；与其相应的支座约束力称为多余约束力或多余支座约束力。可以设想，如果撤除超静定梁上的多余约束，则该超静定梁又将变为一个静定梁，这个静定梁称为原超静定梁的基本静定梁。例如，如图 11-44(a)所示的超静定梁，如果以 B 端的可动铰支座为多余约束，将其撤除后而形成的悬臂梁即为原超静定梁的基本静定梁，如图 11-44(b)所示。

为使基本静定梁的受力及变形情况与原超静定梁完全一致，作用于基本静定梁上的外力除原来的载荷外，还应加上多余支座约束力，同时，还要求基本静定梁满足一定的变形谐调条件。例如，上述的基本静定梁的受力情况如图 11-44(c)所示，由于原静不定梁在 B 端有可动铰支座的约束，因此，还要求基本静定梁在 B 端的挠度为 0，即 $w_B = 0$。

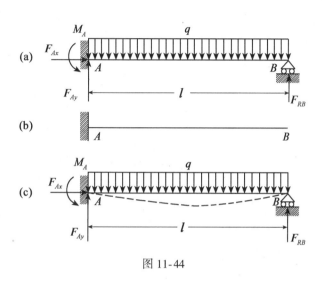

图 11-44

此即应满足的变形谐调条件(简称变形条件)。这样，就将一个承受均布载荷的静不定梁变换为一个静定梁来处理，这个静定梁在原载荷和未知的多余支座约束力作用下，B 端的挠度为 0。根据变形谐调条件及力与变形之间的物理关系，即可建立补充方程。由图 11-44(c)可见，B 端的挠度为 0，可以将其视为均布载荷引起的挠度 w_{Bq} 与未知支座约束力 F_R 引起的挠度 w_{BF_R} 的叠加结果，即

$$w_B = w_{Bq} + w_{BF_R} = 0 \tag{11-52}$$

查附录，得

$$w_{Bq} = -\frac{ql^4}{8EI_z} \tag{11-53}$$

$$w_{BF_R} = \frac{F_B l^3}{3EI_z} \tag{11-54}$$

式(11-53)、式(11-54)即为力与变形之间的物理关系，将其代入式(11-52)，得

$$-\frac{ql^4}{8EI_z} + \frac{F_B l^3}{3EI_z} = 0 \tag{11-55}$$

这就是所需的补充方程。由此可以解出多余支座约束力为：

$$F_B = \frac{3ql}{8} \tag{11-56}$$

多余支座约束力求得后，超静定梁就转化为静定梁的问题，求支座约束力，绘制梁的内力图，研究梁的强度等都可以按前面静定梁的方法进行了。

解超静定梁的方法是：选取适当的基本静定梁；利用相应的变形谐调条件和物理关系建立补充方程；然后与平衡方程联立解出所有的支座约束力。这种解超静定梁的方法，称为变形比较法。求解超静定问题的方法还有多种，以力为未知量的方法称为力法，变形比较法属于力法中的一种。

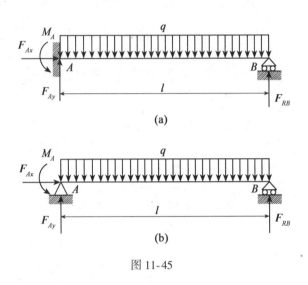

图 11-45

解超静定梁时，选择哪个约束为多余约束并不是固定的，可以根据解题时的方便而定。选取的多余约束不同，相应的基本静定梁的形式和变形条件也随之而异。例如，如图 11-45(a)所示，上述的超静定梁也可以选择阻止 A 端转动的约束为多余约束，相应的多余支座约束力则为力偶矩 M_A。解除这一多余约束后，固定端 A 将变为固定铰支座；相应的基本静定梁则为一简支梁，其上的载荷如图 11-45(b)所示。这时要求该梁满足的变形谐调条件则是 A 端的转角为 0。

11.11.3　提高梁刚度的措施

从挠曲线近似微分方程及积分结果可以看出，影响梁的变形的主要因素有 3 个：梁的跨度 l，抗弯刚度 EI_z 和所受的载荷。所以，提高弯曲刚度，应从以下两个方面采取措施。

1. 增加支承约束，减小梁的跨度

在可能的条件下，尽量减小梁的跨度是提高梁抗弯刚度的有效措施。如我国自主研制的 135 系列柴油机采用的盘形组合曲轴的基本特点是使盘形大直径主轴兼有曲柄臂的功能，如图 11-46(a)所示。因而，大大缩短了汽缸的中心距，其轴向尺寸 l 仅为曲柄式曲轴相应部分的 $\dfrac{l}{3}$，如图 11-46(b)所示。不仅结构紧凑，曲柄刚度也提高了 40%。如果梁变形过大而又不允许减小梁的长度时，则可采用其他结构(桁架)或增加支承约束。如发

动机的凸轮轴或变速箱的传动轴等均采用增加中间支承以提高抗弯刚度的办法，如图
11-47所示。

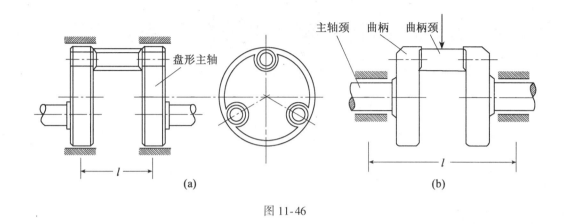

图 11-46

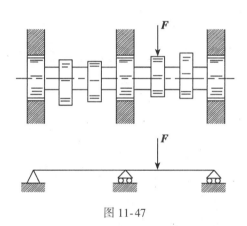

图 11-47

2. 选择合理截面，增大梁的抗弯刚度

梁的抗弯刚度 EI_z 与梁的变形成反比。增大梁的抗弯刚度可以减小其变形。由于各种
钢材(包括各种普通碳素钢、优质合金钢)的弹性模量 E 的数值相差不多，故通过选用优
质钢材来提高梁的刚度意义不大。因此，主要方法是增大截面的惯性矩 I_z。即选用合理
截面，使用比较小的截面面积获得较大的惯性矩来提高梁的刚度。例如，自行车车架用空
心圆管代替实心杆，不仅增加了车架的强度，也提高了车架的抗弯刚度。再如，各种机床
的床身、立柱等多采用空心薄壁箱形件，其目的也正是为了增加截面的惯性矩，如图
11-48所示。对一些原来刚度不足的构件，也可以通过增大惯性矩的措施，来提高其抗弯
刚度。如工字钢梁在上、下翼缘处焊接钢板和将薄板冲压出一些筋条，以提高其抗弯刚
度，如图 11-49 所示。

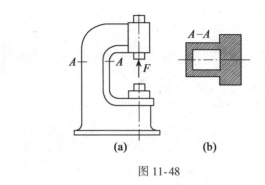

图 11-48

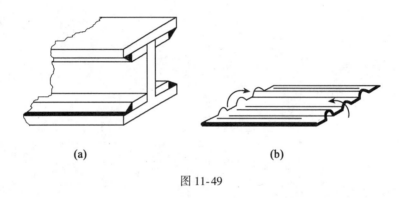

(a)   (b)

图 11-49

11.12　梁的有限元分析

[**例 11-17**]　图 11-50 所示的悬臂梁，自由端受集中力 $F = 20\text{kN}$ 作用，试用 ANSYS 绘制梁的剪力图、弯矩图和变形图。

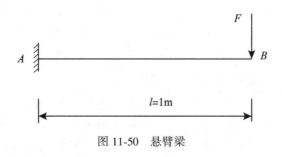

图 11-50　悬臂梁

用梁单元建立悬臂梁受集中载荷的 ANSYS 模型，分析过程如图 11-51 ~ 图 11-56 所示。

图 11-51　悬臂梁受集中载荷的 ANSYS 模型图

图 11-52　悬臂梁受集中载荷的剪力图

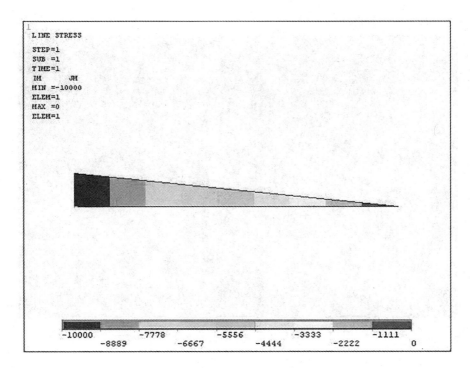

图 11-53 悬臂梁受集中载荷的弯矩图

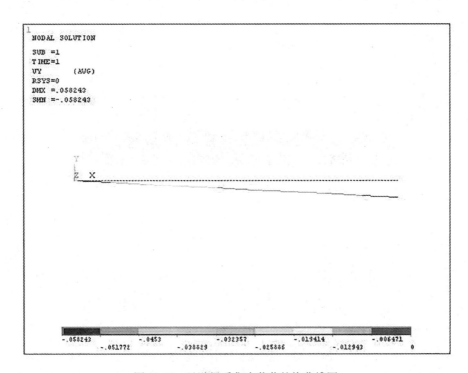

图 11-54 悬臂梁受集中载荷的挠曲线图

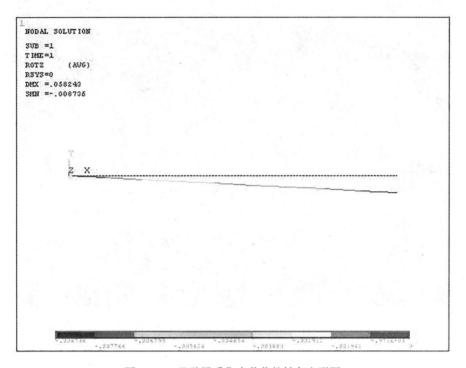

图 11-55 悬臂梁受集中载荷的转角变形图

[**例 11-18**] 如图 11-56 所示简支梁，受到均布载荷作用，$q = 15\text{kN/m}$，$l = 2\text{m}$，试用 ANSYS 绘制梁的剪力图、弯矩图和变形图。

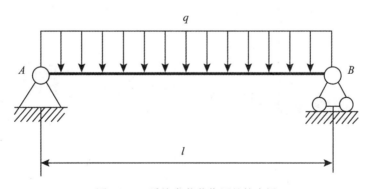

图 11-56 受均布载荷作用的简支梁

用 ANSYS 绘制的简支梁模型图、剪力图、弯矩图、挠度曲线图、转角变形图如图 11-57～图 11-61 所示。

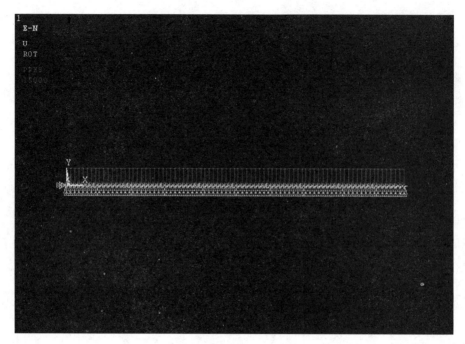

图 11-57　受均布载荷作用的简支梁的模型图

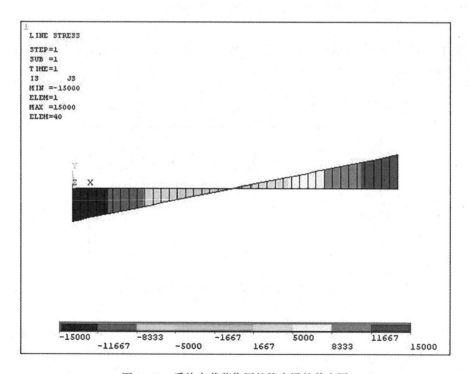

图 11-58　受均布载荷作用的简支梁的剪力图

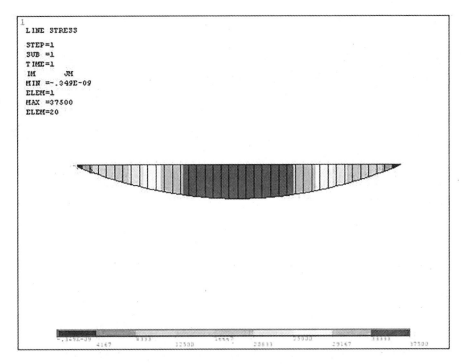

图 11-59　受均布载荷作用的简支梁的弯矩图

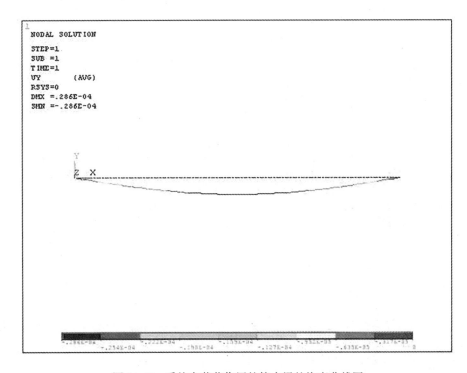

图 11-60　受均布载荷作用的简支梁的挠度曲线图

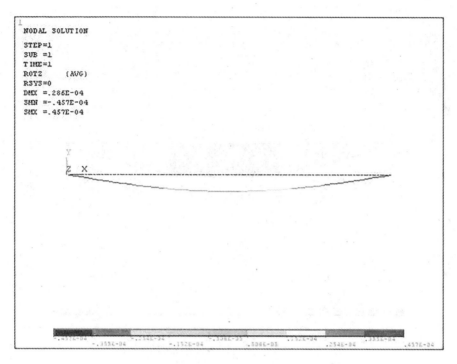

图 11-61　受均布载荷作用的简支梁的转角变形图

[**例 11-19**]　用 ANSYS 绘制如图 11-62 所示梁的剪力图和弯矩图。矩形截面高 $b = 0.25\text{m}$，宽 $h = 0.4\text{m}$，弹性模量 $E = 2.1 \times 10^{11}\text{Pa}$，并求出梁的最大弯矩、最大挠度及右端转角。

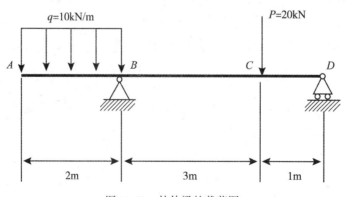

$q=10\text{kN/m}$　　　　　　$P=20\text{kN}$

A　　　　　B　　　　C　　　　D

2m　　　　3m　　　1m

图 11-62　外伸梁的载荷图

分析过程与结果如图 11-63~图 11-67 所示。

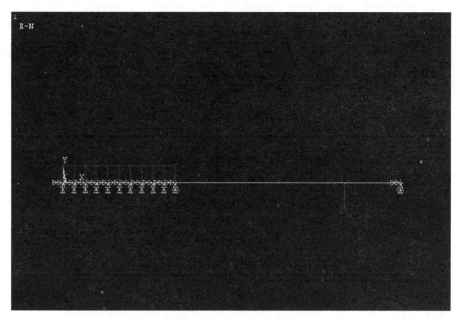

图 11-63 外伸梁的分析模型

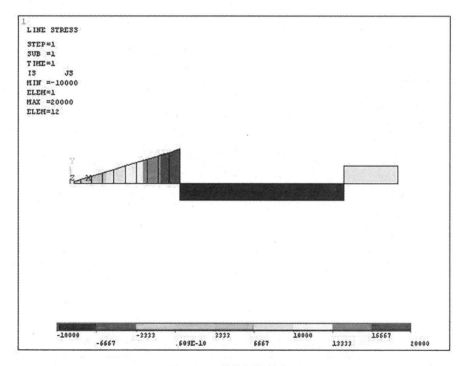

图 11-64 外伸梁的剪力图

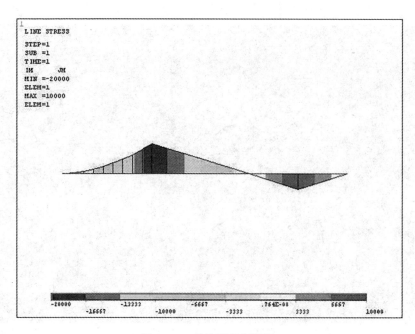

图 11-65　外伸梁的弯矩图

ANSYS 分析计算结果梁的最大正弯矩发生在 C 点，$M_{max} = 10000\mathrm{N \cdot m}$。最小弯矩在 B 点，$M_{min} = -20000\mathrm{N \cdot m}$。

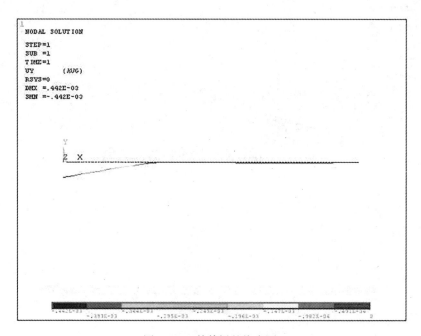

图 11-66　外伸梁的挠度图

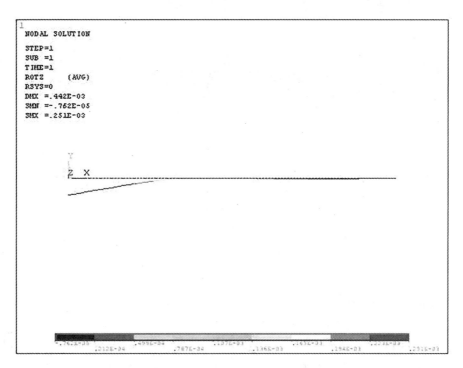

图 11-67　外伸梁的转动变形图

ANSYS 分析计算结果得梁的最大挠度：$U_Y = -0.44176 \times 10^{-3}$。

梁右端转角 $\theta_D = 0.38083 \times 10^{-4}$。与理论结果相同。

思考题与习题 11

1. 梁上 M_{max} 所在的截面上剪力一定等于 0，这句话对吗？为什么？

2. 在写剪力方程和弯矩方程时，函数的定义域在什么情况下是开区间？什么情况下是闭区间？

3. 截面上的剪力等于截面一侧梁上所有外力在梁轴的垂线（y 轴）上投影的代数和，是否说明该截面的剪力与其另一侧梁上的外力无关？

4. 如何建立剪力、弯矩与载荷集度之间的微分关系？它们的力学意义与数学意义是什么？

5. 什么是纯弯曲、横力弯曲、平面弯曲和对称弯曲？梁发生这些弯曲的条件是什么？

6. 截面形状及尺寸完全相同的一根钢梁和木梁，如果所受外力也相同，其内力图是否也相同？它们横截面上的正应力是否相同？梁上对应点的纵向应变是否相同？

7. 将直径为 d 的圆截面木梁锯成矩形截面梁，如图 11-68 所示。欲使该矩形截面梁的弯曲强度和抗弯刚度最好，截面的高宽比 $\dfrac{h}{b}$ 应为多少？

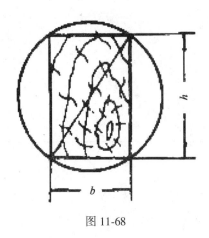

图 11-68

8. 两梁的尺寸、支承及所受载荷完全相同，一根为钢梁，一根为木梁，且其弹性模量 $E_钢 = 7E_木$，试求：(1) 两梁中最大应力之比；(2) 两梁中的最大挠度之比。

9. 三根简支梁都是梁中点受集中力 P 作用，若三根梁的跨度之比为 $1:2:3$，其余条件均相同，这三根梁最大挠度之间的比例关系是多少？

10. 实际工程中为什么采用鱼腹式大梁和阶梯轴？这样做的结果是使梁的挠度减小了还是增加了？

11. 试计算如图 11-69 所示各梁指定截面(标有细线者)的剪力与弯矩。

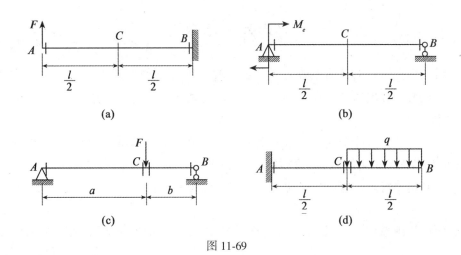

图 11-69

12. 已知如图 11-70 所示各梁的载荷 q、M 和尺寸 l。(1) 列出梁的剪力方程和弯矩方程；(2) 绘制剪力图和弯矩图；(3) 确定 $|F_s|_{max}$ 和 $|M|_{max}$。

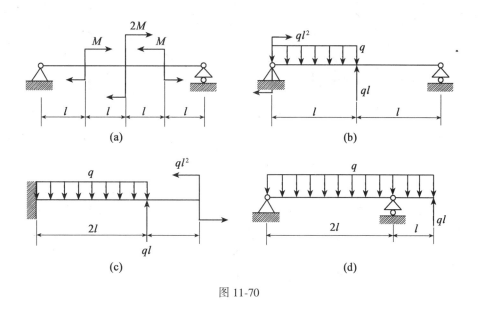

图 11-70

13. 试绘制如图 11-71 所示的剪力图和弯矩图。

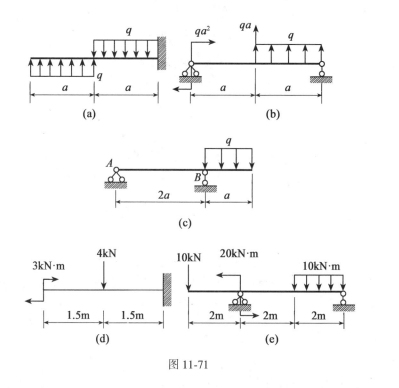

图 11-71

14. 梁的正方形截面若处于如图 11-72 所示两种不同位置，试求它们的弯矩之比。设两者的最大弯曲正应力相等。

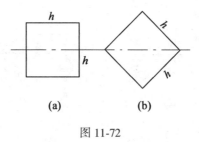

图 11-72

15. 如图 11-73 所示为铸铁水平梁的横截面，$y_1 = 70.83\text{mm}$，$I_z = 25.5859 \times 10^{-6}\text{m}^4$，若其拉伸许用应力 $[\sigma_t] = 20\text{MPa}$，压缩许用应力 $[\sigma_c] = 80\text{MPa}$，试求该截面可以承受的最大正弯矩的值。

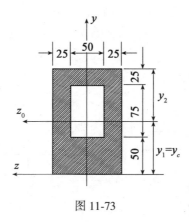

图 11-73

16. 如图 11-74 所示，当横力 F 直接作用在图示简支梁 AB 的中点时，梁内最大正应力超标 30%，为了安全，在其中部配置辅助简支梁 CD，试求其最小长度 a。

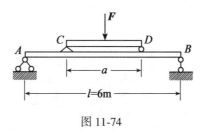

图 11-74

17. 矩形截面悬臂梁如图 11-75 所示，已知 $l = 4\text{m}$，$\dfrac{b}{h} = \dfrac{2}{3}$，$q = 10\text{kN/m}$，$[\sigma] = 10\text{MPa}$，试确定该梁横截面的尺寸。

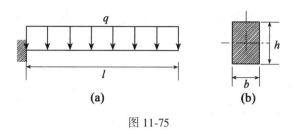

图 11-75

18.20 a 工字钢梁的支承和受力情况如图 11-76 所示，若 $[\sigma] = 160\text{MPa}$，试求许可载荷。

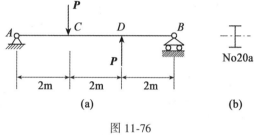

图 11-76

19. 如图 11-77 所示，圆轴的外伸部分是空心轴。试绘制轴弯矩图，并求轴内最大正应力。

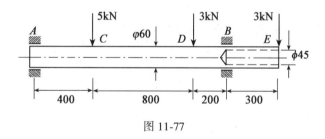

图 11-77

20. 如图 11-78 所示，横截面为⊥形的铸铁承受纯弯曲，材料的拉伸许用应力和压缩许用应力之比为 $\dfrac{[\sigma_t]}{[\sigma_c]} = \dfrac{1}{4}$。试求水平翼缘的合理宽度 b。

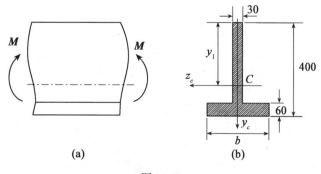

图 11-78

21. ⊥形截面铸铁梁如图 11-79 所示。若铸铁的拉伸许用应力为 $[\sigma_t] = 40$MPa，压缩许用应力为 $[\sigma_c] = 160$MPa，截面对形心 z_c 的惯性矩 $I_z = 10180$ cm^4，$h_1 = 96.4$mm，试求梁的许可载荷 P。

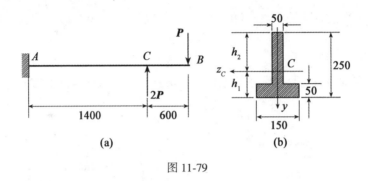

图 11-79

22. 铸铁梁的载荷及截面尺寸如图 11-80 所示。拉伸许用应力 $[\sigma_t] = 40$MPa，压缩许用应力 $[\sigma_c] = 160$MPa。试按正应力强度条件校核梁的强度。若载荷不变，但将⊤形截面倒置成为⊥形截面，是否合理？何故？

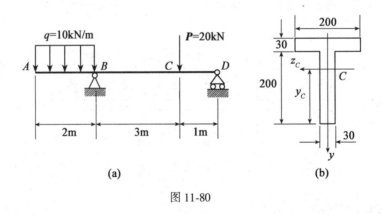

图 11-80

23. 试计算如图 11-81 所示工字形截面梁内的最大正应力和最大切应力。

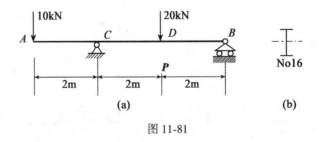

图 11-81

24. 由三根木条胶合而成的悬臂梁截面尺寸如图 11-82 所示，跨度 $l = 1$m。若胶合面上的许用切应力为 0.34MPa，木材的许用弯曲正应力为 $[\sigma] = 10$MPa，许用切应力为

$[\tau] = 1\mathrm{MPa}$，试求许可载荷 P。

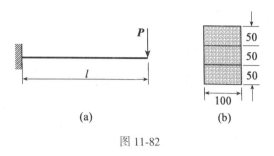

(a)　　　　　　(b)

图 11-82

25. 如图 11-83 所示，梁的总长度为 l，受均布载荷 q 作用。若支座可以对称地向中点移动，试问移动距离为若干时最为合理？

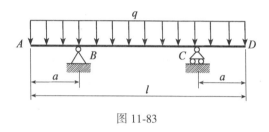

图 11-83

26. 用积分法求解如图 11-84 所示各梁的挠曲线方程、自由端的截面转角，跨度中点的挠度和最大挠度。设 $EI_z = $ 常量。

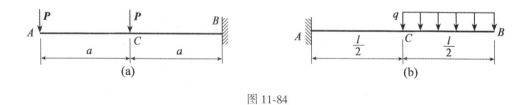

(a)　　　　　　　　　　(b)

图 11-84

27. 试用积分法求解如图 11-85 所示各梁的挠度和转角方程，并计算各梁截面 A 的挠度与转角。已知各梁的 EI_z 为常量。

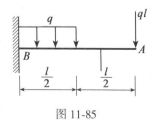

图 11-85

28. 用叠加法求解如图 11-86 所示各梁指定截面处的挠度与转角，设 EI_z = 常量。（1）求 y_C、θ_C；（2）求 y_C、θ_A、θ_B。

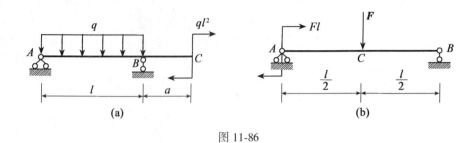

图 11-86

29. 试求如图 11-87 所示等截面悬臂梁的挠曲线方程，自由端的挠度和转角，设 EI_z = 常量。求解时应注意到梁在 CB 段内无载荷，故 CB 仍为直线。

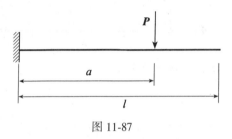

图 11-87

30. 用叠加法求解如图 11-88 所示各梁截面 A 的挠度和截面 B 的转角。设 EI_z = 常量。

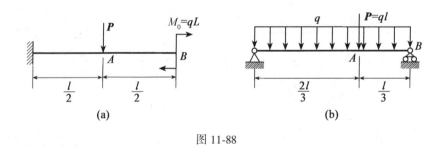

图 11-88

31. 用叠加法求解如图 11-89 所示外伸梁外伸端的挠度和转角，设 EI_z = 常量。

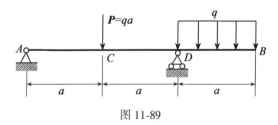

图 11-89

32. 如图 11-90 所示，桥式起重机的最大载荷为 $P = 20\text{kN}$。起重机大梁为 32a 工字钢，弹性模量 $E = 210\text{GPa}$，$l = 8.7\text{m}$。规定 $[w] = \dfrac{l}{500}$，试校核大梁刚度。

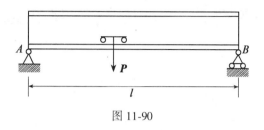

图 11-90

33. 试求如图 11-91 所示梁的约束力，并绘制出剪力图和弯矩图。设 $EI_z =$ 常量。

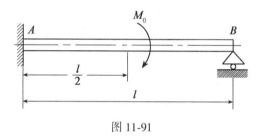

图 11-91

第 12 章　应力状态与强度理论

通过对前述几章的讨论，我们已经了解了杆件在基本变形时横截面上的应力情况。实际上一点的应力情况除与点的位置有关以外，还与通过该点所截取的截面方位有关。本章介绍：应力状态的概念，应力状态分析，复杂应力状态下的应力与应变的关系——广义胡克定律。在此基础上介绍强度理论的概念及常用的几种强度理论，为讨论组合变形打下一定的理论基础。

12.1　应力状态的概念

12.1.1　一点处的应力状态

一点处的应力状态是指过受力构件中一点各个面上的应力情况。在分析直杆轴向拉伸或压缩斜截面上的应力时，已经知道，通过构件内任意一点各个截面上的应力都随所取截面的方位而改变。直杆轴向拉伸或压缩时，尽管横截面上的正应力最大，铸铁拉伸时沿横截面破坏。但是，铸铁压缩时却沿大约 45° 的斜截面破坏。圆轴扭转时横截面上的切应力最大，软钢扭转时沿横截面破坏。但是，铸铁扭转时却沿 45° 的斜截面破坏。横力弯曲时，横截面上除离中性轴最远的两边缘和中性轴上的点以外，既有正应力，又有切应力。不能只考虑正应力或只考虑切应力来列强度条件。当需要判断这类点的强度时，常常需要全面研究通过构件内一点，所有截面上的应力情况。结合对构件失效原因的假设，据此来建立构件的强度条件，这就是研究应力状态的目的。

12.1.2　单元体的概念

利用材料力学的知识，可以求出构件在不同载荷作用下过一点某些面上的应力。例如，如图 12-1 所示，已知过坐标原点 O 的 3 个互相垂直坐标面上的应力 σ_1，σ_2，σ_3，求出过 O 点法线为 n 的任意方位截面上的应力。乍一看，这是一个非常困难的问题。因为过一点可以有无数多个截面，而这些不同面上的应力之间，好像没有任何关系。直接利用截面法和平衡原理，是没有办法找到过 O 点的任意斜截面上的未知应力与过 O 点 3 个互相垂直坐标面上的已知应力之间的关系的。利用单元体的概念，是一种非常巧妙的方法。以 O 点为顶点取出一个单元体(边长为"无限微小"的正六面体，见图 12-1)，用过该点 3 个互相垂直坐标面上的已知的应力 σ_1，σ_2，σ_3 来描述该点的应力状态。问题是如何求出过该点任意截面上的应力。有了单元体事情就好办了。如图 12-1(a)所示，可以想象用一个与欲求应力的斜截面平行的平面 ABC，将正六面体切开，去掉一半，留下一个四面体 $OABC$。因为 3 个坐标面上的应力已知，所以斜截面上的应力 σ_n，τ_n 就通过列平衡方程求出了。因为单元体 3 个方向的尺寸均为无穷小量，所以该斜截面上的应力实际上就是我们待求的过 O 点的斜截面上的应力了。列平衡方程时，单元体每个面上的应力都可以视为均匀分布的，亦即过该点这个面上的应力。

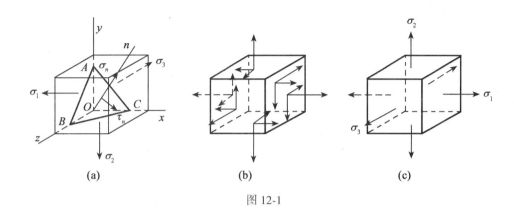

图 12-1

单元体每对面上有 3 个应力分量，共 9 个应力分量。这 9 个应力分量的总体，可以用 $\sigma_{ij}(i, j=1, 2, 3)$ 表示。因为有两个下标，所以是一个二阶张量，称为应力张量。矢量有一个下标，所以矢量是一个一阶张量。张量是矢量的推广。若已知过一点 3 个互相垂直面上的应力，则这一点的应力状态就确定了。即过该点任意斜截面上的应力就可以通过截面法和平衡原理求出了。所以，可以通过单元体来分析一点的应力状态。

12.1.3 应力状态的分类

在受力构件内的某点，所截取的单元体，一般来说，各个面上既有正应力，又有切应力，如图 12-1(b)所示。以下根据单元体各面上的应力情况，介绍应力状态的几个基本概念。

(1)主平面，如果单元体的某个面上只有正应力而无切应力，则该平面称为主平面。

(2)主应力，主平面上的正应力称为主应力。

(3)主单元体，若单元体的 3 个相互垂直的面皆为主平面，则这样的单元体称为主单元体。可以证明：过受力构件中一点，以不同方位截取的诸单元体中，必有一个单元体为主单元体。主单元体上的主应力按代数值的大小排列，分别用 σ_1，σ_2 和 σ_3 表示，即 $\sigma_1 \geqslant \sigma_2 \geqslant \sigma_3$，如图 12-1(c)所示。

(4)应力状态的类型若在一个点的 3 个主应力中，只有 1 个主应力不等于 0，则这样的应力状态称为单向应力状态。若 3 个主应力中有两个不等于 0，则称为二向应力状态或平面应力状态。若 3 个主应力皆不为 0，则称为三向应力状态或空间应力状态。单向应力状态也称为简单应力状态。二向和三向应力状态统称为复杂应力状态。关于单向应力状态，已于第 8 章轴向拉伸与压缩中进行过讨论，本章将重点讨论二向应力状态。下面来看一些应力状态的实例。

1. 直杆轴向拉伸

如图 12-2(a)所示，围绕杆内任一点 A 以纵横 6 个截面取出单元体，如图 12-2(b)所示，其平面图则表示在图 12-2(c)中，单元体的左右两侧面是杆件横截面的一部分，其面上的应力皆为 $\sigma = \dfrac{F}{A}$。单元体的上、下、前、后四个面都是平行于轴线的纵向面，面上皆无任何应力。根据主单元体的定义，知该单元体为主单元体，且 3 个垂直面上的主应力分别为

$$\sigma_1 = \frac{F}{A}, \qquad \sigma_2 = 0, \qquad \sigma_3 = 0$$

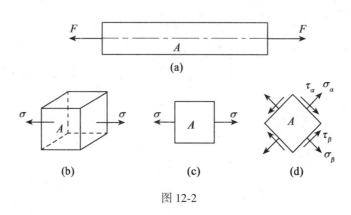

图 12-2

如图 12-2(d)所示，围绕 A 点也可以用与杆轴线成 $\pm 45°$ 的截面和纵向面截取单元体，前、后面为纵向面，面上无任何应力，而在单元体的外法线与杆轴线成 $\pm 45°$ 的斜面上既有正应力又有切应力。因此，这样截取的单元体不是主单元体。

由此可见，描述一点的应力状态按不同的方位截取的单元体，单元体各面上的应力也就不同，但它们均可以表示同一点的应力状态。

2. 圆轴的扭转

如图 12-3(a)所示，围绕圆轴上 A 点仍以纵横 6 个截面截取单元体，如图 12-3(b)所示。单元体的左、右两侧面为横截面的一部分，正应力为 0，而切应力为

$$\tau = \frac{T}{W_t} \tag{12-1}$$

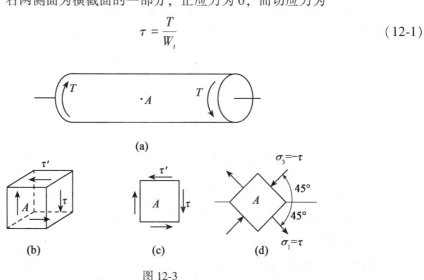

图 12-3

由切应力互等定理知，在单元体的上、下面上，有 $\tau' = \tau$。因为单元体的前面为圆轴的自由面，故单元体的前、后面上无任何应力。单元体面受力如图 12-3(c)所示。由此可见，圆轴受扭时，A 点的应力状态为纯剪切应力状态。进一步的分析表明(见本章例 12-3)若围绕着 A 点沿与轴线成 ±45°的截面截取一单元体，如图 12-3(d)所示，则其 ±45°斜截面上的切应力皆为 0。在外法线与轴线成 45°的截面上，有压应力，其值为 $-\tau$。在外法线与轴线成 $-45°$的截面上有拉应力，其值为 $+\tau$。考虑到前、后面两侧面无任何应力，故图 12-3(d)所示的单元体为主单元体。其主应力分别为

$$\sigma_1 = \tau, \qquad \sigma_2 = 0, \qquad \sigma_3 = -\tau$$

3. 圆筒形容器承受内压作用时任一点的应力状态

如图 12-4(a)所示，当圆筒形容器的壁厚 δ 远小于圆筒的直径 D 时$\left(例如, \delta \leqslant \dfrac{D}{20}\right)$，称为薄壁圆筒。若封闭的薄壁圆筒承受的内压力为 p，则沿圆筒轴线方向作用于筒底的总压力为

$$F = p\,\frac{\pi D^2}{4} \tag{12-2}$$

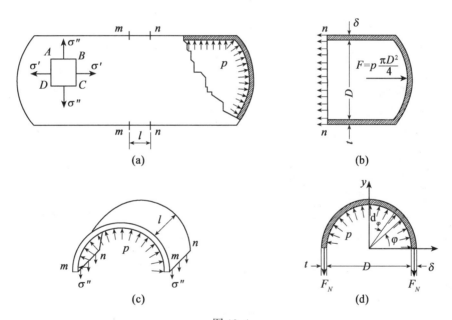

图 12-4

薄壁圆筒的横截面面积 $\qquad\qquad A = \pi D\delta \tag{12-3}$

$$\sigma' = \frac{F}{A} = \frac{p \cdot \dfrac{\pi D^2}{4}}{\pi D\delta} = \frac{pD}{4\delta} \tag{12-4}$$

如图 12-4(c)所示，用相距为 l 的两个横截面和通过直径的纵向平面，从圆筒中截取一部分，则

$$\sum F_y = 0 : \qquad \int_0^\pi pl \cdot \frac{D}{2}\sin\varphi\,\mathrm{d}\varphi = plD$$

$$\int_0^\pi pl \cdot \frac{D}{2}\sin\varphi^{\mathrm{d}}\varphi = plD , \qquad 2\sigma''\delta l - plD = 0 \qquad (12\text{-}5)$$

$$\sigma'' = \frac{pD}{2\delta}$$

$$\sigma'' = \frac{pD}{2\delta} \qquad\qquad (12\text{-}6)$$

从式(12-3)~式(12-6)可以看出，纵向截面上的应力 σ'' 是横截面上应力 σ' 的 2 倍。由于内压力是轴对称载荷，所以在纵向截面上没有切应力。又由切应力互等定理知，在横截面上也没有切应力。围绕薄壁圆筒任一点 A，沿纵截面、横截面截取的单元体为主平面。

由此可见，A 点的应力状态为二向应力状态，其 3 个主应力分别为

$$\sigma_1 = \frac{pD}{2\delta} , \quad \sigma_2 = \frac{pD}{4\delta} , \quad \sigma_3 = 0 。$$

4. 在车轮压力作用下，车轮与钢轨接触点处的应力状态

如图 12-5(a)所示，围绕着车轮与钢轨接触点，以垂直和平行于压力 F 的平面截取单元体，如图 12-5(b)所示。在车轮与钢轨的接触面上，有接触应力 σ_3。由于 σ_3 的作用，单元体将向四周膨胀，于是引起周围材料对单元体的约束压应力 σ_1 和 σ_2（相关理论计算表明，周围材料对单元体的约束应力的绝对值小于由 F 引起的应力绝对值 $|\sigma_3|$，因为是压应力，故用 σ_1 和 σ_2 表示）。所取单元体的 3 个相互垂直的面皆为主平面，且 3 个主应力皆不等于 0，因此，A 点的应力状态为三向应力状态。

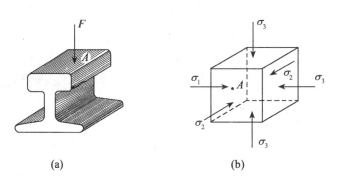

(a) (b)

图 12-5

[**例 12-1**] 圆截面直杆受力如图 12-6(a)所示，已知 $F = 39.3$N，$M_0 = 125.6$N·m，$D = 20$mm，杆长 $l = 1$m。试用单元体表示 A 点的应力状态。

解：按杆横截面和纵截面方向截取单元体，则

$$\sigma = \frac{M}{W_z} = \frac{32Fl}{\pi D^3} = \frac{32 \times 39.3 \times 1}{\pi \times 0.02^3} = 50.04(\mathrm{MPa})$$

$$\tau = \frac{T}{W_t} = \frac{16M_0}{\pi D^3} = \frac{16 \times 125.6}{\pi \times 0.02^3} = 79.96(\mathrm{MPa})$$

单元体可以绘制成平面单元体，如图 12-6(b)所示。

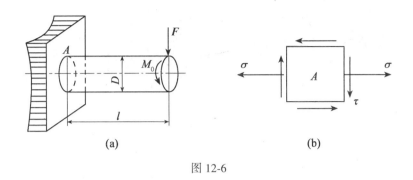

(a)　　　　　　　　　　　　　(b)

图 12-6

12.2　二向应力状态下的应力分析

二向应力状态分析，就是在二向应力状态下，已知过一点的互相垂直截面上的应力 σ_x，σ_y，τ_{xy}，确定通过这一点的其他截面上的应力，从而进一步确定过该点的主平面、主应力和最大切应力。

12.2.1　斜截面上的应力——二向应力状态分析的解析法

已知一点横截面上的应力值 σ_x，σ_y，τ_{xy}，求通过这一点的其他截面上的应力值。从构件内某点截取的单元体如图 12-7 所示。单元体前、后两个面上无任何应力，故前、后两个面为主平面，且这个面上的主应力为 0，所以，这种状况是二向应力状态。在图 12-7(a)所示的单元体的各面上，设应力分量 σ_x，σ_y，τ_{xy} 和 τ_{yx} 皆为已知。图 12-7(b)为单元体的正投影图。σ_x（或 σ_y）表示的是法线与 x 轴（或 y 轴）平行的面上的正应力。切应力 τ_{xy}（或 τ_{yx}）的两个下角标的含义分别为：第一个角标 x（或 y）表示切应力作用平面的法线方向；第二个角标 y（或 x）则表示切应力的方向平行于 y 轴（或 x 轴）。关于应力的符号规定为：正应力以拉应力为正，而压应力为负；切应力以对单元体内任意点的矩为顺时针时，规定为正，反之为负。按照上述符号规定，在图 12-7(a)中 σ_x，σ_y 和 τ_{xy} 皆为正，而 τ_{yx} 为负。

现研究单元体任意斜截面 ef 上的应力，如图 12-7(b)所示，该截面外法线 n 与 x 轴正向之间的夹角为 α。且规定：由 x 轴正向转到外法线 n 为逆时针时，则 α 为正。以斜截面 ef 把单元体假想截开，考虑任一部分的平衡，例如 aef 部分［见图 12-7(c)］。斜截面 ef 上有正应力 σ_α 和切应力 τ_α。设 ef 面的面积为 dA［见图 12-7(d)］，则 af 面和 ae 面的面积应分别是 $dA\sin\alpha$ 和 $dA\cos\alpha$。作用于 ef 部分上的力及作用于 af 和 ae 部分上的力，应使分离体 aef 保持平衡。根据平衡方程

$$\sum F_n = 0，\qquad \sum F_\tau = 0$$

则

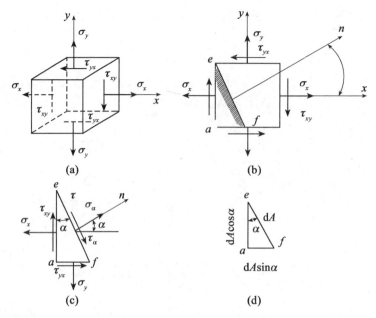

图 12-7

$\sum F_n = 0$，$\sigma_\alpha \mathrm{d}A + (\tau_{xy}\mathrm{d}A\cos\alpha)\sin\alpha - (\sigma_x\mathrm{d}A\cos\alpha)\cos\alpha + (\tau_{yx}\mathrm{d}A\sin\alpha)\cos\alpha - (\sigma_y\mathrm{d}A\sin\alpha)\sin\alpha = 0$

$\sum F_\tau = 0$，$\tau_\alpha \mathrm{d}A - (\tau_{xy}\mathrm{d}A\cos\alpha)\cos\alpha - (\sigma_x\mathrm{d}A\cos\alpha)\sin\alpha + (\tau_{yx}\mathrm{d}A\sin\alpha)\sin\alpha + (\sigma_y\mathrm{d}A\sin\alpha)\cos\alpha = 0$

　　依切应力互等定理 τ_{xy} 与 τ_{yx} 在数值上相等。因为 τ_{yx} 已经画成负的方向了，上式中以 τ_{xy} 代替 τ_{yx}，联立求解得

$$\sigma_\alpha = \frac{\sigma_x + \sigma_y}{2} + \frac{\sigma_x - \sigma_y}{2}\cos2\alpha - \tau_{xy}\sin2\alpha \qquad (12\text{-}7)$$

$$\tau_\alpha = \frac{\sigma_x - \sigma_y}{2}\sin2\alpha + \tau_{xy}\cos2\alpha \qquad (12\text{-}8)$$

　　这样，在二向应力状态下，只要知道一对互相垂直面上的应力 σ_x，σ_y 和 τ_{xy}，就可以依式（12-7）、式（12-8）求出 α 为任意值时的斜截面上的应力 σ_α 和 τ_α 了；不难看出 $\sigma_\alpha + \sigma_{\alpha+90°} = \sigma_x + \sigma_y$　　即两相互垂直面上的正应力之和保持一个常数。

12.2.2　应力圆（莫尔圆）——二向应力状态分析的图解法

1. 莫尔圆

将斜截面应力计算公式式（12-7）、式（12-8）改写为

$$\sigma_\alpha - \frac{\sigma_x + \sigma_y}{2} = \frac{\sigma_x - \sigma_y}{2}\cos2\alpha - \tau_{xy}\sin2\alpha$$

$$\tau_\alpha = \frac{\sigma_x - \sigma_y}{2}\sin2\alpha + \tau_{xy}\cos2\alpha$$

把上述两式等号两边平方，然后相加便可消去 α，得

$$\left(\sigma_\alpha - \frac{\sigma_x + \sigma_y}{2}\right)^2 + \tau_\alpha^2 = \left(\frac{\sigma_x - \sigma_y}{2}\right)^2 + \tau_{xy}^2 \qquad (12\text{-}9)$$

因为 σ_x，σ_y 和 τ_{xy} 皆为已知量，所以上式是一个以 σ_α 和 τ_α 为变量的圆周方程。当斜截面随方位角 α 变化时，其上的应力 σ_α，τ_α 在 σ-τ 直角坐标系内的轨迹是一个圆。该圆习惯上称为应力圆或称为莫尔圆。其中：

圆心的坐标

$$C\left(\frac{\sigma_x + \sigma_y}{2},\ 0\right)$$

圆的半径

$$R = \sqrt{\left(\frac{\sigma_x - \sigma_y}{2}\right)^2 + \tau_{xy}^2}$$

2. 应力圆作法

一点应力状态如图 12-8(a)所示，建立 σ-τ 坐标系，选定比例尺，量取 $OA = \sigma_x$，$AD = \tau_{xy}$，得 D 点，量取 $OB = \sigma_y$，$BD' = \tau_{yx}$，得 D' 点，连接 DD' 两点的直线与 σ 轴相交于 C 点，以 C 为圆心，CD 为半径作圆，该圆就是相应于该单元体的应力圆，如图 12-8(b)所示。

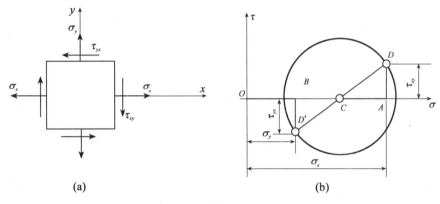

图 12-8

3. 应力圆的应用——求单元体上任一截面上的应力

从应力圆的半径 CD 按方位角 α 的转向转动 2α 得到半径 CE。圆周上 E 点的坐标就依次为斜截面上的正应力 σ_α 和切应力 τ_α。如图 12-9 所示。

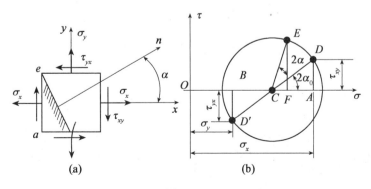

图 12-9

点面之间的对应关系：单元体某一面上的应力，必对应于应力圆上某一点的坐标。

夹角关系：圆周上任意两点所引半径的夹角等于单元体上对应两截面夹角的两倍。两者的转向一致。

12.2.3　解析法求主应力、主平面与切应力的极值

首先求式(12-7)中正应力 σ_α 的极值，为此，可以将式(12-7)对 α 取导数，得

$$\frac{\mathrm{d}\sigma_\alpha}{\mathrm{d}\alpha} = -2\left[\frac{\sigma_x - \sigma_y}{2}\sin2\alpha + \tau_{xy}\cos2\alpha\right] = -2\tau_\alpha = 0$$

$$\tan2\alpha_0 = -\frac{2\tau_{xy}}{\sigma_x - \sigma_y} \longrightarrow \begin{cases} \alpha_0 \\ \alpha_0 + 90° \end{cases} \tag{12-10}$$

由式(12-10)可见，α_0 和 $\alpha_0 + 90°$ 确定两个互相垂直的平面，一个是最大正应力所在的平面，另一个是最小正应力所在的平面，正应力 σ_α 的极值 σ_{max} 和 σ_{min}，发生在 $\tau_\alpha = 0$ 的平面(主平面)，故 σ_{max} 和 σ_{min} 也就是主应力。将 α_0 和 $\alpha_0 + 90°$ 代入公式

$$\sigma_\alpha = \frac{\sigma_x + \sigma_y}{2} + \frac{\sigma_x - \sigma_y}{2}\cos2\alpha - \tau_{xy}\sin2\alpha$$

得

$$\begin{cases} \sigma_{max} \\ \sigma_{min} \end{cases} = \frac{\sigma_x + \sigma_y}{2} \pm \sqrt{\left(\frac{\sigma_x - \sigma_y}{2}\right)^2 + \tau_{xy}^2} \tag{12-11}$$

下面还必须进一步判断 α_0 是 σ_x 与哪一个主应力之间的夹角。若约定 $|\alpha_0| < 45°$，即 α_0 取值在 $\pm45°$ 范围内，则确定主应力方向的具体规则如下：

(1)当 $\sigma_x > \sigma_y$ 时，α_0 是 σ_x 与 σ_{max} 之间的夹角；

(2)当 $\sigma_x < \sigma_y$ 时，α_0 是 σ_x 与 σ_{min} 之间的夹角；

(3)当 $\sigma_x = \sigma_y$ 时，$\alpha_0 = 45°$，主应力的方向可以由单元体上切应力情况直观判断出来，其次求式(12-8)切应力 τ_α 的极值

$$\frac{\mathrm{d}\tau_\alpha}{\mathrm{d}\alpha} = 2\left(\frac{\sigma_x - \sigma_y}{2}\cos2\alpha - \tau_{xy}\sin2\alpha\right) = 0$$

$$\tan2\alpha_1 = \frac{\sigma_x - \sigma_y}{2\tau_{xy}} \longrightarrow \begin{cases} \alpha_1 \\ \alpha_1 + 90° \end{cases} \tag{12-12}$$

α_1 和 $\alpha_1 + 90°$ 确定两个互相垂直的平面，一个是最大切应力所在的平面，另一个是最小切应力所在的平面。将 α_1 和 $\alpha_1 + 90°$ 代入公式

$$\tau_\alpha = \frac{\sigma_x - \sigma_y}{2}\sin2\alpha + \tau_{xy}\cos2\alpha$$

得

$$\begin{cases} \tau_{max} \\ \tau_{min} \end{cases} = \pm\sqrt{\left(\frac{\sigma_x - \sigma_y}{2}\right)^2 + \tau_{xy}^2} \tag{12-13}$$

比较 $\tan2\alpha_0 = -\dfrac{2\tau_{xy}}{\sigma_x - \sigma_y}$ 和 $\tan2\alpha_1 = \dfrac{\sigma_x - \sigma_y}{2\tau_{xy}}$，可见 $\tan2\alpha_0 = -\dfrac{1}{\tan2\alpha_1}$，$2\alpha_1 = 2\alpha_0 + \dfrac{\pi}{2}$，$\alpha_1 = \alpha_0 + \dfrac{\pi}{4}$。

[例**12-2**] 试求如图 12-10 所示单元体中 $a\text{-}b$ 面上的应力(单位 MPa)。

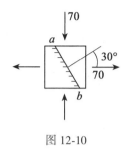

图 12-10

解:
$$\sigma_x = 70, \qquad \sigma_y = -70, \qquad \tau_{xy} = 0, \qquad \alpha = 30°$$

$$\sigma_\alpha = \frac{\sigma_x + \sigma_y}{2} + \frac{\sigma_x - \sigma_y}{2}\cos(2 \times 30°) = 70 \times \frac{1}{2} = 35(\text{MPa})$$

$$\tau_\alpha = \frac{\sigma_x - \sigma_y}{2}\sin(2 \times 30°) = 70 \times \frac{\sqrt{3}}{2} = 60.62(\text{MPa})$$

[例**12-3**] 如图 12-11(a) 所示单元体,$\sigma_x = -40\text{MPa}$,$\sigma_y = 60\text{MPa}$,$\tau_{xy} = -50\text{MPa}$,试求 ef 截面上的应力情况及主应力和主单元体的方位。

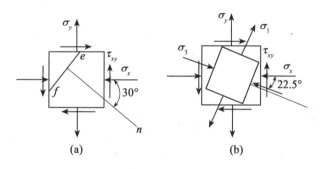

(a)   (b)

图 12-11

解: (1) 求 ef 截面上的应力,已知 $\sigma_x = -40\text{MPa}$,$\sigma_y = 60\text{MPa}$,$\tau_{xy} = -50\text{MPa}$,$\alpha = 30°$

$$\sigma_{-30°} = \frac{\sigma_x + \sigma_y}{2} + \frac{\sigma_x - \sigma_y}{2}\cos 2\alpha - \tau_{xy}\sin 2\alpha$$

$$= \frac{-40 + 60}{2} + \frac{-40 - 60}{2}\cos(-60°) - (-50)\sin(-60°)$$

$$= -58.3(\text{MPa})$$

$$\tau_{-30°} = \frac{\sigma_x - \sigma_y}{2}\sin 2\alpha + \tau_{xy}\cos 2\alpha$$

$$= \frac{-40 - 60}{2}\sin(-60°) + (-50)\cos(-60°)$$

$$= 18.3(\text{MPa})$$

（2）求主应力和主单元体的方位

$$\tan 2\alpha_0 = -\frac{2\tau_{xy}}{\sigma_x - \sigma_y} = -\frac{2 \times (-50)}{-40 - 60} = -1$$

$$2\alpha_0 = \begin{cases} -45° \\ 135° \end{cases}, \qquad \alpha_0 = \begin{cases} -22.5° \\ 67.5° \end{cases}$$

因为 $\sigma_x < \sigma_y$，所以 $\alpha_0 = -22.5°$ 与 $\sigma_{\min}$ 对应

$$\left.\begin{array}{r}\sigma_{\max}\\\sigma_{\min}\end{array}\right\} = \frac{\sigma_x + \sigma_y}{2} \pm \sqrt{\left(\frac{\sigma_x - \sigma_y}{2}\right)^2 + \tau_x^2} = \begin{cases} 80.7\text{MPa} \\ -60.7\text{MPa} \end{cases}$$

$$\sigma_1 = 80.7\text{MPa}, \qquad \sigma_2 = 0, \qquad \sigma_3 = -60.7\text{MPa}$$

主应力及主平面位置如图 12-11（b）所示。

[**例 12-4**]　简支梁如图 12-12（a）、（b）所示。已知 *m-m* 截面上 *A* 点的弯曲正应力和切应力分别为 $\sigma = -70\text{MPa}$，$\tau = 50\text{MPa}$，试确定 *A* 点的主应力及主平面的方位。

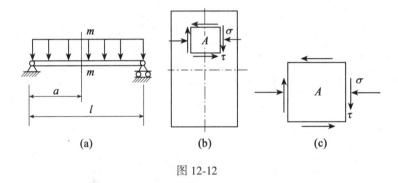

图 12-12

解：把从 *A* 点处截取的单元体放大如图 12-12（c）所示，则

$$\sigma_x = -70, \qquad \sigma_y = 0, \qquad \tau_{xy} = 50$$

$$\tan 2\alpha_0 = -\frac{2\tau_{xy}}{\sigma_x - \sigma_y} = -\frac{2 \times 50}{(-70) - 0} = 1.429, \qquad \alpha_0 = \begin{cases} 27.5° \\ -62.5° \end{cases}$$

因为 $\sigma_x < \sigma_y$，所以 $\alpha_0 = 27.5°$ 与 $\sigma_{\min}$ 对应，则

$$\left.\begin{array}{r}\sigma_{\max}\\\sigma_{\min}\end{array}\right\} = \frac{\sigma_x + \sigma_y}{2} \pm \sqrt{\left(\frac{\sigma_x - \sigma_y}{2}\right)^2 + \tau_{xy}^2} = \begin{cases} 26\text{MPa} \\ -96\text{MPa} \end{cases}$$

$$\sigma_1 = 26\text{MPa}, \qquad \sigma_2 = 0, \qquad \sigma_3 = -96\text{MPa}$$

主应力及主平面位置如图 12-13 所示。

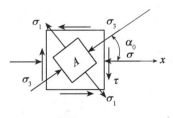

图 12-13

[**例 12-5**] 圆轴受扭如图 12-14(a)所示，试分析轴表面任一点的应力状态，并讨论试件受扭时的破坏现象。

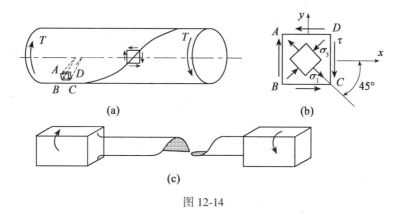

图 12-14

解：表面任一点的应力状态如图 12-14(b)所示，为纯剪切应力状态

(1)确定主平面方位：

$$\sigma_x = 0 , \qquad \sigma_y = 0 , \qquad \tau_{xy} = - \tau_{yx} = \frac{T}{W_t}$$

$$\tan 2\alpha_0 = - \frac{2\tau_{xy}}{\sigma_x - \sigma_y} = - \infty$$

$$2\alpha_0 = \begin{cases} 90° \\ -90° , \end{cases} \qquad \alpha_0 = \begin{cases} 45° \\ -45° \end{cases}$$

因为 $\sigma_x = \sigma_y$, $\tau_{xy} > 0$ 所以 $\alpha_0 = -45°$ 与 σ_{max} 对应。

(2)求主应力：

$$\begin{cases} \sigma_{max} = \dfrac{\sigma_x + \sigma_y}{2} \pm \sqrt{\left(\dfrac{\sigma_x - \sigma_y}{2}\right)^2 + \tau_{xy}^2} = \pm \tau \\ \sigma_{min} \end{cases}$$

$$\sigma_1 = \tau , \qquad \sigma_2 = 0 , \qquad \sigma_3 = - \tau$$

主应力及主平面位置如图 12-14(b)所示。

根据上述讨论，即可说明材料在扭转实验中出现的现象。低碳钢试件扭转时的屈服现象是材料沿横截面产生滑移的结果，最后沿横截面断开，这说明低碳钢扭转破坏是横截面上最大切应力作用的结果。即对于低碳钢这种塑性材料来说，其抗剪能力小于抗拉能力和抗压能力。铸铁试件扭转时，大约沿与轴线成 45°螺旋线断裂，如图 12-14(c)所示，说明是最大拉应力作用的结果，即对于铸铁这种脆性材料，其抗拉能力小于抗剪能力和抗压能力。

12.3 三向应力状态简介

12.3.1 三向应力圆

三向应力状态如图 12-15 所示。在已知主应力 σ_1，σ_2，σ_3 的条件下，现在讨论单元体的最大正应力和最大切应力。

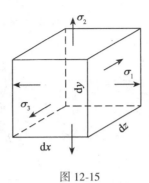

图 12-15

如图 12-16(a)所示。设斜截面与 σ_1 平行，考虑截出部分三棱柱体的平衡，显然，沿 σ_1 方向自然满足平衡条件，故平行于 σ_1 诸斜面上的应力不受 σ_1 的影响，只与 σ_2，σ_3 有关。由 σ_2，σ_3 确定的应力圆周上的任意一点的纵坐标、横坐标表示平行于 σ_1 的某个斜面上的正应力和切应力。同理，由 σ_1，σ_3 确定的应力圆表示平行于 σ_2 诸平面上的应力情况。由 σ_1，σ_2 确定的应力圆表示平行于 σ_3 诸平面上的应力情况。这样做出的 3 个应力圆，称做三向应力圆，如图 12-16(d)所示。

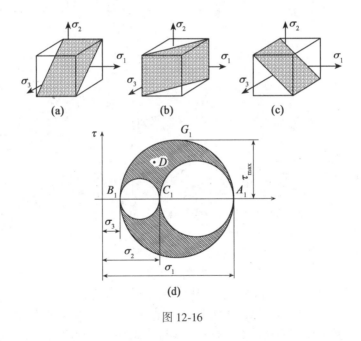

图 12-16

可以证明，对于三向应力状态任意斜平面上的正应力和切应力，必然对应如图 12-16(d)所示三向应力圆之间阴影线部分。其中某一点 D 点，该点的纵坐标、横坐标即为该斜面上的正应力和切应力的大小。

12.3.2　最大正应力、最小正应力和最大切应力

从图 12-16(d)可以看出，阴影线部分，横坐标的极大值为 A_1 点，而极小值为 B_1 点，因此，单元体正应力的极值为

$$\sigma_{max} = \sigma_1 , \qquad (12\text{-}14)$$
$$\sigma_{min} = \sigma_3 \qquad (12\text{-}15)$$

图 12-16(d)中阴影线部分，G_1 点为纵坐标的极值，所以最大切应力为由 σ_1，σ_3 所确定的应力圆半径，即

$$\tau_{max} = \frac{\sigma_1 - \sigma_3}{2} \qquad (12\text{-}16)$$

由于 G_1 点在由 σ_1 和 σ_3 所确定的圆周上，该圆周上各点的纵坐标、横坐标就是与 σ_2 轴平行的一组斜截面上的应力，所以单元体的最大切应力所在的平面与 σ_2 轴平行，且外法线与 σ_1 轴及 σ_3 轴之间的夹角为 45°。

二向应力状态是三向应力状态的特殊情况，当 $\sigma_1 > \sigma_2 > 0$，且 $\sigma_3 = 0$ 时，按照式 (12-16) 得单元体的最大切应力为 $\tau_{max} = \frac{\sigma_1 - \sigma_3}{2} = \frac{\sigma_1}{2}$；但是若按二向应力状态的最大切应力公式(12-13)，则有 $\tau_{max} = \frac{\sigma_1 - \sigma_2}{2}$。这一结果显然小于 $\frac{\sigma_1}{2}$，这是由于在二向应力状态分析中，斜截面的外法线仅限于在 σ_1、σ_2 所在的平面内，在这类平面中，切应力的最大值是 $\frac{\sigma_1 - \sigma_2}{2}$，但若截面外法线方向是任意的，则单元体最大切应力所在的平面外法线总是与 σ_2 垂直，与 σ_1 及 σ_3 之间的夹角为 45°，其值总是 $\frac{\sigma_1 - \sigma_3}{2}$。

12.4 广义胡克定律·

一般情况下，描述一点处的应力状态需要 9 个应力分量，如图 12-17 所示。根据切应力互等定理，τ_{xy} 和 τ_{yx}，τ_{yz} 和 τ_{zy}，τ_{xz} 和 τ_{zx} 分别在数值上相等。所以九个应力分量中，只有 6 个是独立的。对于这样一般情况，可以看成是三组单向应力状态和三组纯剪切状态的组合。可以证明，对于各向同性材料，在小变形及线弹性范围内，线应变只与正应力有关，而与切应力无关；切应变只与切应力有关，而与正应力无关，满足应用叠加原理的条件。所以，利用单向应力状态和纯剪切应力状态的胡克定律，分别求出各应力分量相对应的应变，然后再进行叠加。

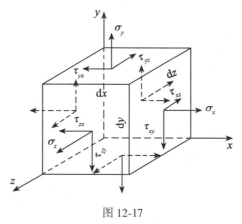

图 12-17

$$\begin{cases} \varepsilon_x = \dfrac{1}{E}\big[\,\sigma_x - \mu(\sigma_y + \sigma_z)\,\big] \\[2mm] \varepsilon_y = \dfrac{1}{E}\big[\,\sigma_y - \mu(\sigma_z + \sigma_x)\,\big] \\[2mm] \varepsilon_z = \dfrac{1}{E}\big[\,\sigma_z - \mu(\sigma_y + \sigma_x)\,\big] \end{cases} \qquad (12\text{-}17)$$

$$\begin{cases} \gamma_{xy} = \dfrac{\tau_{xy}}{G} \\[2mm] \gamma_{yz} = \dfrac{\tau_{yz}}{G} \\[2mm] \gamma_{zx} = \dfrac{\tau_{zx}}{G} \end{cases} \qquad (12\text{-}18)$$

式中：ε_x，ε_y，ε_z ——沿 x、y、z 轴的线应变；

γ_{xy}，γ_{yz}，γ_{zx} ——在 xy、yz、zx 面上的角应变。

式(12-17)、式(12-18)称为广义胡克定律。

如图 12-18 所示，对于平面应力状态(假设 $\sigma_z = 0$，$\tau_{xz} = 0$，$\tau_{yz} = 0$)

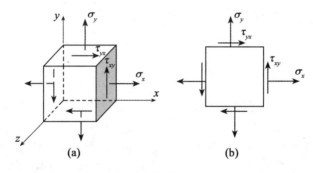

图 12-18

$$\varepsilon_x = \frac{1}{E}(\sigma_x - \mu\sigma_y)$$

$$\varepsilon_y = \frac{1}{E}(\sigma_y - \mu\sigma_x)$$

$$\varepsilon_z = \frac{-\mu}{E}(\sigma_y + \sigma_x)$$

$$\gamma_{xy} = \frac{\tau_{xy}}{G}$$

当单元体为主单元体时，且使 x、y 和 z 的方向分别与 σ_1、σ_2 和 σ_3 的方向一致。这时广义胡克定律化为

$$\begin{cases} \varepsilon_1 = \dfrac{1}{E}\big[\,\sigma_1 - \mu(\sigma_2 + \sigma_3)\,\big] \\[2mm] \varepsilon_2 = \dfrac{1}{E}\big[\,\sigma_2 - \mu(\sigma_3 + \sigma_1)\,\big] \\[2mm] \varepsilon_3 = \dfrac{1}{E}\big[\,\sigma_3 - \mu(\sigma_1 + \sigma_2)\,\big] \end{cases} \qquad (12\text{-}19)$$

二向应力状态下(设 $\sigma_3 = 0$)

$$\begin{cases} \varepsilon_1 = \dfrac{1}{E}(\sigma_1 - \mu\sigma_2) \\[2mm] \varepsilon_2 = \dfrac{1}{E}(\sigma_2 - \mu\sigma_1) \\[2mm] \varepsilon_3 = \dfrac{-\mu}{E}(\sigma_2 + \sigma_1) \end{cases} \qquad (12\text{-}20)$$

[**例 12-6**] 如图 12-19 所示，矩形外伸梁受力 F_1，F_2 作用，弹性模量 $E = 200\text{GPa}$，泊松比 $\mu = 0.3$，$F_1 = 100\text{kN}$，$F_2 = 100\text{kN}$。试求 A 点处的主应变 ε_1，ε_2，ε_3。

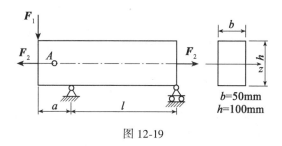

图 12-19

解： 梁为拉伸与弯曲的组合变形。A 点有拉伸引起的正应力和弯曲引起的切应力。

$$\sigma_A = \frac{F_2}{A} = 20\text{MPa} \quad (\text{拉伸})$$

$$\tau_A = \frac{3F_S}{2A} = 30\text{MPa} \quad (\text{负})$$

A 点应力状态如图 12-20 所示

图 12-20

$$\left.\begin{matrix} \sigma_{\max} \\ \sigma_{\min} \end{matrix}\right\} = \frac{\sigma_x + \sigma_y}{2} \pm \sqrt{\left(\frac{\sigma_x - \sigma_y}{2}\right)^2 + \tau_x^2} = \begin{cases} 41.4\text{MPa} \\ -21.4\text{MPa} \end{cases}$$

$$\sigma_1 = 41.4\text{MPa}, \qquad \sigma_2 = 0\text{MPa}, \qquad \sigma_3 = -21.4\text{MPa}$$

$$\varepsilon_1 = \frac{1}{E}(\sigma_1 - \mu\sigma_3) = 2.4 \times 10^{-4}, \qquad \varepsilon_2 = -\frac{\mu}{E}(\sigma_1 + \sigma_3) = -3 \times 10^{-5},$$

$$\varepsilon_3 = \frac{1}{E}(\sigma_3 - \mu\sigma_1) = -1.7 \times 10^{-4}$$

[例 12-7]　如图 12-21 所示，一边长为 10mm 的立方钢块，无间隙地放在刚体槽内，钢材的弹性模量 $E = 200\text{GPa}$，泊松比 $\mu = 0.3$，设 $F = 6\text{kN}$，试计算钢块各侧面上的应力和钢块沿槽沟方向的应变(不计摩擦)。

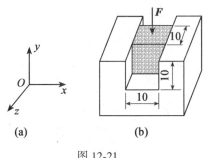

图 12-21

解：假定 F 为均布压力的合力，由已知条件

$$\sigma_y = -\frac{F}{A} = -\frac{6000}{10 \times 10} = -60(\text{MPa})$$

$$\sigma_z = 0, \qquad \varepsilon_x = 0$$

由广义胡克定律

$$\varepsilon_x = \frac{1}{E}\left[\sigma_x - \mu(\sigma_y + \sigma_z)\right] = 0 \quad \Rightarrow \quad \sigma_x = \mu(\sigma_y + \sigma_z) = -0.3 \times 60 = -18(\text{MPa})$$

$$\varepsilon_z = \frac{1}{E}\left[\sigma_z - \mu(\sigma_x + \sigma_y)\right] = \frac{0.3 \times (60 + 18) \times 10^6}{200 \times 10^9} = 117 \times 10^{-6}$$

12.5　强度理论简介

强度理论是材料在复杂应力状态下关于强度失效原因的理论。人们在长期的生产实践中，综合分析材料强度的失效现象，提出了各种不同的假说。各种假说尽管各有差异，但都认为：材料之所以按某种方式失效(屈服或断裂)，是由于应力、应变或应变能密度等诸因素中的某一因素引起的。按照这种假说，无论单向应力状态或复杂应力状态，造成失效的原因是相同的，即引起失效的因素是相同的且数值是相等的。通常也就把这类假说称为强度假说。强度假说的正确与否，在什么情况下适用，必须通过实践来检验。

由于轴向拉、压的实验最容易实现，且又能获得失效时的应力、应变和应变能密度等数值，所以，利用强度理论便可由简单应力状态的实验结果，来建立复杂应力状态的强度。

强度理论必须解释：其一，什么因素促使材料强度失效？其二，强度条件是什么？

推测强度失效的原因之假说，被实验证实后就成为理论。目前还没有一种关于论述材料强度的万能理论。强度理论依其所解释的材料失效是断裂还是屈服，分为两大类。关于断裂的理论有第一强度理论、第二强度理论。关于屈服的有第三强度理论、第四强度理论。

本节介绍的四种强度理论是在常温、静载荷下，适用于均匀、连续、各向同性材料的强度理论。强度失效的形式主要有两种，即屈服与断裂。故强度理论也应分成两类：一类是解释材料断裂失效的，其中有最大拉应力理论和最大伸长线应变理论。另一类是解释材料屈服失效的，其中有材料最大切应力理论和材料形状改变应变能密度理论。莫尔理论建立在广泛的实验基础之上，同时可以用于解释材料断裂失效和屈服失效。

12.5.1 最大拉应力理论

最大拉应力理论也称为第一强度理论。是最早的强度理论，意大利学者 G. Galilo（1564—1642）曾做过简单的材料强度实验。通常认为该理论主要归功于著名的英国教育家 W. J. M. Rankine（1820—1872），该理论有时称为 Rankine's 定理。

定理 12.1 无论材料处在什么应力状态，引起材料发生脆性断裂的原因是最大拉应力（$\sigma_{max} = \sigma_1 > 0$）达到了某个极限值（$\sigma^0$）。

根据这一理论，可以利用单向拉伸实验结果建立复杂应力状态下的强度计算准则。如果在单向拉伸的情况下，材料横截面上的拉应力达到 σ^0 时（单向拉伸时，材料横截面上的拉应力即为单向应力状态中的最大拉应力），材料发生断裂，那么，根据上述理论即可预测：在复杂应力状态下，当单元体内的最大拉应力（$\sigma_{max} = \sigma_1$）增大到同样的极限值 σ^0 时，也会发生脆性断裂。即断裂准则为 $\sigma_1 = \sigma^0$ 脆性材料轴向拉伸断裂时，$\sigma^0 = \sigma_b$，同时考虑到一定的安全储备，根据这一强度理论建立的强度条件为

$$\sigma_1 \leqslant \frac{\sigma^0}{n} = \frac{\sigma_b}{n} = [\sigma] \tag{12-21}$$

式中，σ_1——第一主应力，且必须是拉应力。

利用第一强度理论可以很好地解释铸铁等脆性材料在轴向拉伸和扭转时的破坏情况。铸铁在单向拉伸下，沿最大拉应力所在的横截面发生断裂，在扭转时，沿最大拉应力所在的斜截面发生断裂。这些都与最大拉应力理论相一致。但是，这一理论没有考虑其他两个主应力的影响，且对于没有拉应力的应力状态（如单向压缩、三向压缩等）也无法解释。

12.5.2 最大拉应变理论

最大拉应变理论也称为第二强度理论。最早由著名物理学家 Mariotto（1682）提出。该理论常认为由法国著名弹性理论专家圣维南（B. de Saint Venant，1797—1886）所创立。称为圣维南（St. Venant's）定理。圣维南定理是针对材料屈服失效提出的，后人用于材料断裂。并修正为材料最大拉应变理论。

定理 12.2 无论材料处在什么应力状态，引起材料发生脆性断裂的原因是由于最大拉应变（$\varepsilon_{max} = \varepsilon_1 > 0$）达到了某个极限值（$\varepsilon^0$）。

根据这一理论，便可以利用单向拉伸时的实验结果来建立复杂应力状态下的强度计算准则。在单向拉伸时，最大拉应变的方向为轴线方向。材料发生脆性断裂时，失效应力为

σ_b，则在材料断裂时轴线方向的线应变(最大拉应变)为 $\varepsilon^0 = \dfrac{\sigma_b}{E}$。那么，根据这一强度理论可以预测：在复杂应力状态下，当单元体的最大拉应变($\varepsilon_{\max} = \varepsilon_1$)也增大到 ε^0 时，材料就发生脆性断裂。于是，这一理论的断裂准则为

$$\varepsilon_1 = \varepsilon^0 = \frac{\sigma_b}{E} \tag{12-22}$$

对于复杂应力状态，可由广义胡克定律公式求得

$$\varepsilon_1 = \frac{1}{E}\left[\sigma_1 - \mu(\sigma_2 + \sigma_3)\right] \tag{12-23}$$

于是，这一理论的强度条件为

$$\sigma_1 - \mu(\sigma_2 + \sigma_3) \leqslant [\sigma] \tag{12-24}$$

相关实验证明：作为材料屈服失效理论是错误的。曾经长期使用是由于 St. Venant 的名气。作为材料断裂失效理论：这一强度理论与石料、混凝土等脆性材料的轴向压缩实验结果相符合。这些材料在轴向压缩时，若在试验机与试块的接触面上添加润滑剂，以减小摩擦力的影响，试块将沿垂直于压力的方向裂开。裂开的方向就是 ε_1 的方向。铸铁在拉、压二向应力，且压应力较大的情况下，试验结果也与这一理论接近。但是，对于二向受压状态(试块压力垂直的方向上再加压力)，这时的 ε_1 与单向受力时不同，强度也应不同。但对混凝土、石料的实验结果却表明，两种受力情况的强度并无明显的差别。与此相似，按照这一理论，铸铁在二向拉伸时应比单向拉伸安全，但这一结论与实验结果并不完全符合。

12.5.3　最大切应力理论

最大切应力理论也称为第三强度理论。最初由 C. A. Coulumb 于 1773 年提出。1868 年 H. Tresca 在法国科学院发表了他的论文："金属在高压下的流动"。现在该理论常用他的名字，称为 Tresca 屈服条件。

定理 12.3　无论材料处在什么应力状态，材料发生屈服的原因是由于最大的切应力($\tau_{\max}$)达到了某个极限值(τ^0)。

根据这一理论，在单向应力状态下引起材料屈服的原因是 45°斜截面上的最大切应力($\tau_{\max} = \sigma/2$)达到了极限数值 $\tau_{\max} = \dfrac{\sigma_s}{2} = \tau^0$。因此，当复杂应力状态下的最大切应力达到该极限值时，也发生屈服，即

$$\tau_{\max} = \tau^0 = \frac{\sigma_s}{2} \tag{12-25}$$

材料在复杂应力状态下一点处的最大切应力为

$$\tau_{\max} = \frac{1}{2}(\sigma_1 - \sigma_3) \tag{12-26}$$

$$\sigma_1 - \sigma_3 = \sigma_s \tag{12-27}$$

材料强度条件

$$\sigma_1 - \sigma_3 \leqslant [\sigma] \tag{12-28}$$

最大切应力理论较为满意地解释了塑性材料的屈服现象，与塑性材料二向应力实验较符合，且偏于安全。低碳钢拉伸时在与轴线成45°的斜截面上切应力最大，也正是沿这些平面的方向出现滑移线，表明这是材料内部沿这一方向滑移的痕迹。这一理论既解释了材料出现塑性变形的现象，且又具有形式简单，概念明确，在机械工程中得到了广泛的应用。但是，这一理论忽略了中间主应力 σ_2 的影响，且计算结果与实验相比较偏于保守。

12.5.4 形状改变能密度理论

形状改变能密度理论也称为第四强度理论。意大利学者 E. Beltrami 于1885年提出最大应变能理论。这一理论不能解释三向等压情况下的实验。为了与实验结果更加符合，波兰学者 M. T. Huber 于1904年将其修正为最大形状改变能密度理论；后来进一步由德国学者 R. von Mises(1912)和美国学者 H. Hencky(1925)所发展和解释。这个广泛应用的理论常称为 Huber-Hencky-Mises 屈服条件，或简称为 von Mises 屈服条件。

事实上，早在1865年，J. C. Maxwell 在写信给 W. Thomson 时就已经提出最大形状改变能密度理论的思想。在他的信件被发表后才为人们所知道。

定理 12.4 无论材料处在什么应力状态，材料发生屈服的原因是由于形状改变能密度(v_d)达到了某个极限值($v_d°$)。

单向拉伸下，$\sigma_1 = \sigma_s$，$\sigma_2 = 0$，$\sigma_3 = 0$，材料的形状改变能密度的极限值

$$v_d = \frac{1+\mu}{6E} \cdot 2\sigma_s^2 \tag{12-29}$$

$$v_d = \frac{1+\mu}{6E}[(\sigma_1-\sigma_2)^2+(\sigma_2-\sigma_3)^2+(\sigma_3-\sigma_1)^2] = \frac{1+\mu}{6E} \cdot 2\sigma_s^2 \tag{12-30}$$

材料强度条件

$$\sqrt{\frac{1}{2}[(\sigma_1-\sigma_2)^2+(\sigma_2-\sigma_3)^2+(\sigma_3-\sigma_1)^2]} \leqslant [\sigma] \tag{12-31}$$

根据几种塑性材料(钢、铜、铝)的薄管试验资料，表明形状改变第四强度理论比第三强度理论更符合实验结果。在纯剪切应力状态下，按第三强度理论和按第四强度理论的计算结果差别最大，这时，由第三强度理论的屈服条件得出的结果比第四强度理论的计算结果大15%。

相当应力：把各种强度理论的强度条件写成统一形式：$\sigma_r \leqslant [\sigma]$，$\sigma_r$ 称为复杂应力状态的相当应力。

$$\begin{cases} \sigma_{r1} = \sigma_1 \\ \sigma_{r2} = \sigma_1 - \mu(\sigma_2+\sigma_3) \\ \sigma_{r3} = \sigma_1 - \sigma_3 \\ \sigma_{r4} = \sqrt{\frac{1}{2}[(\sigma_1-\sigma_2)^2+(\sigma_2-\sigma_3)^2+(\sigma_3-\sigma_1)^2]} \end{cases} \tag{12-32}$$

[例 12-8] 直径为 $d = 0.1\text{m}$ 的圆杆受力如图12-22(a)所示，$T = 7\text{kN} \cdot \text{m}$，$F = 50\text{kN}$，材料为铸铁，$[\sigma] = 40\text{MPa}$，试用第一强度理论校核圆杆的强度。

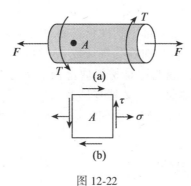

图 12-22

解：危险点 A 的应力状态如图 12-22(b)所示，则

$$\sigma = \frac{F_N}{A} = \frac{4 \times 50}{\pi \times 0.1^2} \times 10^3 = 6.37 (\text{MPa})$$

$$\tau = \frac{T}{W_t} = \frac{16 \times 7000}{\pi \times 0.1^3} = 35.7 (\text{MPa})$$

$$\left.\begin{array}{c} \sigma_{\max} \\ \sigma_{\min} \end{array}\right\} = \frac{\sigma}{2} \pm \sqrt{\left(\frac{\sigma}{2}\right)^2 + \tau^2} = \frac{6.37}{2} \pm \sqrt{\left(\frac{6.37}{2}\right)^2 + 35.7^2} = \left\{\begin{array}{c} 39 \\ -32 \end{array}\right.$$

$$\sigma_1 = 39\text{MPa}, \ \sigma_2 = 0, \ \sigma_3 = -32\text{MPa}$$

$$\sigma_1 < [\sigma]$$

故圆杆的强度安全。

[**例 12-9**]　对于如图 12-23 所示各单元体，试分别按第三强度理论及第四强度理论求相当应力。

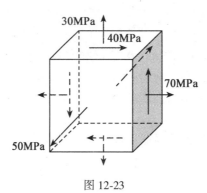

图 12-23

解：

$$\left.\begin{array}{c} \sigma_{\max} \\ \sigma_{\min} \end{array}\right\} = \frac{70 + 30}{2} \pm \sqrt{\left(\frac{70 - 30}{2}\right)^2 + 40^2} = \left\{\begin{array}{c} 94.72 \\ 5.28 \end{array}\right.$$

$$\sigma_1 = 94.72\text{MPa}, \quad \sigma_2 = \sigma_z = 50\text{MPa}, \quad \sigma_3 = 5.28\text{MPa}$$

$$\sigma_{r3} = \sigma_1 - \sigma_3 = 89.44\text{MPa}, \qquad \sigma_{r4} = \sqrt{\frac{1}{2}\left[(\sigma_1 - \sigma_2)^2 + (\sigma_2 - \sigma_3)^2 + (\sigma_3 - \sigma_1)^2\right]} = 77.5\text{MPa}$$

思考题与习题 12

1. 何谓一点处的应力状态? 何谓平面应力状态?

2. 何谓单向应力状态、二向应力状态及三向应力状态? 判断是几向应力状态的依据是什么?

3. 单元体最大正应力作用的面上, 剪应力是否恒为 0? 而最大剪应力作用的面上, 正应力是否恒为 0?

4. 受力构件某点处, 在正应力为 0 的方向上线应变是否一定为 0? 线应变为 0 的方向上的正应力是否一定为 0?

5. 何谓强度理论? 在静载荷与常温条件下. 金属材料破坏或失效主要有哪几种形式? 相应有哪几类强度理论?

6. 四种常用强度理论的基本观点是什么? 如何建立相应的强度条件? 各适用于何种情况?

7. 强度理论是否只适用于复杂应力状态, 不适用于单向应力状态?

8. 当材料处于单向拉伸与纯剪切的组合应力状态时, 如何建立相应强度条件?

9. 当圆轴处于弯扭组合及弯拉(压)扭组合变形时, 圆轴的横截面上存在哪些内力? 应力如何分布? 危险点处于何种应力状态? 如何根据强度理论建立相应的强度条件?

10. 冬天自来水结冰时, 会因受内压而胀破。显然, 水管中的冰也受到同样的反作用力, 为何冰不破而水管破坏?

11. 如图 12-24 所示, 已知圆柱直径为 d, 圆柱受二力偶作用, m_1, m_2, 试绘制 A, B, C 点单元体。

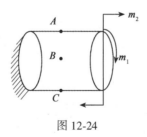

图 12-24

12. 试求如图 12-25 所示各单元体中指定斜截面上的应力(单位: MPa)。

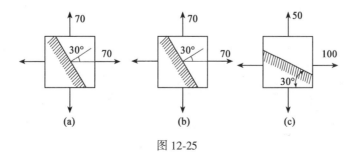

图 12-25

13. 各单元体的受力如图 12-26 所示，试求：（1）主应力大小及方向并在原单元体图上绘制出主单元体；（2）最大切应力（单位：MPa）

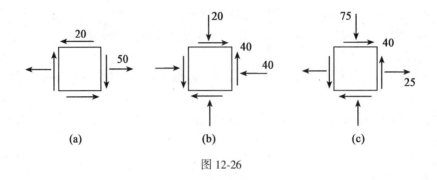

(a)　　　　　　　　(b)　　　　　　　　(c)

图 12-26

14. 已知 K 点处为二向应力状态，过 K 点两个截面上的应力如图 12-27 所示，其夹角为 45°（应力单位：MPa）。试用解析法确定该点的三个主应力。

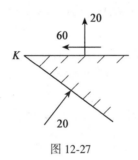

图 12-27

15. 试求如图 12-28 所示单元体的主应力及主平面的位置（单位：MPa）。

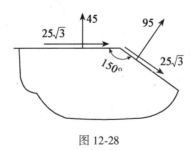

图 12-28

16. 如图 12-29 所示锅炉直径 $D = 1m$，壁厚 $t = 10mm$，锅炉蒸汽压力 $p = 3MPa$。试求：

（1）壁内主应力 σ_1、σ_2 及最大切应力 τ_{max}；

（2）斜截面 ab 上的正应力及切应力。

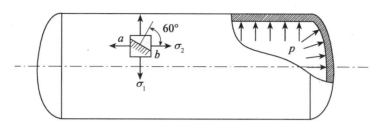

图 12-29

17. 如图 12-30 所示为薄壁圆筒的扭转—拉伸示意图。若 $P = 20\text{kN}$ ，$T = 600\text{kN}\cdot\text{m}$ ，且 $d = 50\text{mm}$ ，$\delta = 2\text{mm}$ 。试求：

（1）A 点在指定斜截面上的应力；

（2）A 点主应力的大小及方向，并用单元体表示。

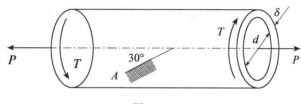

图 12-30

18. 试求如图 12-31 所示单元体的主应力，且试按第二强度强论和第四强度理论，计算其相当应力。单位为 MPa 。设泊松比 $\mu = 0.3$ 。

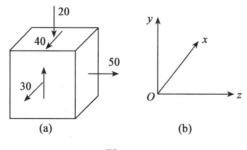

图 12-31

19. 边长为 10mm 的立方铝块紧密无隙地置于刚性模内，如图 12-32 所示，模的变形不计。铝的弹性模量 $E = 70\text{GPa}$ ，泊松比 $\mu = 0.33$ 。若 $P = 6\text{kN}$ ，试求铝块的三个主应力和主应变。

20. 铸铁薄壁圆管如图 12-33 所示。若管的外径为 200mm ，厚度 15mm ，管内压力 $p = 4\text{MPa}$ ，$P = 200\text{kN}$ 。铸铁的拉伸许用压力 $[\sigma_t] = 30\text{MPa}$ ，泊松比 $\mu = 0.25$ 。试用第一强度理论和第二强度理论校核薄壁圆管的强度。

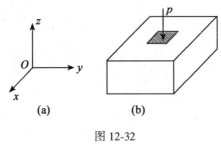

图 12-32

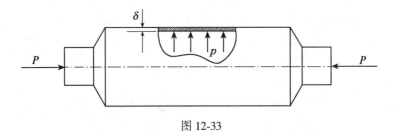

图 12-33

第13章　组合变形

13.1　实际工程中的组合变形问题

实际工程中，在载荷作用下，许多杆件将产生两种或两种以上的基本变形。杆件在外力作用下同时产生两种或两种以上的同数量级的基本变形的情况称为组合变形。例如，图13-1(a)中的烟囱，在自重和风载荷的共同作用下产生的是轴向压缩和弯曲的组合变形；图13-1(b)中的齿轮传动轴在外力的作用下，将同时产生扭转变形及在水平平面和垂直平面内的弯曲变形；图13-1(c)中的排架柱在偏心载荷的作用下将产生轴向压缩和弯曲的组合变形。

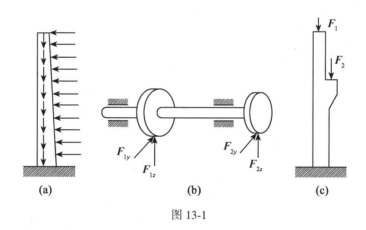

图 13-1

求解组合变形的关键是：

(1)搞清楚基本变形公式的应用范围。这是将组合变形情况分解为若干种基本变形的关键。

(2)学会应用叠加原理。

先总结一下基本变形的应用范围。

拉压：外力过截面形心，且平行于轴线，截面形状可以任意。

扭转：外扭矩的作用面垂直于轴线。截面为圆形。

弯曲：中性轴过形心；外力作用于主惯性平面(对称面必为主惯性平面)，且垂直于轴线；外力过剪心。

叠加原理的前提：材料服从胡克定律，属于物理线性；小变形情况，初始尺寸原理成立。属于几何线性。

定理 13.1（叠加原理） 在材料服从胡克定律且产生小变形的前提下，杆件的内力、应力、变形、位移与外力是线性关系。其控制方程是线性(代数或微分)方程。所以其解答可以叠加。

也就是说，可以将杆件所受的载荷分解为若干个简单载荷，使每个简单载荷只产生一种基本变形，分别计算每一种基本变形引起的应力和变形，然后根据具体情况进行叠加，就得到组合变形情况下的应力和变形。据此来确定杆件的危险截面和危险点，并进行强度计算和刚度计算。

叠加原理也称为独立作用原理。因为杆件虽然同时产生若干种基本变形，但在上述条件下，每一种基本变形都可以认为是各自独立的，互相不影响。这种情况下可以应用叠加原理求解组合变形问题。

13.2 弯曲与拉伸(或压缩)的组合变形

轴向力与横向力共同作用的情况和偏心力引起的弯曲与拉伸(压缩)的组合。

图 13-2(a)中 F_1 产生弯曲变形，F_2 产生拉伸变形。杆件为弯曲与拉伸的组合变形。对于细长的实心截面杆件，剪力引起的切应力比较小，一般不予考虑，只考虑轴力和弯矩引起的正应力。由图 13-2(b)、(c)所示的内力图可知在该杆段内轴力 $F_N = F_2$ 为常数，弯矩最大 $M_{max} = \dfrac{F_1 l}{4}$ 的跨中截面是杆的危险截面。轴力 F_N 在危险截面上引起均匀分布的拉应力 $\sigma' = \dfrac{F_2}{A}$，如图 13-2(d)所示；弯矩 M 在危险截面的下边缘引起最大的拉应力：$\sigma'' = \dfrac{M_{max}}{W_z} = \dfrac{F_1 l}{4 W_z}$，如图 13-2(e)所示。由叠加原理可知，跨中截面下边缘各点为危险点，最大拉应力发生在该点，即为危险点，其应力为

$$\sigma_{max} = \sigma' + \sigma'' = \frac{F_2}{A} + \frac{F_1 l}{4 W_z} \tag{13-1}$$

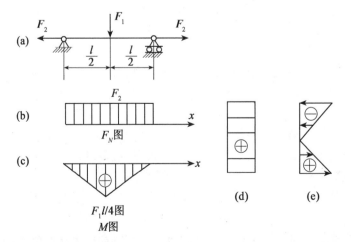

图 13-2

根据上述分析可知，弯曲与拉伸(压缩)组合变形时，杆的正应力危险点处的切应力也为 0，即危险点为单向应力状态，故其强度条件为

$$\sigma_{max} \leqslant [\sigma] \tag{13-2}$$

当材料的拉伸许用应力和压缩许用应力不相等时，应分别建立杆件的抗拉、抗压强度条件。

$$\sigma_{tmax} \leqslant [\sigma_t] \tag{13-3}$$

$$\sigma_{cmax} \leqslant [\sigma_c] \tag{13-4}$$

[例 13-1] 悬臂吊车如图 13-3(a)所示。其横梁用 20a 工字钢制成。其抗弯截面系数 $W_z = 237\ cm^3$，横截面面积 $A = 35.5\ cm^2$，总荷载 $F = 34kN$，横梁材料的许用应力为 $[\sigma] = 125MPa$。试校核横梁 AB 的强度。

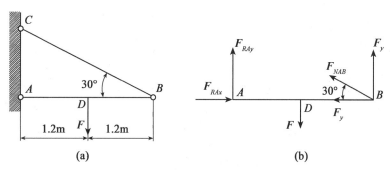

图 13-3

解：(1)分析 AB 的受力情况，如图 13-3(b)所示。

$$\sum M_A(\boldsymbol{F}) = 0, \quad F_{NAB}\sin 30° \times 2.4 - 1.2F = 0; \ F_{NAB} = F$$

$$\sum F_x = 0, \quad F_{RAx} = 0.866F$$

$$\sum F_y = 0, \quad F_{RAy} = 0.5F$$

AB 杆为平面弯曲与轴向压缩组合变形，中间截面为危险截面。最大压应力发生在该截面的上边缘。

(2)压缩正应力 $\qquad \sigma = -\dfrac{F_{RAx}}{A} = -\dfrac{0.866F}{A}$

(3)最大弯曲正应力 $\qquad \sigma_{max} = \pm\dfrac{1.2F_{RAy}}{W_z} = \pm\dfrac{0.6F}{W_z}$

(4)危险点的应力 $\qquad \sigma_{cmax} = \left|\dfrac{0.866F}{A} + \dfrac{0.6F}{W_z}\right| = 94.37MPa < [\sigma]$

横梁 AB 的强度满足要求。

[例 13-2] 小型压力机的铸铁框架如图 13-4(a)所示。已知材料的拉伸许用应力 $[\sigma_t] = 30MPa$，压缩许用应力 $[\sigma_c] = 160MPa$。试按立柱的强度确定压力机的许可压力 F。

解：(1)如图 13-4(b)所示，确定形心位置

$$A = 15 \times 10^{-3}m^2, \quad Z_0 = 7.5cm$$

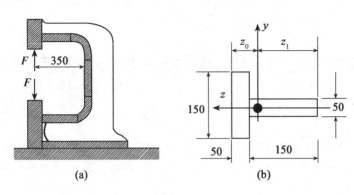

图 13-4

计算截面对中性轴 y 的惯性矩 $I_y = 5310\ \text{cm}^2$。

（2）分析立柱横截面上的内力和应力，如图 13-5 所示，在 $n-n$ 截面上有轴力 F_N 及弯矩 M_y，$F_N = F$，则

$$M_y = \left[(35 + 7.5) \times 10^{-2} \right] F = 42.5 \times 10^{-2} F$$

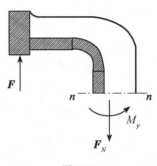

图 13-5

由轴力 F_N 产生的拉伸正应力为

$$\sigma' = \frac{F_N}{A} = \frac{F}{15} \text{MPa}$$

由弯矩 M_y 产生的最大弯曲正应力为

$$\sigma''_{tmax} = \frac{M_y z_0}{I_y} = \frac{425 \times 7.5 F}{5310} \text{MPa}(+)$$

$$\sigma''_{cmax} = \frac{M_y z_1}{I_y} = \frac{425 \times 12.5 F}{5310} \text{MPa}(-)$$

（3）叠加在截面内侧有最大拉应力

$$\sigma_{tmax} = \sigma' + \sigma''_{tmax} = \frac{F}{15} + \frac{425 \times 7.5 F}{5310} \leqslant [\sigma_t]$$

可以得到 $\qquad\qquad\qquad [F] \leqslant 45.1 \text{kN}。$

在截面外侧有最大压应力

$$\sigma_{cmax} = \left| \sigma' + \sigma'' \right| = \left| \frac{F}{A} - \frac{425 \times 12.5F}{5310} \right| \leqslant [\sigma_c]$$

可以得到　　　　　　　$[F] \leqslant 171.3\text{kN}$；所以取 $[F] \leqslant 45.1\text{kN}$

[例13-3]　矩形截面柱如图13-6(a)所示，F_1 的作用线与杆轴线重合，F_2 作用在 y 轴上。已知：$F_1 = F_2 = 80\text{kN}$，$b = 24\text{cm}$，$h = 30\text{cm}$。若要使柱的 $m\text{-}m$ 截面只出现压应力，试求 F_2 的偏心距 e。

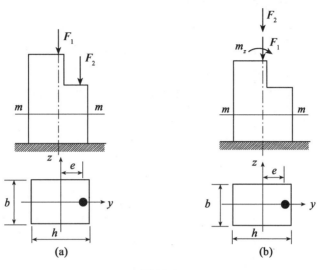

图 13-6

解：(1)外力分析：如图13-6(b)所示，将力 F_2 向截面形心简化后，梁上的外力有：

轴向压力　　　　　　　　　　$F = F_1 + F_2$

力偶矩：　　　　　　　　　　$m_z = F_2 \cdot e$

(2)$m\text{-}m$ 横截面上的内力有：

轴力　　　　　　　　　　　　$F = F_1 + F_2$

弯矩　　　　　　　　　　　　$m_z = F_2 \cdot e$

轴力产生压应力　　　　　$\sigma' = -\dfrac{F_N}{A} = -\dfrac{F_1 + F_2}{A}$

弯矩产生的最大正应力　　$\sigma'' = \pm\dfrac{M_z}{W_z} = \pm\dfrac{F_2 \cdot e}{\dfrac{bh^2}{6}}$

(3)依题意要求，整个截面只有压应力

$$\sigma = \left| \sigma' + \sigma'' \right| = \left| -\frac{F_1 + F_2}{A} + \frac{F_2 \cdot e}{\dfrac{bh^2}{6}} \right| = 0$$

得

$$e = \frac{\dfrac{F_1 + F_2}{A}}{F_2} \times \frac{bh^2}{6}$$

13.3 扭转与弯曲的组合变形

机械中的传动轴通常发生扭转与弯曲的组合变形。由于传动轴大多是圆形截面，因此以圆截面杆为例，讨论圆轴发生弯曲与扭转组合变形时的强度计算。

13.3.1 弯曲与扭转组合变形的内力和应力

如图13-7(a)所示，一直径为 d 的等直圆杆 AB，B 端具有与 AB 成直角的刚臂，并承受铅垂力 F 的作用。将力 F 向 AB 杆右端截面的形心 B 简化，简化后得一作用于 B 端的横向力 F 和一作用于圆杆端截面内的力偶矩 $M_e = Fa$，如图13-7(b)所示。横向力 F 使 AB 杆产生平面弯曲，力偶 M_e 使 AB 杆产生扭转变形，对应的内力图如图13-7(c)、(d)所示。由于固定端截面的弯矩 M 和扭矩 T 都最大，因此 AB 杆的危险截面为固定端截面，其内力分别为

$$M = Fl \tag{13-5}$$
$$T = Fa \tag{13-6}$$

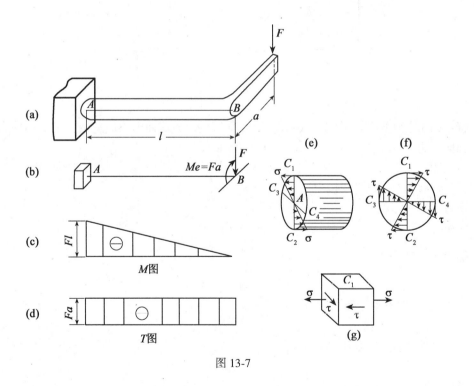

图13-7

现分析危险截面上应力的分布情况。与弯矩 M 对应的正应力分布如图13-7(e)所示，在危险截面铅垂直径的上下两端的 C_1 和 C_2 处分别有最大的拉应力 σ_{max}^+ 和最大的压应力 σ_{max}^-。与扭矩 T 对应的切应力分布如图13-7(f)所示，在危险截面的周边各点处有最大的切应力 τ_{max}。因此，C_1 和 C_2 就是危险截面上的危险点(对于拉伸许用应力、压缩许用应力相同的塑性材料制成的杆，这两点的危险程度是相同的)。分析 C_1 点的应力状态，如图

13-7(g)所示，可知 C_1 点处为平面应力状态。

13.3.2 弯曲与扭转组合变形的强度条件

由于危险点是平面应力状态，故应当按强度理论的概念建立强度条件。对于用塑性材料制成的杆件，选用第三强度理论或第四强度理论。

（1）主应力计算

$$\sigma_1 = \frac{\sigma}{2} + \sqrt{\left(\frac{\sigma}{2}\right)^2 + \tau^2} \tag{13-7}$$

$$\sigma_2 = 0 \tag{13-8}$$

$$\sigma_3 = \frac{\sigma}{2} - \sqrt{\left(\frac{\sigma}{2}\right)^2 + \tau^2} \tag{13-9}$$

（2）相当应力计算：

第三强度理论，计算相当应力

$$\sigma_{r3} = \sigma_1 - \sigma_3 = \sqrt{\sigma^2 + 4\tau^2} \tag{13-10}$$

第四强度理论，计算相当应力

$$\sigma_{r4} = \sqrt{\sigma^2 + 3\tau^2} \tag{13-11}$$

将 $\sigma = \dfrac{M}{W_z}$，$\tau = \dfrac{T}{W_t}$ 代入上式，并注意到圆截面杆 $W_t = 2W_z$，相应的相当应力表达式改写为

$$\sigma_{r3} = \frac{1}{W_z}\sqrt{M^2 + T^2} \tag{13-12}$$

$$\sigma_{r4} = \frac{1}{W_z}\sqrt{M^2 + 0.75T^2} \tag{13-13}$$

式中 W_t 为抗扭截面系数、W_z 为杆的抗弯截面系数。M，T 分别为危险截面的弯矩和扭矩。以上两式只适用于弯扭组合变形下的圆截面杆。

求得相当应力后，就可根据材料的许用应力 $[\sigma]$ 来建立强度条件，进行强度计算。

[例 13-4] 空心圆杆 AB 和 CD 杆焊接成整体结构，受力如图 13-8 所示。AB 杆的外径 $D = 140\text{mm}$，内、外径之比 $\alpha = \dfrac{d}{D} = 0.8$，材料的许用应力 $[\sigma] = 160\text{MPa}$。试用第三强度理论校核 AB 杆的强度。

解： （1）外力分析：将力向 AB 杆的 B 截面形心简化得

$$F = 25\text{kN}, \quad m = 15 \times 1.4 - 10 \times 0.6 = 15\text{kN} \cdot \text{m}$$

AB 杆为扭转和平面弯曲的组合变形。

（2）内力分析，绘制扭矩图和弯矩图：如图 13-9 所示，固定端截面为危险截面

$$T = 15\text{kN} \cdot \text{m}, \quad M_{\max} = 20\text{kN} \cdot \text{m}, \quad W_z = \frac{\pi D^3}{32}(1 - \alpha^4)$$

$$\sigma_{r3} = \frac{\sqrt{M^2 + T^2}}{W_z} = 157.26\text{MPa} < [\sigma]$$

所以 AB 杆的强度满足要求。

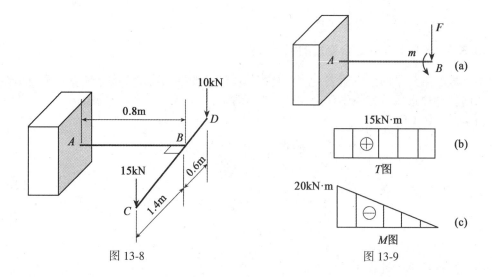

图 13-8　　　　　　　　　　　图 13-9

[**例 13-5**]　传动轴如图 13-10(a)所示。在 A 处作用一个外力偶矩 $m = 1\text{kN} \cdot \text{m}$，皮带轮直径 $D = 300\text{mm}$，皮带轮紧边拉力为 F_1，松边拉力为 F_2。且 $F_1 = 2F_2$，$l = 200\text{mm}$，轴的许用应力 $[\sigma] = 160\text{MPa}$。试用第三强度理论设计轴的直径。

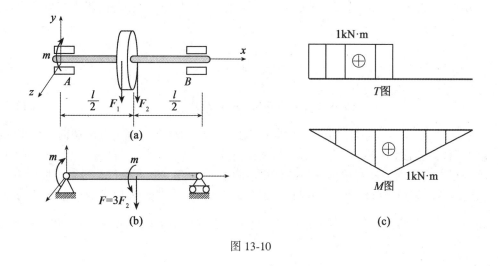

图 13-10

解：将力向轴的形心简化，如图 13-10(b)所示，则

$$m = (F_1 - F_2) \cdot \frac{D}{2} = \frac{F_2 \cdot D}{2}, \qquad F_2 = \frac{20}{3}\text{kN}, \qquad F = 20\text{kN}$$

轴产生扭转和垂直纵向对称面内的平面弯曲如图 13-10(c)所示。中间截面为危险截面

$$T = 1\text{kN} \cdot \text{m}, \qquad M_{\max} = 1\text{kN} \cdot \text{m}$$

$$\sigma_{r3} = \frac{1}{W_z}\sqrt{M^2 + T^2} \leqslant [\sigma], \qquad W_z = \frac{\pi d^3}{32}$$

由此可得 $d = 44.83\text{mm}$。

思考题与习题 13

1. 在如图 13-11 所示正方形截面短柱的中部开一槽，其面积为原面积的一半，试问最大压应力增大了几倍？

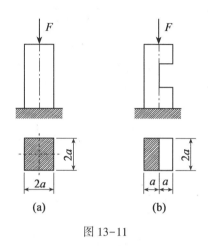

图 13-11

2. 对于承受弯扭组合的杆件，如何进行应力分析？为什么在进行弯扭组合变形时的强度计算要用强度理论？

3. 同一个强度理论，其强度条件往往写成不同的形式。以第三强度理论为例，常用的有三种形式：(1) $\sigma_1 - \sigma_3 \leqslant [\sigma]$ ；(2) $\sqrt{\sigma^2 + 4\tau^2} \leqslant [\sigma]$ ；(3) $\dfrac{1}{W_z}\sqrt{M^2 + T^2} \leqslant [\sigma]$ 这三种形式的强度理论的适用范围是否相同？为什么？

4. 圆截面梁如图 13-12 所示，若梁同时承受轴向拉力 P 、集度为 q 的横向均布载荷和扭转力偶矩 M_0 的作用，试指出：(1)危险截面、危险点的位置；(2)危险点的应力状态；(3)下面两个强度条件式哪一个是正确的？

$$\sigma_{r3} = \frac{P}{A} + \frac{\sqrt{M^2 + M_0^2}}{W_z} \leqslant [\sigma] , \qquad \sigma_{r3} = \sqrt{\left(\frac{P}{A} + \frac{M}{W_z}\right)^2 + 4\left(\frac{M_0}{W_t}\right)^2} \leqslant [\sigma]$$

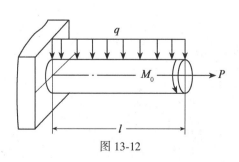

图 13-12

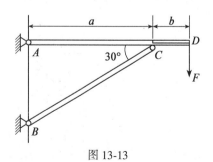

图 13-13

5. 构架如图 13-13 所示，梁 ACD 由两根槽钢组成。已知 $a = 3\text{m}$ ，$b = 1\text{m}$ ，$F = 30\text{kN}$ 。

梁材料的许用应力 $[\sigma] = 170\text{MPa}$ ，不考虑 BC 杆的稳定问题，试选择槽钢的型号。

6. 如图 13-14 所示，一楼梯木斜梁的长度为 $l = 4\text{m}$ ，截面为 $b = 0.12\text{m}$ ， $h = 0.2\text{m}$ 的矩形，受均布荷载作用，集度 $q = 2\text{kN/m}$ 。试作该梁的轴力图和弯矩图，并求横截面上的最大拉应力和最大压应力。

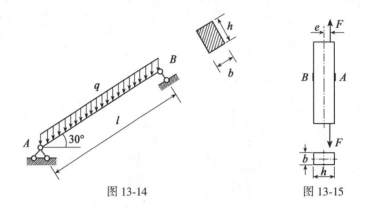

图 13-14　　　　　　　　　　图 13-15

7. 如图 13-15 所示，矩形截面拉杆受偏心拉力 F 的作用，用电测法测得该杆表面 A 、 B 两点的轴向线应变分别为 ε_A 和 ε_B 。试证明偏心距 $e = \dfrac{\varepsilon_A - \varepsilon_B}{\varepsilon_A + \varepsilon_B} \cdot \dfrac{h}{6}$ 。

8. 如图 13-16 所示，圆轴 AB 的直径 $d = 80\text{mm}$ ，材料的许用应力 $[\sigma] = 160\text{MPa}$ 。已知 $F = 5\text{kN}$ ， $M = 3\text{kN} \cdot \text{m}$ ， $l = 1\text{m}$ 。试指出危险截面、危险点的位置；试按第三强度理论校核轴的强度。

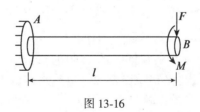

图 13-16

9. 如图 13-17 所示，钢制圆截面折杆 ABC ，其直径 $d = 100\text{mm}$ ， AB 杆长 2m ，材料的许用应力 $[\sigma] = 135\text{MPa}$ 。不计杆横截面上的剪力影响，试按第三强度理论校核 AB 轴的强度。

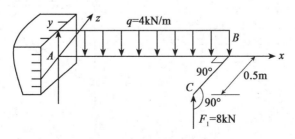

图 13-17

10. 如图 13-18 所示，$F_1 = 0.5\text{kN}$，$F_2 = 1\text{kN}$，材料的许用应力 $[\sigma] = 160\text{MPa}$。

(1)试用第三强度理论计算 AB 的直径。

(2)若 AB 杆的直径 $d = 40\text{mm}$，并在 B 端加一水平力 $F_3 = 20\text{kN}$，试校核 AB 杆的强度。

11. 如图 13-19 所示，直径 $d = 40\text{mm}$ 的实心钢圆轴，在某一横截面上的内力分量为 $N = 100\text{kN}$，$M_x = 0.5\text{kN·m}$，$M_y = 0.3\text{kN·m}$，已知该轴的许用应力 $[\sigma] = 150\text{MPa}$，试按第四强度理论校核该轴的强度。

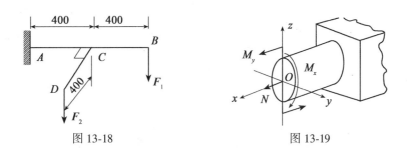

图 13-18   图 13-19

12. 试根据第三强度理论确定如图 13-20 所示手摇卷扬机能起吊的最大容许载荷 $F = F_2$ 的数值。已知机轴的横截面为直径 $d = 30\text{mm}$ 的圆形，材料的许用应力 $[\sigma] = 160\text{MPa}$。

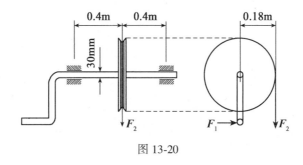

图 13-20

13. 如图 13-21 所示，构架的立柱 AB 用 25 号工字钢制成，已知 $F = 20\text{ kN}$，材料的许用应力 $[\sigma] = 160\text{ MPa}$，试校核立柱的强度。

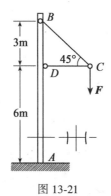

图 13-21

14. 如图 13-22 所示，铁道路标圆信号板，安装在外径 $D = 60$ mm 的空心圆柱上，所受的最大风载 $p = 2$ kN/m^2，材料的许用应力 $[\sigma] = 60$ MPa。试按第三强度理论选定空心柱的厚度。

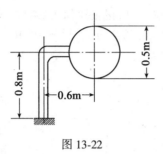

图 13-22

第 14 章　压杆的稳定计算

14.1　实际工程中压杆的稳定性问题

稳定性问题来自工程实践。构件失去稳定性产生的破坏常常是突然发生的。加拿大奎贝克桥于 1907 年、1916 年两次失事；瑞士孟汉希太因桥于 1896 年破坏，200 余人丧生等惨痛的事件，迫使人们开始认真研究稳定性问题。在工程设计中，当人们采用各种方法最大限度地节约材料，提高构件的强度和刚度时，常常采用空心圆轴代替实心圆轴，常常会遇到细长或薄壁构件。当这种构件超过一定极限以后，就会发生主要矛盾的转化：从强度失效转化到稳定失效。在一定载荷作用下，将出现另一种失效形式：失去平衡的稳定性。例如受压杆件，由细变长；受剪切板材，由厚变薄；受扭圆筒，由厚变薄，甚至一定结构的受拉杆件，由细变长，在一定条件下，将出现各种形式的失稳现象。如图 14-1 所示。

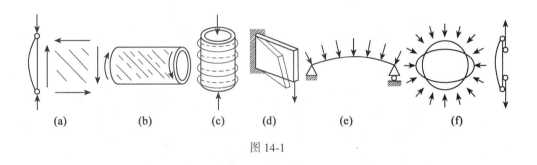

图 14-1

例如取一根平直的钢锯条，其长度为 310mm ，横截面尺寸为 $11.5 \times 0.6 \text{mm}^2$ ，材料的许用应力 $[\sigma] = 230\text{MPa}$ ，根据强度条件可以计算出钢锯条能够承受的轴向压力为

$$F = 11.5 \times 0.6 \times 10^{-6} \times 230 \times 10^{6} \approx 1600(\text{N})$$

而实际上，这个钢锯条会在不到 5N 的压力下就朝厚度很薄的方向弯曲，丧失其承载能力。由此可见，钢锯条的承载能力并不是取决于其轴向的压缩强度，而是与其受压时直线形式的平衡失去稳定性有关。与这类问题相似，在工程结构中也有许多受压的细长杆。例如内燃机配气机构中的挺杆，磨床液压装置的活塞杆、空气压缩机、蒸汽机的连杆，还有桁架结构中的受压杆，建筑物中的柱等，在设计时都要考虑稳定性的要求。

实际的压杆在制造时，其轴线不可避免地存在着初曲率，且作用在压杆上的外力合力的作用线也不可能毫无偏差地与杆的轴线相重合，即使在实验条件下尽可能避免了上述的某些缺陷，而压杆材料本身具有无法避免的不均匀性，上述诸因素都使压杆在外加压力的作用下，除了发生轴向的压缩变形外，还由于力的偏心作用，产生附加弯曲变形。

　　随着压杆外形的细长度增加，压杆的次要变形——弯曲变形会随着压力的增大而迅速变大，并逐步转化为主要变形，从而导致压杆丧失承载能力。

　　稳定性概念：构件在平衡的前提下，平衡形式可以是稳定平衡、不稳定平衡和临界平衡。判断平衡是否稳定，必须加干扰。干扰可以是加一个力；可以是使其振动；甚至是吹一口气。

　　稳定平衡：干扰去掉以后，构件可以完全恢复原有形式下的平衡，称为稳定平衡。

　　不稳平衡：干扰去掉以后，构件不能完全恢复原有形式下的平衡，称为不稳定平衡。

　　临界平衡：临界情况。小变形情况下，干扰到哪里，就在那里保持曲线形式的平衡。

　　注意：不要混淆平衡的概念和稳定性的概念。构件不稳定，不是指不平衡。构件的稳定性是指平衡形式是否稳定，是在已经平衡的前提下来讨论构件的平衡形式是否稳定。

　　现以如图 14-2 所示一端固定，一端自由细长的压杆为例来说明这类问题。若压杆为中心受压的理想直杆，即假设：

　　（1）杆是绝对直杆，无初曲率。

　　（2）外力 F 绝对通过杆的轴线，无偏心。

　　（3）材料绝对均匀。

　　则在外力 F 的作用下，F 无论有多大，也没有理由往旁边弯曲。设压杆受到干扰而弯曲，去掉干扰后，则任意横截面上，有两种弯矩在抗衡：

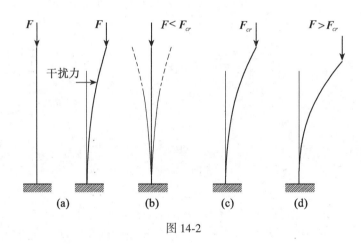

图 14-2

　　若压力 $F < F_{cr}$，则干扰解除后，标件将恢复直线形状下的平衡，如图 14-2(b)所示。表明压杆在原来直线形状下的平衡是稳定的。

　　若压力等于某一极限值 $F = F_{cr}$，杆件处于临界平衡状态。在小变形情况下，干扰到哪里，压杆将在那里保持曲线形状的平衡。如图 14-2(c)所示。

　　上述压力的极限值称为临界压力或临界力，记为 F_{cr}。利用压杆在临界压力作用下，可以在曲线形式下保持平衡这一特点，可以求出临界压力 F_{cr}。

　　若压力 $F > F_{cr}$，杆件的平衡将失去稳定性。干扰解除后，杆件将继续弯曲，不能恢复，表明压杆在原来直线形状下的平衡是不稳平衡，如图 14-2(d)所示。压杆丧失其直线形状的平衡形式的稳定性，称为丧失稳定，简称失稳，也称为屈曲。

杆件失稳后，可以导致整个机器或结构的损坏。但细长压杆失稳时，其应力并不一定很高，有时甚至低于比例极限。可见这种形式的失效，并非强度不足，而是稳定性不够。

欧拉(L. Euler)早在 18 世纪，就对理想压杆在弹性范围内的稳定性进行了研究，于 1744 年推导出计算细长压杆临界压力的计算公式。但是，同其他科学技术问题一样，压杆稳定性的研究和发展与生产力发展的水平密切相关。上述欧拉公式面世后，在相当长的时间里之所以未被认识和重视，是因为当时在工程与生活建造中实用的木桩、石柱都不是细长的。到 1788 年熟铁轧制的型材开始生产，然后出现了钢结构。有了金属结构，细长杆才逐渐成为重要议题。特别是 19 世纪，随着铁路建设和由其发展而来的铁路金属桥梁的大量建造，促使人们加强了对压杆稳定性问题的研究。

14.2 细长压杆的临界力

14.2.1 两端铰支细长压杆的欧拉公式

细长的中心受压直杆在临界力作用下，其材料仍处于理想的线弹性范围内，这类稳定问题称为线弹性稳定问题。

如图 14-3 所示，现在以两端为球形铰支座、长度为 l 的中心受压等截面的细长直杆为例，利用去掉干扰后，压杆在临界力的作用下可以在微弯曲情况下保持平衡的性质，推导出其临界力的计算公式。

建立弯曲平面内的坐标系 Oxy，在临界压力 F_{cr} 的作用下，去掉干扰后，在 x 处的任意截面上，使杆件继续弯曲的弯矩为 $M = -F_{cr}w$，而使杆件回弹的弯矩为 EIw''。临界压力作用下，这两种弯矩相等，使得压杆可以在曲线的形式下保持平衡，即

$$EI \frac{\mathrm{d}^2 w}{\mathrm{d}x^2} = -F_{cr}w \qquad (14\text{-}1)$$

令

$$k^2 = \frac{F_{cr}}{EI} \qquad (14\text{-}2)$$

可得二阶常系数微分方程

$$\frac{\mathrm{d}^2 w}{\mathrm{d}x^2} + k^2 w = 0 \qquad (14\text{-}3)$$

该方程的通解为

$$w = c_1 \sin kx + c_2 \cos kx \qquad (14\text{-}4)$$

式中 c_1，c_2 为积分常数。可由边界条件确定。由图 14-3 可见，当 $x = 0$ 时，$w = 0$，代入式(14-4)可得 $c_2 = 0$，则有特解

$$w = c_1 \sin kx \qquad (14\text{-}5)$$

当 $x = l$ 时，$w = 0$，由式(14-5)可得

$$c_1 \sin kx = 0 \qquad (14\text{-}6)$$

上式要求 $c_1 = 0$ 或 $\sin kx = 0$。当 $c_1 = 0$ 时，$w = 0$，这与有微弯的前提不相符合，因此，必然是

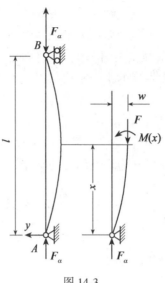

图 14-3

$$\sin kl = 0 \tag{14-7}$$
$$kl = n\pi\,(\,n = 1,\ 2,\ 3,\ \cdots)$$

由此可得

$$k = \frac{n\pi}{l} \tag{14-8}$$

将式(14-8)代回到式(14-2)，则

$$k^2 = \frac{F_{cr}}{EI} = \frac{n^2\pi^2}{l^2}$$

于是：

$$F_{cr} = \frac{n^2\pi^2 EI}{l^2}$$

式中，n 为任意整数，临界力 F_{cr} 是多值的。当 $n = 0$ 时，不合要求。当 $n = 1$ 时，F_{cr} 为最小值，这就是保证压杆安全工作的临界压力 F_{cr}，即

$$F_{cr} = \frac{\pi^2 EI}{l^2} \tag{14-9}$$

式(14-9)为理想压杆两端铰支的欧拉临界力公式。式中：E 为弹性模量，EI 为抗弯刚度，l 为压杆长度。EI 应取最小值，在材料给定的情况下，惯性矩 I 应取最小值，这是因为杆件总是在抗弯能力最小的纵向平面内失稳(称为失稳平面)。

欧拉公式中包含了压杆横截面的抗弯刚度，也包含了杆件的长度，这是压缩强度条件所没有的。抗弯刚度越小或其长度越大，临界力越小，表明杆件的承载能力越差。

14.2.2 其他支承形式下的临界力

杆件压弯后的挠曲线形式与杆件两端的支承形式密切相关。压杆两端的支座除同为铰

支外，还可能有其他情况，实际工程中最常见的杆端支承形式主要有四种。各种支承情况下压杆的临界力公式，可以仿照两端铰支形式的方式来推导，但也可以把各种支承形式的弹性曲线与两端铰支形式下的弹性曲线相对比来获得杆件受压时的临界力公式。

例如千斤顶的螺杆如图 14-4 所示，下端可以简化为固定端，上端因可以与顶起的重物共同作侧向位移，可以简化为自由端。这样就可以简化为下端固定、上端自由的细长压杆如图 14-5(b)所示。假设在临界压力下以微弯的形状保持平衡，若把挠曲线对称向下延伸一倍，如图 14-5(a)所示，与图 14-5(b)相比较，可见，一端固定另一端自由，长度为 l 的压杆的挠曲线，相当于两端铰支长为 $2l$ 的压杆挠曲线的上半部分，所以，一端固定另一端自由，长度为 l 的压杆的临界压力，等于两端铰支长为 $2l$ 的压杆的临界力，即

$$F_{cr} = \frac{\pi^2 EI}{(2l)^2} \tag{14-10}$$

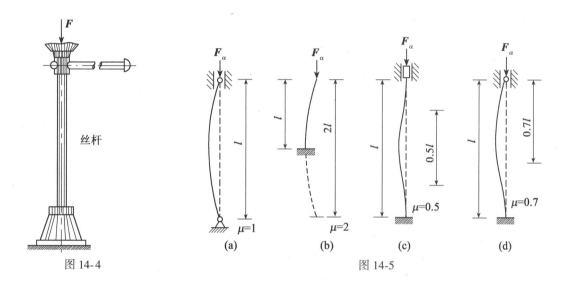

图 14-4   图 14-5

对于两端固定的压杆如图 14-5(c)所示，其挠曲线上有两个距端部 $\frac{l}{4}$ 处的拐点，即弯矩等于零的点，在力学上相当于铰链。因此在这种支承形式下，压杆的临界力只要在两端铰支的临界力公式中，以 $0.5l$ 替代长度 l 即可。

对于一端固定、一端铰支的压杆如图 14-5(d)所示，在其挠曲线上距下端 $0.3l$ 处有一个拐点，这样上下两个铰链的长度为 $0.7l$，因此在这种支承形式下，压杆的临界力只要在两端铰支的临界力公式中，以 $0.7l$ 替代长度 l 即可。

从上述比较可见，可以把各种支承形式下的欧拉临界力公式统一表示为

$$F_{cr} = \frac{\pi^2 EI}{(\mu l)^2} \tag{14-11}$$

式中，μ 为长度因数，μ 代表压杆不同支承情况下对临界力的影响，几种支承情况的 μ 值列于表 14-1。μl 称为相当长度。

表 14-1　　　　　　　　　　　　　　　　　**压杆长度因数**

支承情况	两端铰支	一端固定 一端铰支	两端固定	一端固定 一端自由
μ	1	0.7	0.5	2

[例 14-1]　　如图 14-6 所示细长压杆，一端固定，另一端自由。已知其弹性模量 E = 10GPa，长度 l = 2m。试求

（1）h = 160mm，b = 90mm

（2）h = b = 120mm 两种情况下压杆的临界力。

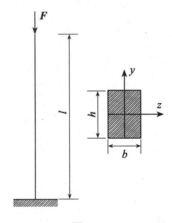

图 14-6

解：（1）计算（1）情况的临界力截面对 y，z 轴的惯性矩分别为

$$I_y = \frac{hb^3}{12} = \frac{160 \times 90^3}{12} = 972 \times 10^4 \ (\text{mm})^4$$

$$I_z = \frac{bh^3}{12} = \frac{90 \times 160^3}{12} = 3072 \times 10^4 \ (\text{mm})^4$$

由于 $I_y < I_z$，所以压杆必然绕 y 轴弯曲失稳，应将 I_y 代入公式（14-11）计算压杆的临界力，根据杆端约束 μ = 2，即

$$F_{cr} = \frac{\pi^2 EI}{(\mu l)^2} = \frac{\pi^2 \times 10 \times 10^9 \times 972 \times 10^4 \times 10^{-12}}{(2 \times 2)^2} 60(\text{kN})$$

（2）计算（2）情况的临界力，截面对 y，z 轴的惯性矩相等，均为

$$I_y = I_z = \frac{bh^3}{12} = \frac{120^4}{12} = 1728 \times 10^4 \ (\text{mm})^4$$

$$F_{cr} = \frac{\pi^2 EI}{(\mu l)^2} = \frac{\pi^2 \times 10 \times 10^9 \times 1728 \times 10^4 \times 10^{-12}}{(2 \times 2)^2} = 106.5(\text{kN})$$

由计算结果来看，两种压杆的材料用量相同，但情况（2）的临界力是情况（1）的 1.78 倍，显然，杆件的合理截面形状是提高杆件稳定性的措施之一。

14.3 欧拉公式的适用范围 临界应力的经验公式

14.3.1 临界应力

将压杆的临界力 F_{cr} 除以杆的横截面面积 A ，得到压杆横截面上的应力，称为压杆的临界应力，用 σ_{cr} 表示，即

$$\sigma_{cr} = \frac{F_{cr}}{A} = \frac{\pi^2 E}{(\mu l)^2} \frac{I}{A} \tag{14-12}$$

若令 $\frac{I}{A} = i^2$ ，即 $i = \sqrt{\frac{I}{A}}$ ，i 称为压杆横截面的惯性半径，临界应力公式又可以写为

$$\sigma_{cr} = \frac{\pi^2 E}{\left(\frac{\mu l}{i}\right)^2} \tag{14-13}$$

或

$$\sigma_{cr} = \frac{\pi^2 E}{\lambda^2} \tag{14-14}$$

上式为计算细长压杆临界应力的欧拉公式。式中 $\lambda = \frac{\mu l}{i}$ 为压杆的柔度或长细比，其量纲为 1。λ 反映了压杆长度、支承情况以及横截面形状和尺寸等因素对临界应力的综合影响。由式(14-14)可以看出，压杆的临界应力与其柔度的平方成反比，压杆的柔度值越大，其临界应力越小，压杆越容易失稳。可见，柔度 λ 在压杆稳定计算中是一个非常重要的参数。

14.3.2 欧拉公式的适用范围

由于推导杆件受压时的临界力的欧拉公式时，应用的是仅适用于比例极限以内的挠曲线近似微分方程，因此由欧拉公式计算的临界应力也不得超过材料的比例极限，即

$$\sigma_{cr} = \frac{\pi^2 E}{\lambda^2} \leqslant \sigma_p \tag{14-15}$$

用柔度表示为

$$\lambda \geqslant \sqrt{\frac{\pi^2 E}{\sigma_p}} \tag{14-16}$$

令

$$\lambda_p = \sqrt{\frac{\pi^2 E}{\sigma_p}} \tag{14-17}$$

式中 λ_p 是对应于材料比例极限时的柔度值，称为压杆的极限柔度，也就是适用于欧拉公式的最小柔度值。因此，只有压杆的实际柔度 $\lambda \geqslant \lambda_p$ 时，欧拉公式才适用，这类压杆称为大柔度杆或细长杆。λ_p 值取决于材料的力学性能，以低碳钢 Q235 为例，$\sigma_p = 200\text{MPa}$，$E = 206\text{GPa}$ ，代入式(14-17)得

$$\lambda_p = \sqrt{\frac{\pi^2 \times 206 \times 10^9}{200}} \approx 100 \tag{14-18}$$

式(14-18)表明用低碳钢 Q235 制成的压杆，仅当柔度 $\lambda \geqslant 100$ 时，才能应用欧拉公式计算其临界应力或临界力。

14.3.3　超过比例极限时的临界应力经验公式

实际工程中有许多压杆的柔度比 λ_p 小一些，这类杆件在应力超过比例极限 σ_p 的情况下失稳，其临界应力不能用欧拉公式计算，而采用建立在实验基础上的经验公式来计算。常见的经验公式有直线公式和抛物线公式。其中直线公式为

$$\sigma_{cr} = a - b\lambda \qquad\qquad (14\text{-}19)$$

式中：a，b——与材料有关的常数，表 14-2 中给出几种材料的 a，b 值。

表 14-2　　　　　　几种常见材料的直线公式系数 a，b 及柔度 λ_s，λ_p

材　　料	$a(\mathrm{MPa})$	$b(\mathrm{MPa})$	λ_p	λ_s
Q235 钢	304	1.12	100	61.4
优质碳钢 $\sigma_s = 306\mathrm{MPa}$	460	2.57	100	60
硅钢 $\sigma_s = 353\mathrm{MPa}$	577	3.74	100	60
铬钼钢	980	5.3	55	40
硬铝	372	2.14	50	
铸铁	332	1.45	80	
木材	39	0.2	50	

上述经验公式也有一个适用范围，即应用经验公式计算出的临界应力，不能超过压杆材料的压缩屈服极限应力，即

$$\sigma_{cr} = a - b\lambda \leqslant \sigma_s \qquad\qquad (14\text{-}20)$$

用柔度表示为

$$\lambda > \frac{a - \sigma_s}{b} \qquad\qquad (14\text{-}21)$$

令

$$\lambda_s = \frac{a - \sigma_s}{b} \qquad\qquad (14\text{-}22)$$

式中，λ_s 是对应于材料屈服极限时的柔度值。因此，当压杆的实际柔度 $\lambda \geqslant \lambda_s$ 与 $\lambda < \lambda_p$ 时，才能采用经验公式计算其临界应力。可见，经验公式的适用范围为 $\lambda_s \leqslant \lambda < \lambda_p$，柔度在 λ_s 与 λ_p 之间的压杆为中柔度杆或中长杆。

柔度值小于 λ_s 的压杆，称为小柔度杆或短杆。相关试验表明，对于塑性材料制成的短杆，当其临界应力达到屈服极限 σ_s 时，压杆发生屈服失效，这说明小柔度杆的失效是因为强度不足所致。因此，短杆的临界应力 $\sigma_{cr} = \sigma_s$。

14.3.4　临界应力总图

从上述关于欧拉公式适用范围的讨论可知，根据杆件柔度的大小，可以将压杆分为三类，并按其不同方式确定其临界应力。细长杆，即 $\lambda \geqslant \lambda_p$ 时，采用欧拉公式计算临界应力；中长杆，即 $\lambda_s \leqslant \lambda < \lambda_p$ 时，采用经验公式计算临界应力；短杆，即 $\lambda < \lambda_s$ 时，这类

压杆一般不会失稳,而可能发生屈服或是断裂,应按强度问题处理。

塑性材料压杆的临界应力随其柔度而变化的情况如图 14-7 所示,图 14-7 称为临界应力总图。从图 14-7 中可以看出,短杆的临界应力与 λ 值无关,而中长杆的临界应力则随 λ 值的增加而减小;中长杆的临界应力大于比例极限 σ_p,而细长杆的临界应力小于比例极限 σ_p。

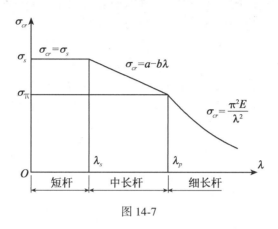

图 14-7

14.4 压杆的稳定计算

压杆的稳定计算必须首先明确压杆的稳定条件。

14.4.1 安全因数法

为了保证压杆的稳定性,必须保证杆件的工作载荷小于其临界力,或者杆件的工作应力小于临界应力,此外,还要考虑压杆应有必要的稳定性储备,使压杆具有足够的稳定性。因此,压杆的稳定条件写为

$$F \leqslant \frac{F_{cr}}{[n_{st}]} \tag{14-23}$$

或

$$\sigma \leqslant \frac{\sigma_{cr}}{[n_{st}]} \tag{14-24}$$

式中,$[n_{st}]$ 为规定的稳定安全因数。临界力 F_{cr} 与压杆工作压力 F 的比值,表示压杆工作时的实际稳定性储备,称为压杆的工作稳定安全因数,用 n 表示。于是得到安全因数表示的压杆稳定条件

$$n = \frac{F_{cr}}{F} \geqslant [n_{st}] \tag{14-25}$$

考虑到压杆的初曲率、载荷偏心、材料不均匀等因素对压杆临界力的影响,$[n_{st}]$ 的取值均比强度安全因数大一些。在静载荷下,对于钢材取 $[n_{st}] = 1.8 \sim 3.0$;对于铸铁取 $[n_{st}] = 4.5 \sim 5.5$;对于木材取 $[n_{st}] = 2.5 \sim 3.5$。在实际工程中,应按照相关设计规范查取 $[n_{st}]$ 值。但对某一实际压杆,选取多大的安全因数为合适是困难的。这正是用理想压杆的临界力为准则进行稳定性计算的不足之处。但这种方法比较简单、方便,且一般不受

截面形状和使用材料的影响。

14.4.2 稳定因数法

实际压杆所能承受的应力极限也随着压杆的柔度而改变，柔度越大，其极限应力值越低。因此在设计压杆时所用的许用应力也随着压杆柔度的增大而减小。在一些工程领域的压杆设计中，将压杆的稳定许用应力 $[\sigma_{st}]$ 写为材料的强度许用应力 $[\sigma]$ 乘以一个随着杆件柔度 λ 而改变的因数 $\varphi = \varphi(\lambda)$ ，即

$$[\sigma_{st}] = \varphi[\sigma] \tag{14-26}$$

式(14-26)中，系数 $\varphi = \varphi(\lambda)$ 为稳定因数，稳定因素 φ 反映压杆稳定许用应力随着压杆柔度改变这一特点。常用稳定因数可以查阅相关工程规范和手册。

[例14-2] 空气压缩机的活塞杆由 45 号钢制成，$\sigma_s = 350\text{MPa}$ ，$\sigma_p = 280\text{MPa}$ ，$E = 200\text{GPa}$ 。长度 $l = 703\text{mm}$ ，直径 $d = 45\text{mm}$ 。最大压力 $F = 41.6\text{kN}$ 。规定稳定安全因数 $[n_{st}] = 8 \sim 10$ 。试校核其稳定性。

解: 由公式(14-17)，求出

$$\lambda_p = \sqrt{\frac{\pi^2 E}{\sigma_p}} = \sqrt{\frac{\pi^2 \times 210 \times 10^9}{280 \times 10^6}} = 86$$

活塞杆两端可以简化为铰支座，所以 $\mu = 1$ 。活塞杆截面为圆形

$$i = \sqrt{\frac{I}{A}} = \frac{d}{4} , \quad \lambda = \frac{\mu l}{i} = \frac{1 \times 703 \times 10^{-3}}{\dfrac{45 \times 10^{-3}}{4}} = 62.5$$

由于 $\lambda < \lambda_p$ ，所以欧拉公式不再适用。由表 14-2 得到优质碳钢 45 号钢的相关值 $a = 460\text{MPa}, b = 2.57\text{MPa}$ ，代入式(14-22)

$$\lambda_s = \frac{a - \sigma_s}{b} = \frac{460 - 350}{2.57} = 42.8$$

可见活塞杆 $\lambda_s \leqslant \lambda < \lambda_p$ ，是中柔度杆，利用直线经验公式(14-19)得

$$\sigma_{cr} = a - b\lambda = 460 \times 10^6 - 2.57 \times 10^6 \times 62.5 = 299.4(\text{MPa})$$

$$F_{cr} = A\sigma_{cr} = \frac{\pi}{4} \times (45 \times 10^{-3})^2 \times 299.4 \times 10^6 = 476(\text{kN})$$

活塞杆的工作安全因数为

$$n = \frac{F_{cr}}{F} = \frac{476}{41.6} = 11.4 \geqslant [n_{st}]$$

所以满足稳定性要求。

14.5 提高压杆稳定性的措施

通过公式(14-14)可以看出，压杆的临界应力与压杆的柔度(λ)和材料性质(E)有关，而柔度 λ 又综合了压杆的长度(l)、约束情况(μ)和横截面的惯性半径(i)等影响。因此增大压杆的临界应力，就可以提高构件抵抗失稳的能力，可以综合上述因素，采取适当措施达到提高压杆稳定性的目的。

14.5.1 合理选择材料

压杆的临界应力与材料的弹性模量 E 成正比，因此选择弹性模量较高的材料，可以提高杆件的抗失稳能力。但是由于各种钢材的弹性模量 E 值差别不大，因此对于大柔度杆选用优质钢材并不能提高构件的临界应力。优质钢材的许用应力高于普通钢材，只是在受拉或是以强度破坏为主要破坏形式的构件(比如小柔度压杆)中才具有优势。

14.5.2 降低压杆的柔度

1. 减小压杆的支承长度

在条件允许的情况下，尽量减小压杆的实际长度，以达到减小材料的柔度 λ 值，从而提高压杆的稳定性。若不允许减小压杆的实际长度，则可以采取增加中间支承的方法来减小压杆的支承长度。例如，为了提高穿孔机顶杆的稳定性，可以在顶杆中点增加一个抱辊，以达到既不减小顶杆的实际长度又提高了其稳定性的目的，如图 14-8 所示。

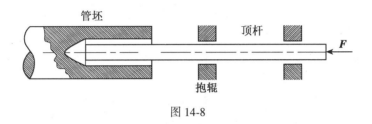

图 14-8

2. 改善杆端约束情况

杆端约束的刚性越好，压杆的 μ 值就越小，从而可以在相当程度上改善整个杆件抗失稳的能力。例如工程结构中有的支柱，除两端要求焊牢固之外，还需要设置肘板以加固端部约束。

3. 选择合理的截面形状

在条件许可的情况下，应增大压杆截面的惯性矩可以改善压杆抵抗失稳的能力。压杆主轴平面内失稳，如果只增大其截面某个方向的惯性矩，不能提高压杆的承载能力。若把压杆截面设计成空心的，并使 $I_y = I_z$。可以提高压杆各个方向的稳定性，如图14-9所示。

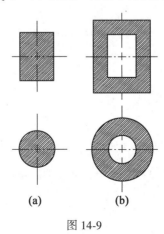

(a)　　　　(b)

图 14-9

若压杆两端在不同平面内约束条件不同，杆件的各个方向的惯性矩也应不同，则需使约束刚性较好的平面惯性矩较小，而约束刚性较差的平面惯性矩较大，尽量使各个平面内压杆的柔度 λ 值相接近。

14.6 压杆的有限元分析

[**例 14-3**] 如图 14-10 所示，一根长为 2m 的两端铰支的杆件，受到集中载荷 $F=1\text{N}$ 的作用。杆件截面尺寸为 $b=0.01\text{m}$，方形横截面面积为 $A=0.0001\text{m}^2$，弹性模量 $E=2.1\times 10^{11}\text{Pa}$，求在横向载荷作用下细长杆的临界屈曲载荷。

图 14-10 两端铰支的压杆

解：压杆的临界载荷：
$$F_{cr} = \frac{\pi^2 EI}{l^2}$$

该压杆的抗弯截面惯性矩 $I = \dfrac{b^4}{12} = 0.08333\text{mm}^4$，将 $l=2\text{m}$、$E=2.1\times10^{11}\text{Pa}$ 代入，得
$$F_{cr} = \frac{\pi^2 EI}{l^2}$$

得到理论解：
$$F_{cr} = \frac{3.14^2 \times 2.1 \times 10^{11} \times 0.08333}{2^2} = 431.34\text{N}$$

该杆件的 ANSYS 模型及变形图分别如图 14-11、图 14-12 所示，ANSYS 求解得临界载荷 $F_{cr} = 432.21\text{N}$。理论值和 ANSYS 求解相差 0.87N，误差约为 0.2%。

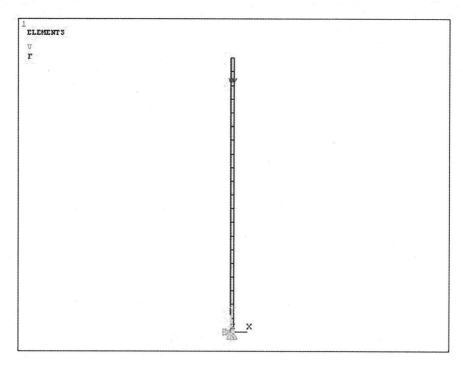

图 14-11   两端铰支的压杆的分析模型图

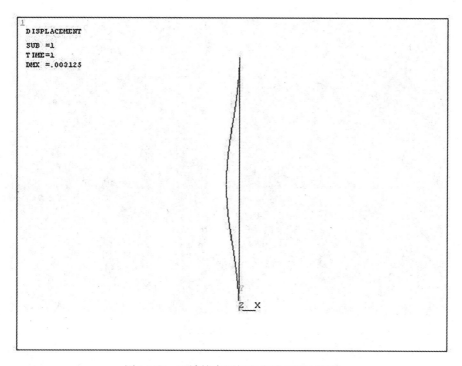

图 14-12   两端铰支压杆的失稳后的变形图

[**例 14-4**]　如图 14-13 所示的杆在顶端承受压力作用，底端固定。已知：横截面面积为 $0.1m^2$，长度为 $0.1m$。弹性模量 $E = 2.0 \times 10^5 Pa$，泊松比为 0.3。试分析压力的临界值。

图 14-13　一端固定一端自由压杆

分析过程如图 14-14～图 14-17 所示。

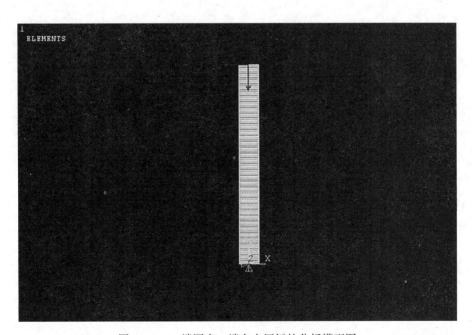

图 14-14　一端固定一端自由压杆的分析模型图

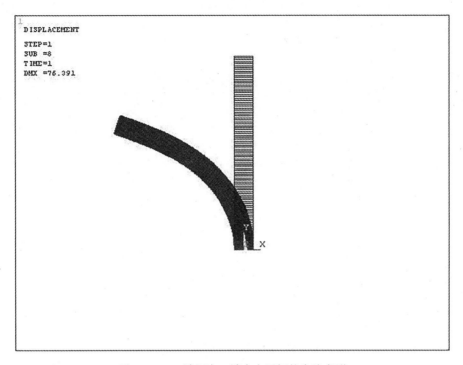

图 14-15 一端固定一端自由压杆的失稳变形

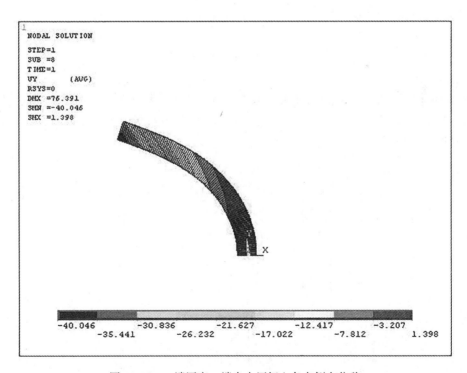

图 14-16 一端固定一端自由压杆上各点侧向位移

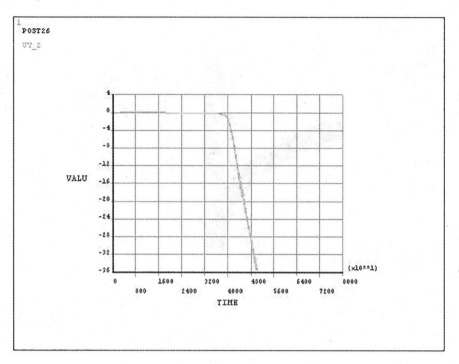

图 14-17   一端固定一端自由压杆的位移-载荷曲线图

从以上位移-载荷曲线图可以看出，当载荷大约 40000N 时，压杆开始失稳。

思考题与习题 14

1. 两根材料、长度、截面面积和约束条件都相同的压杆，其临界压力也相同吗？

2. 如图 14-18 所示，各中心受压直杆的材料、长度及抗弯刚度均相同，其中临界力最大和临界力最小的各为哪幅图？

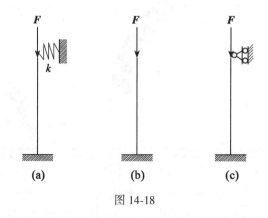

图 14-18

3. 如图 14-19(a)、(b)所示中心受压杆中，实心圆杆与空心圆杆的横截面面积相同。从稳定性角度考虑，哪种布置方案较为合理？

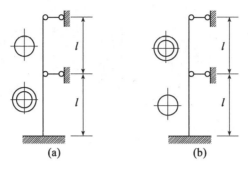

图 14-19

4. 压杆失稳将发生在(   )的纵向平面内。

(A)截面惯性半径最小   (B)长度系数 μ 最大

(C)柔度 λ 最大   (D)柔度 λ 最小

5. 如果压杆有局部削弱，在稳定计算中是否考虑其影响？在强度计算中是否考虑其影响？为什么？

6. 如图 14-20 所示，材料相同，直径相等的 3 根细长压杆，试判断哪根压杆的临界力最大？哪根压杆的临界力最小？若压杆的弹性模量 $E = 200\text{GPa}$，直径 $d = 160\text{mm}$，试求各杆的临界力。

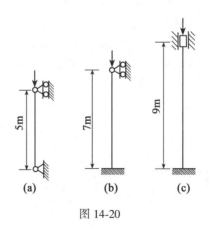

图 14-20

7. 试求如图 14-21 所示压杆的临界力。已知弹性模量 $E = 200\text{GPa}$。(1)圆形截面，直径 $d = 25\text{mm}$，$l = 1\text{m}$。(2)矩形截面，$h = 2b = 40\text{mm}$，$l = 1\text{m}$。(3) 18 号工字钢，$l = 3\text{m}$。

8. 如图 14-22 所示，一悬臂梁式压杆为工字型钢，已知杆长 $l = 1.5\text{m}$，$I_z = 2370\ \text{cm}^4$，$I_y = 158\ \text{cm}^4$，材料的比例极限 $\sigma_P = 200\text{MPa}$，弹性模量 $E = 2.06 \times 10^5 \text{MPa}$，试计算该梁的临界力。

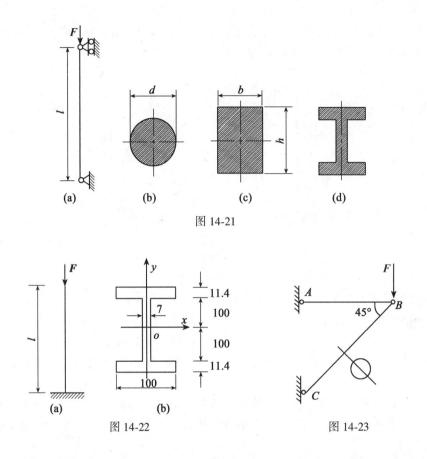

图 14-21

图 14-22

图 14-23

9. 如图 14-23 所示支架，斜杆 BC 为圆截面杆，直径 $d = 25mm$、长度 $BC = l = 1.25m$，材料为优质碳钢，材料的比例极限 $\sigma_P = 200MPa$，弹性模量 $E = 200GPa$。若其许用稳定安全因数 $[n_{st}] = 4$，试按 BC 杆的稳定性确定支架的许可载荷 $[F]$。

10. 直径 $d = 100mm$ 的横梁 CD，由横截面为矩形的支杆 AB 支承，其尺寸如图 14-24 所示。AB 杆材料为 Q235 钢，其材料常数如表 14-3 所示。若横梁 CD 材料许用应力 $[\sigma] = 160MPa$，支杆 AB 许用稳定安全因数 $[n_{st}] = 3$。试求该结构所能承受的最大载荷 q_{max}（忽略截面剪力与轴力）。

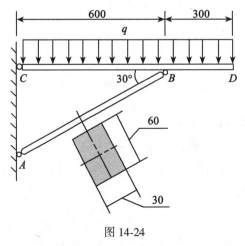

图 14-24

表 14-3

E	σ_p	σ_s	a	b
GPa	MPa			
200	200	240	310	1.14

11. 如图 14-25 所示结构，杆 AB 横截面面积 $A = 21.5\ \mathrm{cm}^2$，抗弯截面模量 $W_z = 102\ \mathrm{cm}^3$，材料的许用应力 $[\sigma] = 180\mathrm{MPa}$。圆截面杆 CD，其直径 $d = 20\mathrm{mm}$，材料的弹性模量 $E = 200\mathrm{GPa}$，比例极限 $\sigma_P = 200\mathrm{MPa}$。$A$、$C$、$D$ 三处均为球铰约束，若已知：$l_1 = 1.25\mathrm{m}$，$l_2 = 0.55\mathrm{m}$，$F = 25\mathrm{kN}$，稳定安全因数 $[n_{st}] = 1.8$，试校核该结构是否安全。

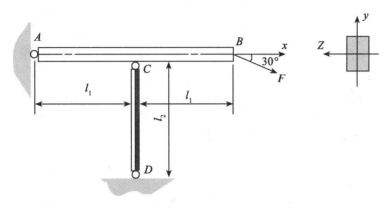

图 14-25

12. 如图 14-26 所示，托架中的 AB 杆，其长度 $l = 800\mathrm{mm}$，直径 $d = 40\mathrm{mm}$，材料为 Q235 钢，两端视为铰支。(1)试求托架的临界载荷 F_{cr}；(2)若已知托架的工作载荷 $F = 70\mathrm{kN}$，并规定 AB 杆的稳定安全因数 $[n_{st}] = 2$，试问托架是否安全？

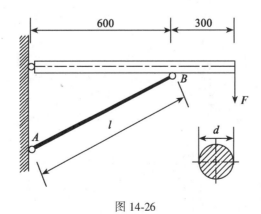

图 14-26

13. 千斤顶螺杆的内径 $d = 52\mathrm{mm}$，长度为 $l = 500\mathrm{mm}$，材料为 Q235 钢，$\sigma_s = 235\mathrm{MPa}$。可以认为螺杆下端固定，上端自由。若千斤顶最大压力 $F = 150\mathrm{kN}$，试求螺杆

的工作稳定安全因数。

14. 如图 14-27 所示，截面为矩形 $b \times h$ 的压杆，两端用柱形铰连接(在 xOy 平面内弯曲时，可以视为两端铰支；在 xOz 平面内弯曲时，可以视为两端固定)。压杆的材料为 Q235 钢，其弹性模量 $E = 200\text{GPa}$，比例极限 $\sigma_P = 200\text{MPa}$。

(1)试求当矩形截面尺寸为 40mm × 60mm 时，压杆的临界压力。

(2)欲使压杆在 xOy 平面和 xOz 平面内具有相同的稳定性，试求 b 和 h 比值。

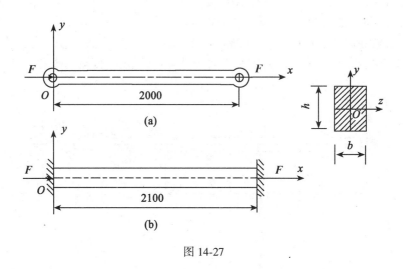

图 14-27

15. 如图 14-28 所示，正方形桁架由五根圆截面钢杆组成。已知各杆的直径均为 $d = 30\text{mm}$，$a = 1\text{m}$，材料的弹性模量 $E = 200\text{GPa}$，许用应力 $[\sigma] = 160\text{MPa}$，柔度 $\lambda_p = 100$，稳定安全因数 $[n_{st}] = 3$，试求该结构的许可载荷 $[F]$。

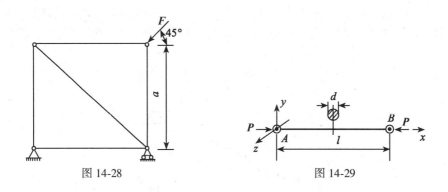

图 14-28　　　　　　　　　　　　　　　图 14-29

16. 如图 14-29 所示，汽缸连杆两端为圆柱形铰链，长度 $l = 1.5\text{m}$，直径 $d = 55\text{mm}$，材料为 A_3 钢，弹性模量 $E = 210\text{GPa}$。汽缸最大总压力 $P = 80\text{kN}$，规定稳定安全因数 $[n_{st}] = 5$。试对该连杆作稳定性校核。

附录 I 截面的几何性质

1. 截面的静矩和形心位置

如图 I-1 所示平面图形代表一任意截面，以下两积分

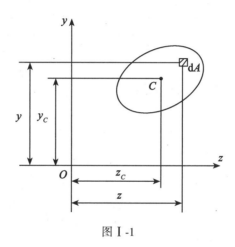

图 I-1

$$\begin{cases} S_z = \int_A y \cdot \mathrm{d}A \\ S_y = \int_A z \cdot \mathrm{d}A \end{cases} \tag{I-1}$$

分别定义为该截面对于 Oz 轴和 Oy 轴的静矩。静矩可以用来确定截面的形心位置。由静力学中确定物体重心的公式可得

$$\begin{cases} y_C = \dfrac{\int_A y \cdot \mathrm{d}A}{A} \\[4mm] z_C = \dfrac{\int_A z \cdot \mathrm{d}A}{A} \end{cases}$$

利用公式(I-1)，上式可以写成

$$\begin{cases} S_y = \int_A z\mathrm{d}A = Az_C \\ S_z = \int_A y\mathrm{d}A = Ay_C \end{cases} \tag{I-2}$$

静矩和形心的关系

$$\begin{cases} y_C = \dfrac{S_z}{A} \\[3mm] z_C = \dfrac{S_y}{A} \end{cases} \qquad (\text{I -3})$$

如果一个平面图形是由若干个简单图形组成的组合图形，则由静矩的定义可知，整个图形对某一坐标轴的静矩应等于各简单图形对同一坐标轴的静矩的代数和。即

$$\begin{cases} S_z = \displaystyle\sum_{i=1}^{n} A_i y_{ci} \\[3mm] S_y = \displaystyle\sum_{i=1}^{n} A_i z_{ci} \end{cases} \qquad (\text{I -4})$$

式中 A_i、y_{ci} 和 z_{ci} 分别表示某一组成部分的面积和其形心坐标，n 为简单图形的个数。将式(I -4)代入式(I -3)，得到组合图形形心坐标的计算公式为

$$\begin{cases} y_c = \dfrac{\displaystyle\sum_{i=1}^{n} A_i y_{ci}}{\displaystyle\sum_{i=1}^{n} A_i} \\[6mm] z_c = \dfrac{\displaystyle\sum_{i=1}^{n} A_i z_{ci}}{\displaystyle\sum_{i=1}^{n} A_i} \end{cases} \qquad (\text{I -5})$$

[例 I -1] 如图 I -2 所示为对称 T 型截面，试求该截面的形心位置。

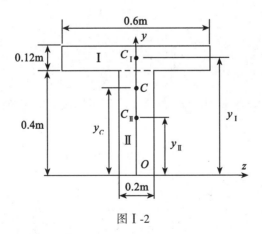

图 I -2

解：建立直角坐标系 zOy ，其中 Oy 为截面的对称轴。因图形相对于 Oy 轴对称，其形心一定在该对称轴上，因此 $z_c = 0$ ，只需计算 y_c 值。将截面分成 I 、II 两个矩形，则

$$A_{\text{I}} = 0.072\text{m}^2, \qquad A_{\text{II}} = 0.08\text{m}^2, \qquad y_{\text{I}} = 0.46\text{m}, \qquad y_{\text{II}} = 0.2\text{m}$$

$$y_c = \frac{\sum\limits_{i=1}^{n} A_i y_{ci}}{\sum\limits_{i=1}^{n} A_i} = \frac{A_{\text{I}} y_{\text{I}} + A_{\text{II}} y_{\text{II}}}{A_{\text{I}} + A_{\text{II}}} = \frac{0.072 \times 0.46 + 0.08 \times 0.2}{0.072 + 0.08} = 0.323(\text{m})_\circ$$

2. 惯性矩、惯性积和极惯性矩

如图 I-3 所示，平面图形代表一任意截面，在图形平面内建立直角坐标系 zOy。现在图形内取微面积 dA，dA 的形心在坐标系 zOy 中的坐标为 y 和 z，到坐标原点的距离为 ρ。现定义 $y^2 dA$ 和 $z^2 dA$ 为微面积 dA 对 Oz 轴和 Oy 轴的惯性矩，$\rho^2 dA$ 为微面积 dA 对坐标原点的极惯性矩。

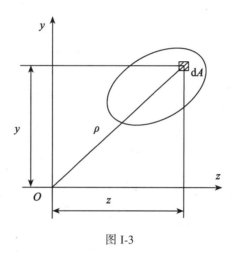

图 I-3

而以下三个积分

$$\begin{cases} I_z = \displaystyle\int_A y^2 dA \\[2mm] I_y = \displaystyle\int_A z^2 dA \\[2mm] I_P = \displaystyle\int_A \rho^2 dA \end{cases} \tag{I-6}$$

分别定义为该截面对于 Oz 轴和 Oy 轴的惯性矩以及对坐标原点的极惯性矩。

由图 I-3 可见，$\rho^2 = y^2 + z^2$，所以有

$$I_P = \int_A \rho^2 dA = \int_A (y^2 + z^2) dA = I_z + I_y \tag{I-7}$$

即任意截面对一点的极惯性矩，等于截面对以该点为原点的两任意正交坐标轴的惯性矩之和。

另外，微面积 dA 与它到两轴距离的乘积 $zy dA$ 称为微面积 dA 对 Oy 轴、Oz 轴的惯性积，而积分

$$I_{yz} = \int_A zy dA \tag{I-8}$$

定义为该截面对于 Oy 轴、Oz 轴的惯性积。

从上述定义可见，同一截面对于不同坐标轴的惯性矩和惯性积一般是不同的。惯性矩的数值恒为正值，而惯性积则可能为正，可能为负，也可能等于零。惯性矩和惯性积的常用单位是 m^4 或 mm^4。

3. 简单图形惯性矩的计算

（1）圆形截面。实心（直径 D）如图 I -4（a）所示，则

$$I_z = I_y = \frac{\pi D^4}{64} \qquad (\text{I -9})$$

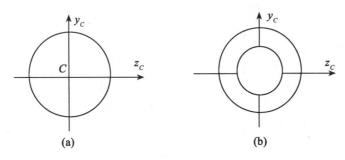

图 I -4

空心（外径 D，内径 d）如图 I -4(b) 所示，则

$$I_z = I_y = \frac{\pi(D^4 - d^4)}{64} \qquad (\text{I -10})$$

（2）矩形截面。如图 I -5 所示，则

$$I_z = \int_A y^2 \mathrm{d}A = \int_{-\frac{h}{2}}^{\frac{h}{2}} y^2 b\,\mathrm{d}y = \frac{bh^3}{12} \qquad (\text{I -11})$$

$$I_y = \int_A z^2 \mathrm{d}A = \int_{-\frac{b}{2}}^{\frac{b}{2}} z^2 h\,\mathrm{d}z = \frac{hb^3}{12}。 \qquad (\text{I -12})$$

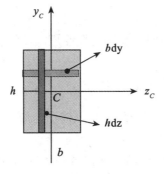

图 I -5

4. 惯性矩、惯性积的平行移轴和转轴公式

(1)惯性矩、惯性积的平行移轴公式。

如图 I-6 所示为一任意截面，Oz、Oy 为通过截面形心的一对正交轴，z_1、y_1 为与 O_1z、O_1y 平行的坐标轴，截面形心 c 在坐标系 $z_1O_1y_1$ 中的坐标为 (b, a)，已知截面对 O_1z 轴、O_1y 轴的惯性矩和惯性积为 I_z、I_y、I_{yz}，下面求截面对 O_1z_1 轴、O_1y_1 轴的惯性矩和惯性积 I_{z_1}、I_{y_1}、$I_{y_1z_1}$。

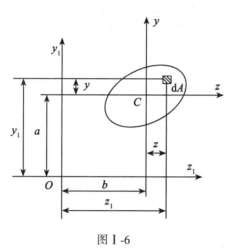

图 I-6

$$y_1 = y + a;\quad z_1 = z + b$$

$$I_{z_1} = \int_A y_1^2 \mathrm{d}A = \int_A (y + a)^2 \mathrm{d}A = \int_A y^2 \mathrm{d}A + \int_A a^2 \mathrm{d}A + 2a\int_A y\mathrm{d}A = I_z + a^2 A \qquad (\text{I-13})$$

同理可得

$$I_{y_1} = \int_A z_1^2 \mathrm{d}A = \int_A (z + b)^2 \mathrm{d}A = \int_A z^2 \mathrm{d}A + \int_A b^2 \mathrm{d}A + 2b\int_A z\mathrm{d}A = I_y + b^2 A \qquad (\text{I-14})$$

式(I-13)、式(I-14)称为惯性矩的平行移轴公式。

下面求截面对 O_1y_1 轴、O_1z_1 轴的惯性积 $I_{y_1z_1}$。根据定义

$$I_{y_1z_1} = \int_A z_1 y_1 \mathrm{d}A = \int_A (z + b)(y + a)\mathrm{d}A$$

$$= \int_A zy\mathrm{d}A + \int_A ab\mathrm{d}A + a\int_A z\mathrm{d}A + b\int_A y\mathrm{d}A = I_{yz} + abA + aS_y + bS_z$$

由于 O_1z 轴、O_1y 轴是截面的形心轴，所以 $S_z = S_y = 0$，即

$$I_{y_1z_1} = I_{yz} + abA \qquad (\text{I-15})$$

式(I-15)称为惯性积的平行移轴公式。

(2)惯性矩、惯性积的转轴公式

如图 I-7 所示为一任意截面，Oz、Oy 为过任一点 O 的一对正交轴，截面对 Oz 轴、Oy 轴的惯性矩 I_z、I_y 和惯性积 I_{yz} 已知。现将 Oz 轴、Oy 轴绕 O 点旋转 α 角(以逆时针方向为正)得到另一对正交轴 Oz_1 轴、Oy_1 轴，下面求截面对 Oz_1 轴、Oy_1 轴的惯性矩和惯性积 I_{z_1}、I_{y_1}、$I_{y_1z_1}$。

$$I_{z_1} = \frac{I_z + I_y}{2} + \frac{I_z - I_y}{2}\cos2\alpha - I_{yz}\sin2\alpha \qquad (\text{I-16})$$

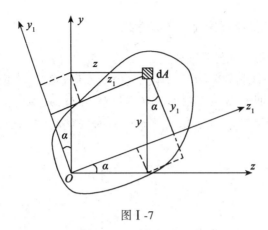

图 Ⅰ -7

同理可得

$$I_{y_1} = \frac{I_z + I_y}{2} - \frac{I_z - I_y}{2}\cos2\alpha + I_{yz}\sin2\alpha \qquad (\text{Ⅰ-17})$$

$$I_{y_1z_1} = \frac{I_z - I_y}{2}\sin2\alpha + I_{yz}\cos2\alpha \qquad (\text{Ⅰ-18})$$

式(I-16)、式(I-17)称为惯性矩的转轴公式，式(I-18)称为惯性积的转轴公式。

5. 形心主轴和形心主惯性矩

（1）主惯性轴、主惯性矩。

由式(I-18)不难发现，当 $\alpha = 0°$，即两坐标轴互相重合时，$I_{y_1z_1} = I_{yz}$；当 $\alpha = 90°$ 时，$I_{y_1z_1} = -I_{yz}$，因此必定有这样的一对坐标轴，使截面对该坐标轴的惯性积为零。通常把这样的一对坐标轴称为截面的主惯性轴，简称主轴，截面对主轴的惯性矩称为主惯性矩。

假设将 Oz 轴、Oy 轴绕 O 点旋转 α_0 角得到主轴 Oz_0 轴、Oy_0，根据主轴的定义得

$$I_{y_0z_0} = \frac{I_z - I_y}{2}\sin2\alpha_0 + I_{zy}\cos2\alpha_0 = 0 \qquad (\text{Ⅰ-19})$$

$$\tan2\alpha_0 = \frac{-2I_{yz}}{I_z - I_y} \qquad (\text{Ⅰ-20})$$

式(I-20)即为确定主轴的公式，式中负号放在分子上，是为了和下面两式相符。当满足式(I-20)的 α_0 角时，$I_{z_0} = I_{max}$。

由式(Ⅰ-20)及三角公式可得

$$\cos2\alpha_0 = \frac{I_z - I_y}{\sqrt{(I_z - I_y)^2 + 4I_{yz}^2}}$$

$$\sin2\alpha_0 = \frac{-I_{yz}}{\sqrt{(I_z - I_y)^2 + 4I_{yz}^2}}$$

将上述二式代入到式（Ⅰ-16）、式（Ⅰ-17）便可得到截面对主轴 Oz_0 轴、Oy_0 轴的主惯性矩

$$\begin{cases} I_{z_0} = \dfrac{I_z + I_y}{2} + \dfrac{1}{2}\sqrt{(I_z - I_y)^2 + 4I_{yz}^2} \\[3mm] I_{z_0} = \dfrac{I_z + I_y}{2} - \dfrac{1}{2}\sqrt{(I_z - I_y)^2 + 4I_{yz}^2} \end{cases} \qquad (\text{I}-21)$$

（2）形心主轴、形心主惯性矩。

通过截面上的任何一点均可以找到一对主轴。通过截面形心的主轴称为形心主轴，截面对形心主轴的惯性矩称为形心主惯性矩。

[**例 I -2**]　试求例 I -1 中截面的形心主惯性矩。

解：在例 I -1 中已求出形心位置为

$$z_c = 0 \; , \; y_c = 0.323 \text{m}$$

过形心的主轴 Oz_0 轴、Oy_0 轴如图 I -2 所示，Oz_0 轴到两个矩形形心的距离分别为

$$\alpha_{\text{I}} = 0.137 \text{m} \; , \; \alpha_{\text{II}} = 0.123 \text{m}$$

截面对 Oz_0 轴的惯性矩为两个矩形对 Oz_0 轴的惯性矩之和，即

$$I_{z0} = I_{z1}^{\text{I}} + A_{\text{I}} a_{\text{I}}^2 + I_{z\text{II}}^{\text{II}} + A_{\text{II}} a_{\text{II}}^2$$

$$= \frac{0.6 \times 0.12^3}{12} + 0.6 \times 0.12 \times 0.137^2 + \frac{0.2 \times 0.4^3}{12} + 0.2 \times 0.4 \times 0.123^2$$

$$= 0.37 \times 10^{-2} (\text{m}^4)$$

截面对 Oy_0 轴惯性矩为

$$I_{y0} = I_{y0}^{\text{I}} + I_{y0}^{\text{II}} = \frac{0.12 \times 0.6^3}{12} + \frac{0.4 \times 0.2^3}{12} = 0.242 \times 10^{-2} (\text{m}^4)$$

附录 Ⅱ-1 梁在简单载荷作用下的变形表

表 1   梁在简单载荷作用下的变形表

序号	梁的简图	挠曲线方程	转角和挠度
(1)		$w = -\dfrac{mx^2}{2EI_z}$	$\theta_B = -\dfrac{ml}{EI_z}$ $w_B = -\dfrac{ml^2}{2EI_z}$
(2)		$w = -\dfrac{Fx^2}{6EI_z}(3l - x)$	$\theta_B = -\dfrac{Fl^2}{2EI_z}$ $w_B = -\dfrac{Fl^3}{3EI_z}$
(3)		$w = -\dfrac{Fx^2}{6EI_z}(3a - x) \quad 0 \leqslant x \leqslant a$ $w = -\dfrac{Fa^2}{6EI_z}(3a - a) \quad a \leqslant x \leqslant l$	$\theta_B = -\dfrac{Fa^2}{2EI_z}$ $w_B = -\dfrac{Fa^2}{6EI_z}(3l - a)$
(4)		$w = -\dfrac{qx^2}{24EI_z}(x^2 - 4lx + 6l^2)$	$\theta_B = -\dfrac{ql^3}{6EI_z}$ $w_B = -\dfrac{ql^4}{8EI_z}$
(5)		$w = -\dfrac{mx}{6EI_z l}(l - x)(2l - x)$	$\theta_A = -\dfrac{ml}{3EI_z} \quad \theta_B = \dfrac{ml}{6EI_z}$ $x = \left(1 - \dfrac{1}{\sqrt{3}}\right)l$ $w_{\max} = -\dfrac{ml^2}{9\sqrt{3}\,EI_z}$ $x = \dfrac{1}{2}, \ w_{\frac{1}{2}} = -\dfrac{ml^2}{16EI_z}$
(6)		$w = -\dfrac{mx}{6EI_z l}(l^2 - x^2)$	$\theta_A = -\dfrac{ml}{6EI_z} \quad \theta_B = \dfrac{ml}{3EI_z}$ $x = \dfrac{1}{\sqrt{3}} \quad w_{\max} = -\dfrac{ml^2}{9\sqrt{3}\,EI_z}$ $x = \dfrac{1}{2}, \ w_{\frac{1}{2}} = -\dfrac{ml^2}{16EI_z}$

续表

序号	梁的简图	挠曲线方程	转角和挠度
(7)		$w = \dfrac{mx}{6EI_z l}(l^2 - 3b^2 - x^2),$ $0 \leqslant x \leqslant a$ $w = \dfrac{m}{6EI_z l}[-x^3 + 3l(x-a)^2$ $+ (l^2 - 3b^2)x]\quad a \leqslant x \leqslant l$	$\theta_A = \dfrac{ml}{6EI_z l}(l^2 - 3b^2)$ $\theta_B = \dfrac{m}{6EI_z l}(l^2 - 3a^2)$
(8)		$w = -\dfrac{Fx}{48EI_z}(3l^2 - 4x^2)$ $0 \leqslant x \leqslant \dfrac{l}{2}$	$\theta_A = -\theta_B = -\dfrac{Fl^2}{16EI_z}$ $W_{max} = \dfrac{-Fl^3}{48EI_z}$
(9)		$w = -\dfrac{Fbx}{6EI_z l}(l^2 - x^2 - b^2)$ $0 \leqslant x \leqslant a$ $w = -\dfrac{Fb}{6EI_z l}\left[\dfrac{1}{6}(1-a)^3\right.$ $\left.+ (l^2 - b^2)x - x^2\right]$ $a \leqslant x \leqslant l$	$\theta_A = -\dfrac{Fab(l+b)}{6EI_z l}$ $\theta_B = \dfrac{Fab(l+a)}{6EI_z l}$ 设 $a>b$，在 $x=\sqrt{\dfrac{l^2-b^2}{3}}$ 处， $W_{max} = -\dfrac{Fb(l^2-b^2)^{3/2}}{9\sqrt{3}EI_z l}$ 在 $x=\dfrac{l}{2}$ 处， $w_{\frac{l}{2}} = -\dfrac{Fb(3l^2 - 4b^2)}{48EI_z}$
(10)		$w = -\dfrac{qx^2}{24EI_z}(l^3 - 2lx^2 + x^3)$	$\theta_A = -\theta_B = -\dfrac{ql^3}{24EI_z}$ $W_{max} = -\dfrac{5ql^4}{384EI_z}$
(11)		$w = \dfrac{Fax}{6EI_z l}(l^2 - x^2), 0 \leqslant x \leqslant l$ $w = -\dfrac{F(x-l)}{6EI_z}[a(3x-l)$ $- (x-l)^2]$ $l \leqslant x \leqslant (l+a)$	$\theta_A = -\dfrac{1}{2}\theta_B = \dfrac{Fal}{6EI_z}$ $\theta_c = -\dfrac{Fa}{6EI_z}(2l + 3a)$ $w_c = -\dfrac{Fa^2}{3EI_z}(l + a)$
(12)		$w = -\dfrac{mx}{6EI_z l}(x^2 - l^2), 0 \leqslant x \leqslant l$ $w = -\dfrac{m}{6EI_z}(3x^2 - 4xl + l^2)$ $l \leqslant x \leqslant (l+a)$	$\theta_A = -\dfrac{1}{2}\theta_B = \dfrac{ml}{6EI_z}$ $\theta_c = -\dfrac{m}{3EI_z}(l + 3a)$ $w_c = -\dfrac{ma}{6EI_z}(2l + 3a)$

附录Ⅱ-2　常用型钢规格表

表1　　　　　　　　　　　　普通工字钢

符号:h—高度;
　　　b—宽度;
　　　t_w—腹板厚度;
　　　t—翼缘平均厚度;
　　　I—惯性矩;
　　　W—截面模量

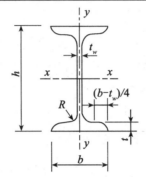

i—回转半径;
S_x—半截面的面积矩;
长度:
型号 10~18,长 5~19m;
型号 20~63,长 6~19m。

型号		尺寸(mm)					截面面积(cm²)	理论重量(kg/m)	x-x 轴				y-y 轴		
		h mm	b mm	t_w mm	t mm	R mm			I_x cm⁴	W_x cm³	i_x cm	I_x/S_x cm	I_y cm⁴	W_y cm³	I_y cm
10		100	68	4.5	7.6	6.5	14.3	11.2	245	49	4.14	8.69	33	9.6	1.51
12.6		126	74	5	8.4	7	18.1	14.2	488	77	5.19	11	47	12.7	1.61
14		140	80	5.5	9.1	7.5	21.5	16.9	712	102	5.75	12.2	64	16.1	1.73
16		160	88	6	9.9	8	26.1	20.5	1127	141	6.57	13.9	93	21.1	1.89
18		180	94	6.5	10.7	8.5	30.7	24.1	1699	185	7.37	15.4	123	26.2	2.00
20	a	200	100	7	11.4	9	35.5	27.9	2369	237	8.16	17.4	158	31.6	2.11
	b		102	9			39.5	31.1	2502	250	7.95	17.1	169	33.1	2.07
22	a	220	110	7.5	12.3	9.5	42.1	33	3406	310	8.99	19.2	226	41.1	2.32
	b		112	9.5			46.5	36.5	3583	326	8.78	18.9	240	42.9	2.27
25	a	250	116	8	13	10	48.5	38.1	5017	401	10.2	21.7	280	48.4	2.4
	b		118	10			53.5	42	5278	422	9.93	21.4	297	50.4	2.36
28	a	280	122	8.5	13.7	10.5	55.4	43.5	7115	508	11.3	24.3	344	56.4	2.49
	b		124	10.5			61	47.9	7481	534	11.1	24	364	58.7	2.44
32	a	320	130	9.5	15	11.5	67.1	52.7	11080	692	12.8	27.7	459	70.6	2.62
	b		132	11.5			73.5	57.7	11626	727	12.6	27.3	484	73.3	2.57
	c		134	13.5			79.9	62.7	12173	761	12.3	26.9	510	76.1	2.53

型号		尺寸(mm)					截面面积 (cm^2)	理论重量 (kg/m)	x-x 轴				y-y 轴		
		h mm	b mm	t_w mm	t mm	R mm			I_x cm^4	W_x cm^3	i_x cm	I_x/S_x cm	I_y cm^4	W_y cm^3	I_y cm
36	a	360	136	10	15.8	12	76.4	60	15796	878	14.4	31	555	81.6	2.69
	b		138	12			83.6	65.6	16574	921	14.1	30.6	584	84.6	2.64
	c		140	14			90.8	71.3	17351	964	13.8	30.2	614	87.7	2.6
40	a	400	142	10.5	16.5	12.5	86.1	67.6	21714	1086	15.9	34.4	660	92.9	2.77
	b		144	12.5			94.1	73.8	22781	1139	15.6	33.9	693	96.2	2.71
	c		146	14.5			102	80.1	23847	1192	15.3	33.5	727	99.7	2.67
45	a	450	150	11.5	18	13.5	102	80.4	32241	1433	17.7	38.5	855	114	2.89
	b		152	13.5			111	87.4	33759	1500	17.4	38.1	895	118	2.84
	c		154	15.5			120	94.5	35278	1568	17.1	37.6	938	122	2.79
50	a	500	158	12	20	14	119	93.6	46472	1859	19.7	42.9	1122	142	3.07
	b		160	14			129	101	48556	1942	19.4	42.3	1171	146	3.01
	c		162	16			139	109	50639	2026	19.1	41.9	1224	151	2.96
56	a	560	166	12.5	21	14.5	135	106	65576	2342	22	47.9	1366	165	3.18
	b		168	14.5			147	115	68503	2447	21.6	47.3	1424	170	3.12
	c		170	16.5			158	124	71430	2551	21.3	46.8	1485	175	3.07
63	a	630	176	13	22	15	155	122	94004	2984	24.7	53.8	1702	194	3.32
	b		178	15			167	131	98171	3117	24.2	53.2	1771	199	3.25
	c		780	17			180	141	102339	3249	23.9	52.6	1842	205	3.2

表 2   **H 型 钢**

符号:h—高度;

    b—宽度;

    t_1—腹板厚度;

    t_2—翼缘厚度;

    I—惯性矩;

    W—截面模量

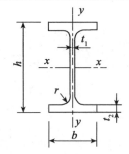

i—回转半径;

S_x—半截面的面积矩。

类别	H 型钢规格 ($h×b×t_1×t_2$)	截面积 A ($cm)^2$	质量 q (kg/m)	x-x 轴			y-y 轴		
				I_x (cm^4)	W_x (cm^3)	i_x (cm)	I_y (cm^4)	W_y (cm^3)	I_y (cm)
HW	100×100×6×8	21.9	17.2 2	383	76.576.5	4.18	134	26.7	2.47
	125×125×6.5×9	30.31	23.8	847	136	5.29	294	47	3.11
	150×150×7×10	40.55	31.9	1660	221	6.39	564	75.1	3.73
	175×175×7.5×11	51.43	40.3	2900	331	7.5	984	112	4.37
	200×200×8×12	64.28	50.5	4770	477	8.61	1600	160	4.99
	#200×204×12×12	72.28	56.7	5030	503	8.35	1700	167	4.85
	250×250×9×14	92.18	72.4	10800	867	10.8	3650	292	6.29
	#250×255×14×14	104.7	82.2	11500	919	10.5	3880	304	6.09
	#294×302×12×12	108.3	85	17000	1160	12.5	5520	365	7.14
	300×300×10×15	120.4	94.5	20500	1370	13.1	6760	450	7.49
	300×305×15×15	135.4	106	21600	1440	12.6	7100	466	7.24
	#344×348×10×16	146	115	33300	1940	15.1	11200	646	8.78
	350×350×12×19	173.9	137	40300	2300	15.2	13600	776	8.84
	#388×402×15×15	179.2	141	49200	2540	16.6	16300	809	9.52
	#394×398×11×18	187.6	147	56400	2860	17.3	18900	951	10
	400×400×13×21	219.5	172	66900	3340	17.5	22400	1120	10.1
	#400×408×21×21	251.5	197	71100	3560	16.8	23800	1170	9.73
	#414×405×18×28	296.2	233	93000	4490	17.7	31000	1530	10.2
	#428×407×20×35	361.4	284	119000	5580	18.2	39400	1930	10.4
HM	148×100×6×9	27.25	21.4	1040	140	6.17	151	30.2	2.35
	194×150×6×9	39.76	31.2	2740	283	8.3	508	67.7	3.57
	244×175×7×11	56.24	44.1	6120	502	10.4	985	113	4.18
	294×200×8×12	73.03	57.3	11400	779	12.5	1600	160	4.69
	340×250×9×14	101.5	79.7	21700	1280	14.6	3650	292	6
	390×300×10×16	136.7	107	38900	2000	16.9	7210	481	7.26
	440×300×11×18	157.4	124	56100	2550	18.9	8110	541	7.18
	482×300×11×15	146.4	115	60800	2520	20.4	6770	451	6.8
	488×300×11×18	164.4	129	71400	2930	20.8	8120	541	7.03
	582×300×12×17	174.5	137	103000	3530	24.3	7670	511	6.63
	588×300×12×20	192.5	151	118000	4020	24.8	9020	601	6.85
	#594×302×14×23	222.4	175	137000	4620	24.9	10600	701	6.9

续表

类别	H 型钢规格 ($h×b×t_1×t_2$)	截面积 A (cm^2)	质量 q (kg/m)	x-x 轴			y-y 轴		
				I_x (cm^4)	W_x (cm^3)	i_x (cm)	I_y (cm^4)	W_y (cm^3)	I_y (cm)
HN	100×50×5×7	12.16	9.54	192	38.5	3.98	14.9	5.96	1.11
	125×60×6×8	17.01	13.3	417	66.8	4.95	29.3	9.75	1.31
	150×75×5×7	18.16	14.3	679	90.6	6.12	49.6	13.2	1.65
	175×90×5×8	23.21	18.2	1220	140	7.26	97.6	21.7	2.05
	198×99×4.5×7	23.59	18.5	1610	163	8.27	114	23	2.2
	200×100×5.5×8	27.57	21.7	1880	188	8.25	134	26.8	2.21
	248×124×5×8	32.89	25.8	3560	287	10.4	255	41.1	2.78
	250×125×6×9	37.87	29.7	4080	326	10.4	294	47	2.79
	298×149×5.5×8	41.55	32.6	6460	433	12.4	443	59.4	3.26
	300×150×6.5×9	47.53	37.3	7350	490	12.4	508	67.7	3.27
	346×174×6×9	53.19	41.8	11200	649	14.5	792	91	3.86
	350×175×7×11	63.66	50	13700	782	14.7	985	113	3.93
	#400×150×8×13	71.12	55.8	18800	942	16.3	734	97.9˙	3.21
	396×199×7×11	72.16	56.7	20000	1010	16.7	1450	145	4.48
	400×200×8×13	84.12	66	23700	1190	16.8	1740	174	4.54
	#450×150×9×14	83.41	65.5	27100	1200	18	793	106	3.08
	446×199×8×12	84.95	66.7	29000	1300	18.5	1580	159	4.31
	450×200×9×14	97.41	76.5	33700	1500	18.6	1870	187	4.38
	#500×150×10×16	98.23	77.1	38500	1540	19.8	907	121	3.04
	496×199×9×14	101.3	79.5	41900	1690	20.3	1840	185	4.27
	500×200×10×16	114.2	89.6	47800	1910	20.5	2140	214	4.33
	#506×201×11×19	131.3	103	56500	2230	20.8	2580	257	4.43
	596×199×10×15	121.2	95.1	69300	2330	23.9	1980	199	4.04
	600×200×11×17	135.2	106	78200	2610	24.1	2280	228	4.11
	#606×201×12×20	153.3	120	91000	3000	24.4	2720	271	4.21
	#692×300×13×20	211.5	166	172000	4980	28.6	9020	602	6.53
	700×300×13×24	235.5	185	201000	5760	29.3	10800	722	6.78

注："#"表示的规格为非常用规格。

表3　　　　　　　　　　　　　　　　　　普　通　槽　钢

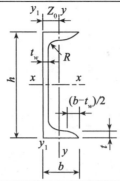

符号：
同普通工字钢
但 W_y 为对应翼缘肢尖

长度：
型号 5~8，长 5~12m；
型号 10~18，长 5~19m；
型号 20~20，长 6~19m。

型号		尺寸(mm)					截面面积	理论重量	x-x 轴			y-y 轴			y-y₁ 轴	Z₀
		h	b	t_w	t	R	(cm^2)	(kg/m)	I_x (cm^4)	W_x (cm^3)	i_x (cm)	I_y (cm^4)	W_y (cm^3)	i_y (cm)	I_{y1} (cm^4)	(cm)
5		50	37	4.5	7	7	6.92	5.44	26	10.4	1.94	8.3	3.5	1.1	20.9	1.35
6.3		63	40	4.8	7.5	7.5	8.45	6.63	51	16.3	2.46	11.9	4.6	1.19	28.3	1.39
8		80	43	5	8	8	10.24	8.04	101	25.3	3.14	16.6	5.8	1.27	37.4	1.42
10		100	48	5.3	8.5	8.5	12.74	10	198	39.7	3.94	25.6	7.8	1.42	54.9	1.52
12.6		126	53	5.5	9	9	15.69	12.31	389	61.7	4.98	38	10.3	1.56	77.8	1.59
14	a	140	58	6	9.5	9.5	18.51	14.53	564	80.5	5.52	53.2	13	1.7	107.2	1.71
	b		60	8	9.5	9.5	21.31	16.73	609	87.1	5.35	61.2	14.1	1.69	120.6	1.67
16	a	160	63	6.5	10	10	21.95	17.23	866	108.3	6.28	73.4	16.3	1.83	144.1	1.79
	b		65	8.5	10	10	25.15	19.75	935	116.8	6.1	83.4	17.6	1.82	160.8	1.75
18	a	180	68	7	10.5	10.5	25.69	20.17	1273	141.4	7.04	98.6	20	1.96	189.7	1.88
	b		70	9	10.5	10.5	29.29	22.99	1370	152.2	6.84	111	21.5	1.95	210.1	1.84
20	a	200	73	7	11	11	28.83	22.63	1780	178	7.86	128	24.2	2.11	244	2.01
	b		75	9	11	11	32.83	25.77	1914	191.4	7.64	143.6	25.9	2.09	268.4	1.95
22	a	220	77	7	11.5	11.5	31.84	24.99	2394	217.6	8.67	157.8	28.2	2.23	298.2	2.1
	b		79	9	11.5	11.5	36.24	28.45	2571	233.8	8.42	176.5	30.1	2.21	326.3	2.03
25	a	250	78	7	12	12	34.91	27.4	3359	268.7	9.81	175.9	30.7	2.24	324.8	2.07
	b		80	9	12	12	39.91	31.33	3619	289.6	9.52	196.4	32.7	2.22	355.1	1.99
	c		82	11	12	12	44.91	35.25	3880	310.4	9.3	215.9	34.6	2.19	388.6	1.96
28	a	280	82	7.5	12.5	12.5	40.02	31.42	4753	339.5	10.9	217.9	35.7	2.33	393.3	2.09
	b		84	9.5	12.5	12.5	45.62	35.81	5118	365.6	10.59	241.5	37.9	2.3	428.5	2.02
	c		86	11.5	12.5	12.5	51.22	40.21	5484	391.7	10.35	264.1	40	2.27	467.3	1.99
32	a	320	88	8	14	14	48.5	38.07	7511	469.4	12.44	304.7	46.4	2.51	547.5	2.24
	b		90	10	14	14	54.9	43.1	8057	503.5	12.11	335.6	49.1	2.47	592.9	2.16
	c		92	12	14	14	61.3	48.12	8603	537.7	11.85	365	51.6	2.44	642.7	2.13
36	a	360	96	9	16	16	60.89	47.8	11874	659.7	13.96	455	63.6	2.73	818.5	2.44
	b		98	11	16	16	68.09	53.45	12652	702.9	13.63	496.7	66.9	2.7	880.5	2.37
	c		100	13	16	16	75.29	59.1	13429	746.1	13.36	536.6	70	2.67	948	2.34
40	a	400	100	10.5	18	18	75.04	58.91	17578	878.9	15.3	592	78.8	2.81	1057.9	2.49
	b		102	12.5	18	18	83.04	65.19	18644	932.2	14.98	640.6	82.6	2.78	1135.8	2.44
	c		104	14.5	18	18	91.04	71.47	19711	985.6	14.71	687.8	86.2	2.75	1220.3	2.42

表4　　　　　　　　　　　　　　　　　　　　　　等 边 角 钢

単角钢　　双角钢

型号		圆角	重心矩	截面积	质量	惯性矩	截面模量		回转半径			i_y，当 a 为下列数值				
		R	Z_0	A		I_x	$W \times max$	$W \times min$	i_x	i_{x0}	i_{y0}	6mm	8mm	10mm	12mm	14mm
		(mm)		(cm²)	(kg/m)	(cm⁴)	(cm³)		(cm)			(cm)				
20×	3	3.5	6	1.13	0.89	0.40	0.66	0.29	0.59	0.75	0.39	1.08	1.17	1.25	1.34	1.43
	4		6.4	1.46	1.15	0.50	0.78	0.36	0.58	0.73	0.38	1.11	1.19	1.28	1.37	1.46
L25×	3	3.5	7.3	1.43	1.12	0.82	1.12	0.46	0.76	0.95	0.49	1.27	1.36	1.44	1.53	1.61
	4		7.6	1.86	1.46	1.03	1.34	0.59	0.74	0.93	0.48	1.30	1.38	1.47	1.55	1.64
L30×	3	4.5	8.5	1.75	1.37	1.46	1.72	0.68	0.91	1.15	0.59	1.47	1.55	1.63	1.71	1.8
	4		8.9	2.28	1.79	1.84	2.08	0.87	0.90	1.13	0.58	1.49	1.57	1.65	1.74	1.82
L36×	3	4.5	10	2.11	1.66	2.58	2.59	0.99	1.11	1.39	0.71	1.70	1.78	1.86	1.94	2.03
	4		10.4	2.76	2.16	3.29	3.18	1.28	1.09	1.38	0.70	1.73	1.8	1.89	1.97	2.05
	5		10.7	2.38	2.65	3.95	3.68	1.56	1.08	1.36	0.70	1.75	1.83	1.91	1.99	2.08
L40×	3	5	10.9	2.36	1.85	3.59	3.28	1.23	1.23	1.55	0.79	1.86	1.94	2.01	2.09	2.18
	4		11.3	3.09	2.42	4.60	4.05	1.60	1.22	1.54	0.79	1.88	1.96	2.04	2.12	2.2
	5		11.7	3.79	2.98	5.53	4.72	1.96	1.21	1.52	0.78	1.90	1.98	2.06	2.14	2.23
L45×	3	5	12.2	2.66	2.09	5.17	4.25	1.58	1.39	1.76	0.90	2.06	2.14	2.21	2.29	2.37
	4		12.6	3.49	2.74	6.65	5.29	2.05	1.38	1.74	0.89	2.08	2.16	2.24	2.32	2.4
	5		13	4.29	3.37	8.04	6.20	2.51	1.37	1.72	0.88	2.10	2.18	2.26	2.34	2.42
	6		13.3	5.08	3.99	9.33	6.99	2.95	1.36	1.71	0.88	2.12	2.2	2.28	2.36	2.44
L50×	3	5.5	13.4	2.97	2.33	7.18	5.36	1.96	1.55	1.96	1.00	2.26	2.33	2.41	2.48	2.56
	4		13.8	3.90	3.06	9.26	6.70	2.56	1.54	1.94	0.99	2.28	2.36	2.43	2.51	2.59
	5		14.2	4.80	3.77	11.21	7.90	3.13	1.53	1.92	0.98	2.30	2.38	2.45	2.53	2.61
	6		14.6	5.69	4.46	13.05	8.95	3.68	1.51	1.91	0.98	2.32	2.4	2.48	2.56	2.64

续表

型号		圆角	重心矩	截面积	质量	惯性矩	截面模量		回转半径			i_y，当 a 为下列数值				
		R	Z_0	A		I_x	$W×max$	$W×min$	i_x	i_{x0}	i_{y0}	6mm	8mm	10mm	12mm	14mm
		(mm)		(cm^2)	(kg/m)	(cm^4)	(cm^3)		(cm)			(cm)				
L56×	3	6	14.8	3.34	2.62	10.19	6.86	2.48	1.75	2.2	1.13	2.50	2.57	2.64	2.72	2.8
	4		15.3	4.39	3.45	13.18	8.63	3.24	1.73	2.18	1.11	2.52	2.59	2.67	2.74	2.82
	5		15.7	5.42	4.25	16.02	10.22	3.97	1.72	2.17	1.10	2.54	2.61	2.69	2.77	2.85
	8		16.8	8.37	6.57	23.63	14.06	6.03	1.68	2.11	1.09	2.60	2.67	2.75	2.83	2.91
L63×	4	7	17	4.98	3.91	19.03	11.22	4.13	1.96	2.46	1.26	2.79	2.87	2.94	3.02	3.09
	5		17.4	6.14	4.82	23.17	13.33	5.08	1.94	2.45	1.25	2.82	2.89	2.96	3.04	3.12
	6		17.8	7.29	5.72	27.12	15.26	6.00	1.93	2.43	1.24	2.83	2.91	2.98	3.06	3.14
	8		18.5	9.51	7.47	34.45	18.59	7.75	1.90	2.39	1.23	2.87	2.95	3.03	3.1	3.18
	10		19.3	11.66	9.15	41.09	21.34	9.39	1.88	2.36	1.22	2.91	2.99	3.07	3.15	3.23
L70×	4	8	18.6	5.57	4.37	26.39	14.16	5.14	2.18	2.74	1.4	3.07	3.14	3.21	3.29	3.36
	5		19.1	6.88	5.40	32.21	16.89	6.32	2.16	2.73	1.39	3.09	3.16	3.24	3.31	3.39
	6		19.5	8.16	6.41	37.77	19.39	7.48	2.15	2.71	1.38	3.11	3.18	3.26	3.33	3.41
	7		19.9	9.42	7.40	43.09	21.68	8.59	2.14	2.69	1.38	3.13	3.2	3.28	3.36	3.43
	8		20.3	10.67	8.37	48.17	23.79	9.68	2.13	2.68	1.37	3.15	3.22	3.30	3.38	3.46
L75×	5	9	20.3	7.41	5.82	39.96	19.73	7.30	2.32	2.92	1.5	3.29	3.36	3.43	3.5	3.58
	6		20.7	8.80	6.91	46.91	22.69	8.63	2.31	2.91	1.49	3.31	3.38	3.45	3.53	3.6
	7		21.1	10.16	7.98	53.57	25.42	9.93	2.30	2.89	1.48	3.33	3.4	3.47	3.55	3.63
	8		21.5	11.50	9.03	59.96	27.93	11.2	2.28	2.87	1.47	3.35	3.42	3.50	3.57	3.65
	10		22.2	14.13	11.09	71.98	32.40	13.64	2.26	2.84	1.46	3.38	3.46	3.54	3.61	3.69
L80×	5	9	21.5	7.91	6.21	48.79	22.70	8.34	2.48	3.13	1.6	3.49	3.56	3.63	3.71	3.78
	6		21.9	9.40	7.38	57.35	26.16	9.87	2.47	3.11	1.59	3.51	3.58	3.65	3.73	3.8
	7		22.3	10.86	8.53	65.58	29.38	11.37	2.46	3.1	1.58	3.53	3.60	3.67	3.75	3.83
	8		22.7	12.30	9.66	73.50	32.36	12.83	2.44	3.08	1.57	3.55	3.62	3.70	3.77	3.85
	10		23.5	15.13	11.87	88.43	37.68	15.64	2.42	3.04	1.56	3.58	3.66	3.74	3.81	3.89

续表

型号	圆角	重心矩	截面积	质量	惯性矩	截面模量		回转半径			i_y,当 a 为下列数值				
	R	Z_0	A		I_x	$W\times max$	$W\times min$	i_x	i_{x0}	i_{y0}	6mm	8mm	10mm	12mm	14mm
	（mm）		（cm²）	（kg/m）	（cm⁴）	（cm³）		（cm）			（cm）				
L90× 6	10	24.4	10.64	8.35	82.77	33.99	12.61	2.79	3.51	1.8	3.91	3.98	4.05	4.12	4.2
7		24.8	12.3	9.66	94.83	38.28	14.54	2.78	3.5	1.78	3.93	4	4.07	4.14	4.22
8		25.2	13.94	10.95	106.5	42.3	16.42	2.76	3.48	1.78	3.95	4.02	4.09	4.17	4.24
10		25.9	17.17	13.48	128.6	49.57	20.07	2.74	3.45	1.76	3.98	4.06	4.13	4.21	4.28
12		26.7	20.31	15.94	149.2	55.93	23.57	2.71	3.41	1.75	4.02	4.09	4.17	4.25	4.32
L100× 6	12	26.7	11.93	9.37	115	43.04	15.68	3.1	3.91	2	4.3	4.37	4.44	4.51	4.58
7		27.1	13.8	10.83	131	48.57	18.1	3.09	3.89	1.99	4.32	4.39	4.46	4.53	4.61
8		27.6	15.64	12.28	148.2	53.78	20.47	3.08	3.88	1.98	4.34	4.41	4.48	4.55	4.63
10		28.4	19.26	15.12	179.5	63.29	25.06	3.05	3.84	1.96	4.38	4.45	4.52	4.6	4.67
12		29.1	22.8	17.9	208.9	71.72	29.47	3.03	3.81	1.95	4.41	4.49	4.56	4.64	4.71
14		29.9	26.26	20.61	236.5	79.19	33.73	3	3.77	1.94	4.45	4.53	4.6	4.68	4.75
16		30.6	29.63	23.26	262.5	85.81	37.82	2.98	3.74	1.93	4.49	4.56	4.64	4.72	4.8
L110× 7	12	29.6	15.2	11.93	177.2	59.78	22.05	3.41	4.3	2.2	4.72	4.79	4.86	4.94	5.01
8		30.1	17.24	13.53	199.5	66.36	24.95	3.4	4.28	2.19	4.74	4.81	4.88	4.96	5.03
10		30.9	21.26	16.69	242.2	78.48	30.6	3.38	4.25	2.17	4.78	4.85	4.92	5	5.07
12		31.6	25.2	19.78	282.6	89.34	36.05	3.35	4.22	2.15	4.82	4.89	4.96	5.04	5.11
14		32.4	29.06	22.81	320.7	99.07	41.31	3.32	4.18	2.14	4.85	4.93	5	5.08	5.15
L125× 8	14	33.7	19.75	15.5	297	88.2	32.52	3.88	4.88	2.5	5.34	5.41	5.48	5.55	5.62
10		34.5	24.37	19.13	361.7	104.8	39.97	3.85	4.85	2.48	5.38	5.45	5.52	5.59	5.66
12		35.3	28.91	22.7	423.2	119.9	47.17	3.83	4.82	2.46	5.41	5.48	5.56	5.63	5.7
14		36.1	33.37	26.19	481.7	133.6	54.16	3.8	4.78	2.45	5.45	5.52	5.59	5.67	5.74

型号	圆角 R	重心矩 Z_0	截面积 A	质量	惯性矩 I_x	截面模量 $W_{x\max}$	$W_{x\min}$	回转半径 i_x	i_{x0}	i_{y0}	i_y,当 a 为下列数值 6mm	8mm	10mm	12mm	14mm
	(mm)		(cm²)	(kg/m)	(cm⁴)	(cm³)		(cm)			(cm)				
10		38.2	27.37	21.49	514.7	134.6	50.58	4.34	5.46	2.78	5.98	6.05	6.12	6.2	6.27
L140× 12	14	39	32.51	25.52	603.7	154.6	59.8	4.31	5.43	2.77	6.02	6.09	6.16	6.23	6.31
14		39.8	37.57	29.49	688.8	173	68.75	4.28	5.4	2.75	6.06	6.13	6.2	6.27	6.34
16		40.6	42.54	33.39	770.2	189.9	77.46	4.26	5.36	2.74	6.09	6.16	6.23	6.31	6.38
10		43.1	31.5	24.73	779.5	180.8	66.7	4.97	6.27	3.2	6.78	6.85	6.92	6.99	7.06
L160× 12	16	43.9	37.44	29.39	916.6	208.6	78.98	4.95	6.24	3.18	6.82	6.89	6.96	7.03	7.1
14		44.7	43.3	33.99	1048	234.4	90.95	4.92	6.2	3.16	6.86	6.93	7	7.07	7.14
16		45.5	49.07	38.52	1175	258.3	102.6	4.89	6.17	3.14	6.89	6.96	7.03	7.1	7.18
12		48.9	42.24	33.16	1321	270	100.8	5.59	7.05	3.58	7.63	7.7	7.77	7.84	7.91
L180× 14	16	49.7	48.9	38.38	1514	304.6	116.3	5.57	7.02	3.57	7.67	7.74	7.81	7.88	7.95
16		50.5	55.47	43.54	1701	336.9	131.4	5.54	6.98	3.55	7.7	7.77	7.84	7.91	7.98
18		51.3	61.95	48.63	1881	367.1	146.1	5.51	6.94	3.53	7.73	7.8	7.87	7.95	8.02
14		54.6	54.64	42.89	2104	385.1	144.7	6.2	7.82	3.98	8.47	8.54	8.61	8.67	8.75
16		55.4	62.01	48.68	2366	427	163.7	6.18	7.79	3.96	8.5	8.57	8.64	8.71	8.78
L200× 18	18	56.2	69.3	54.4	2621	466.5	182.2	6.15	7.75	3.94	8.53	8.6	8.67	8.75	8.82
20		56.9	76.5	60.06	2867	503.6	200.4	6.12	7.72	3.93	8.57	8.64	8.71	8.78	8.85
24		58.4	90.66	71.17	3338	571.5	235.8	6.07	7.64	3.9	8.63	8.71	8.78	8.85	8.92

表5 不等边角钢

| | | | 单角钢 | | | | | | 双角钢 | | | | | | | |

角钢型号 B×b×t	圆角	重心矩		截面积	质量	回转半径			i_y,当a为下列数值				i_y,当a为下列数值			
	R	Z_x	Z_y	A		i_x	i_y	i_{y0}	6mm	8mm	10mm	12mm	6mm	8mm	10mm	12mm
	(mm)			(cm²)	(kg/m)	(cm)			(cm)				(cm)			
L25×16× 3	3.5	4.2	8.6	1.16	0.91	0.44	0.78	0.34	0.84	0.93	1.02	1.11	1.4	1.48	1.57	1.65
4		4.6	9.0	1.50	1.18	0.43	0.77	0.34	0.87	0.96	1.05	1.14	1.42	1.51	1.6	1.68
L32×20× 3	3.5	4.9	10.8	1.49	1.17	0.55	1.01	0.43	0.97	1.05	1.14	1.23	1.71	1.79	1.88	1.96
4		5.3	11.2	1.94	1.52	0.54	1	0.43	0.99	1.08	1.16	1.25	1.74	1.82	1.9	1.99
L40×25× 3	4	5.9	13.2	1.89	1.48	0.7	1.28	0.54	1.13	1.21	1.3	1.38	2.07	2.14	2.23	2.31
4		6.3	13.7	2.47	1.94	0.69	1.26	0.54	1.16	1.24	1.32	1.41	2.09	2.17	2.25	2.34
L45×28× 3	5	6.4	14.7	2.15	1.69	0.79	1.44	0.61	1.23	1.31	1.39	1.47	2.28	2.36	2.44	2.52
4		6.8	15.1	2.81	2.2	0.78	1.43	0.6	1.25	1.33	1.41	1.5	2.31	2.39	2.47	2.55
L50×32× 3	5.5	7.3	16	2.43	1.91	0.91	1.6	0.7	1.38	1.45	1.53	1.61	2.49	2.56	2.64	2.72
4		7.7	16.5	3.18	2.49	0.9	1.59	0.69	1.4	1.47	1.55	1.64	2.51	2.59	2.67	2.75
L56×36× 3	6	8.0	17.8	2.74	2.15	1.03	1.8	0.79	1.51	1.59	1.66	1.74	2.75	2.82	2.9	2.98
4		8.5	18.2	3.59	2.82	1.02	1.79	0.78	1.53	1.61	1.69	1.77	2.77	2.85	2.93	3.01
5		8.8	18.7	4.42	3.47	1.01	1.77	0.78	1.56	1.63	1.71	1.79	2.8	2.88	2.96	3.04
L63×40× 4	7	9.2	20.4	4.06	3.19	1.14	2.02	0.88	1.66	1.74	1.81	1.89	3.09	3.16	3.24	3.32
5		9.5	20.8	4.99	3.92	1.12	2	0.87	1.68	1.76	1.84	1.92	3.11	3.19	3.27	3.35
6		9.9	21.2	5.91	4.64	1.11	1.99	0.86	1.71	1.78	1.86	1.94	3.13	3.21	3.29	3.37
7		10.3	21.6	6.8	5.34	1.1	1.96	0.86	1.73	1.8	1.88	1.97	3.15	3.23	3.3	3.39
L70×45× 4	7.5	10.2	22.3	4.55	3.57	1.29	2.25	0.99	1.84	1.91	1.99	2.07	3.39	3.46	3.54	3.62
5		10.6	22.8	5.61	4.4	1.28	2.23	0.98	1.86	1.94	2.01	2.09	3.41	3.49	3.57	3.64
6		11.0	23.2	6.64	5.22	1.26	2.22	0.97	1.88	1.96	2.04	2.11	3.44	3.51	3.59	3.67
7		11.3	23.6	7.66	6.01	1.25	2.2	0.97	1.9	1.98	2.06	2.14	3.46	3.54	3.61	3.69

续表

角钢型号 B×b×t	圆角 R	重心矩 Z_x	Z_y	截面积 A	质量	回转半径 i_x	i_y	i_y0	i_y,当a为下列数值 6mm	8mm	10mm	12mm	i_y,当a为下列数值 6mm	8mm	10mm	12mm
		(mm)		(cm²)	(kg/m)	(cm)			(cm)				(cm)			
L75×50× 5	8	11.7	24.0	6.13	4.81	1.43	2.39	1.09	2.06	2.13	2.2	2.28	3.6	3.68	3.76	3.83
6		12.1	24.4	7.26	5.7	1.42	2.38	1.08	2.08	2.15	2.23	2.3	3.63	3.7	3.78	3.86
8		12.9	25.2	9.47	7.43	1.4	2.35	1.07	2.12	2.19	2.27	2.35	3.67	3.75	3.83	3.91
10		13.6	26.0	11.6	9.1	1.38	2.33	1.06	2.16	2.24	2.31	2.4	3.71	3.79	3.87	3.96
L80×50× 5	8	11.4	26.0	6.38	5	1.42	2.57	1.1	2.02	2.09	2.17	2.24	3.88	3.95	4.03	4.1
6		11.8	26.5	7.56	5.93	1.41	2.55	1.09	2.04	2.11	2.19	2.27	3.9	3.98	4.05	4.13
7		12.1	26.9	8.72	6.85	1.39	2.54	1.08	2.06	2.13	2.21	2.29	3.92	4	4.08	4.16
8		12.5	27.3	9.87	7.75	1.38	2.52	1.07	2.08	2.15	2.23	2.31	3.94	4.02	4.1	4.18
L90×56× 5	9	12.5	29.1	7.21	5.66	1.59	2.9	1.23	2.22	2.29	2.36	2.44	4.32	4.39	4.47	4.55
6		12.9	29.5	8.56	6.72	1.58	2.88	1.22	2.24	2.31	2.39	2.46	4.34	4.42	4.5	4.57
7		13.3	30.0	9.88	7.76	1.57	2.87	1.22	2.26	2.33	2.41	2.49	4.37	4.44	4.52	4.6
8		13.6	30.4	11.2	8.78	1.56	2.85	1.21	2.28	2.35	2.43	2.51	4.39	4.47	4.54	4.62
L100×63× 6	10	14.3	32.4	9.62	7.55	1.79	3.21	1.38	2.49	2.56	2.63	2.71	4.77	4.85	4.92	5
7		14.7	32.8	11.1	8.72	1.78	3.2	1.37	2.51	2.58	2.65	2.73	4.8	4.87	4.95	5.03
8		15	33.2	12.6	9.88	1.77	3.18	1.37	2.53	2.6	2.67	2.75	4.82	4.9	4.97	5.05
10		15.8	34	15.5	12.1	1.75	3.15	1.35	2.57	2.64	2.72	2.79	4.86	4.94	5.02	5.1

续表

角钢型号 B×b×t	圆角	重心矩		截面积	质量	回转半径			i_y 当a为下列数值				i_y 当a为下列数值			
	R	Z_x	Z_y	A		i_x	i_y	i_{y0}	6mm	8mm	10mm	12mm	6mm	8mm	10mm	12mm
	(mm)	(cm²)	(kg/m)	(cm)	(cm)	(cm)	(mm)	(cm²)	(kg/m)	(cm)	(cm)	(cm)	(mm)	(cm²)	(kg/m)	(cm)
L100×80×6	10	19.7	29.5	10.6	8.35	2.4	3.17	1.73	3.31	3.38	3.45	3.52	4.54	4.62	4.69	4.76
L100×80×7		20.1	30	12.3	9.66	2.39	3.16	1.71	3.32	3.39	3.47	3.54	4.57	4.64	4.71	4.79
L100×80×8		20.5	30.4	13.9	10.9	2.37	3.15	1.71	3.34	3.41	3.49	3.56	4.59	4.66	4.73	4.81
L100×80×10		21.3	31.2	17.2	13.5	2.35	3.12	1.69	3.38	3.45	3.53	3.6	4.63	4.7	4.78	4.85
L110×70×6	10	15.7	35.3	10.6	8.35	2.01	3.54	1.54	2.74	2.81	2.88	2.96	5.21	5.29	5.36	5.44
L110×70×7		16.1	35.7	12.3	9.66	2	3.53	1.53	2.76	2.83	2.9	2.98	5.24	5.31	5.39	5.46
L110×70×8		16.5	36.2	13.9	10.9	1.98	3.51	1.53	2.78	2.85	2.92	3	5.26	5.34	5.41	5.49
L110×70×10		17.2	37	17.2	13.5	1.96	3.48	1.51	2.82	2.89	2.96	3.04	5.3	5.38	5.46	5.53
L125×80×7	11	18	40.1	14.1	11.1	2.3	4.02	1.76	3.11	3.18	3.25	3.33	5.9	5.97	6.04	6.12
L125×80×8		18.4	40.6	16	12.6	2.29	4.01	1.75	3.13	3.2	3.27	3.35	5.92	5.99	6.07	6.14
L125×80×10		19.2	41.4	19.7	15.5	2.26	3.98	1.74	3.17	3.24	3.31	3.39	5.96	6.04	6.11	6.19
L125×80×12		20	42.2	23.4	18.3	2.24	3.95	1.72	3.21	3.28	3.35	3.43	6	6.08	6.16	6.23
L140×90×8	12	20.4	45	18	14.2	2.59	4.5	1.98	3.49	3.56	3.63	3.7	6.58	6.65	6.73	6.8
L140×90×10		21.2	45.8	22.3	17.5	2.56	4.47	1.96	3.52	3.59	3.66	3.73	6.62	6.7	6.77	6.85
L140×90×12		21.9	46.6	26.4	20.7	2.54	4.44	1.95	3.56	3.63	3.7	3.77	6.66	6.74	6.81	6.89
L140×90×14		22.7	47.4	30.5	23.9	2.51	4.42	1.94	3.59	3.66	3.74	3.81	6.7	6.78	6.86	6.93
L160×100×10	13	22.8	52.4	25.3	19.9	2.85	5.14	2.19	3.84	3.91	3.98	4.05	7.55	7.63	7.7	7.78
L160×100×12		23.6	53.2	30.1	23.6	2.82	5.11	2.18	3.87	3.94	4.01	4.09	7.6	7.67	7.75	7.82
L160×100×14		24.3	54	34.7	27.2	2.8	5.08	2.16	3.91	3.98	4.05	4.12	7.64	7.71	7.79	7.86
L160×100×16		25.1	54.8	39.3	30.8	2.77	5.05	2.15	3.94	4.02	4.09	4.16	7.68	7.75	7.83	7.9
L180×110×10	14	24.4	58.9	28.4	22.3	3.13	8.56	5.78	2.42	4.16	4.23	4.3	4.36	8.49	8.72	8.71
L180×110×12		25.2	59.8	33.7	26.5	3.1	8.6	5.75	2.4	4.19	4.33	4.33	4.4	8.53	8.76	8.75
L180×110×14		25.9	60.6	39	30.6	3.08	8.64	5.72	2.39	4.23	4.26	4.37	4.44	8.57	8.63	8.79
L180×110×16		26.7	61.4	44.1	34.6	3.05	8.68	5.81	2.37	4.26	4.3	4.4	4.47	8.61	8.68	8.84
L200×125×12	14	28.3	65.4	37.9	29.8	3.57	6.44	2.75	4.75	4.82	4.88	4.95	9.39	9.47	9.54	9.62
L200×125×14		29.1	66.2	43.9	34.4	3.54	6.41	2.73	4.78	4.85	4.92	4.99	9.43	9.51	9.58	9.66
L200×125×16		29.9	67.8	49.7	39	3.52	6.38	2.71	4.81	4.88	4.95	5.02	9.47	9.55	9.62	9.7
L200×125×18		30.6	67	55.5	43.6	3.49	6.35	2.7	4.85	4.92	4.99	5.06	9.51	9.59	9.66	9.74

注：一个角钢的惯性矩 $I_x = A i_x^2$，$I_y = A i_y^2$；一个角钢的截面个角钢的截面模量 $W_{x_{max}} = \dfrac{I_x}{Z_x}$；

$W_{x_{min}} = \dfrac{I_x}{b - Z_x}$；$W_{y_{ax}} = I_y Z_y$ $W_{x_{min}} = I_y (b - Z_y)$。

参 考 答 案

第 3 章　平面力系

12. $F_R = 184.6(\text{N})$，与 x 轴夹角 $\alpha = -50°$

13. $F_{Ax} = 20\text{kN}(\leftarrow)$，$F_{Ay} = 10\text{kN}(\downarrow)$，$F_B = 10\text{kN}(\uparrow)$

14. $F_{AC} = 40\text{kN}(拉)$，$F_{AB} = 34.6\text{kN}(压)$

15. $F_{AB} = 7.321\text{kN}(压)$，$F_{BC} = 27.32\text{kN}(压)$

16. $F_{Ax} = \dfrac{P}{2}(\rightarrow)$，$F_{Ay} = \dfrac{P}{2}(\uparrow)$，$F_{Bx} = \dfrac{P}{2}(\rightarrow)$，$F_{By} = \dfrac{P}{2}(\downarrow)$

17. 当 $F \geqslant \dfrac{P\sqrt{h(2R-h)}}{R-h}$ 时球方能离开地面

18. $M_A(\boldsymbol{F}) = F(r_1 - r_2\cos\alpha)$（逆时针）

19. $F_A = \dfrac{\sqrt{2}M}{a-b}$（沿 AB 方向）　$F_B = \dfrac{\sqrt{2}M}{a-b}$（沿 BA 方向）

20. $F_{Ax} = P\cos\alpha(\leftarrow)$，$F_{Ay} = \dfrac{m}{a} + \dfrac{b}{a}P\sin\alpha(\downarrow)$，$F_B = \dfrac{m}{a} + \dfrac{a+b}{a}P\sin\alpha(\uparrow)$

21. (a) $F_{Ax} = qb(\rightarrow)$，$F_{Ay} = P(\uparrow)$，$M_A = Pa + \dfrac{qb^2}{2}$（逆时针）

(b) $F_{Ax} = P(\leftarrow)$，$F_{Ay} = \dfrac{m}{2b} - \dfrac{Q}{2} + \dfrac{Pa}{2b}(\downarrow)$，$F_B = \dfrac{m}{2b} + \dfrac{Q}{2} + \dfrac{Pa}{2b}(\uparrow)$

22. $F_{Ax} = 316.4\text{kN}(\rightarrow)$，$F_{Ay} = 300\text{kN}(\uparrow)$，$M_A = 1188\text{kN}\cdot\text{m}$（顺时针）

23. (1) $75\text{kN} < G_3 < 35\,0\ \text{kN}$，(2) $F_A = 210\ \text{kN}(\uparrow)$，$F_B = 870\ \text{kN}(\uparrow)$

24. $F_{Ax} = 0$，$F_{Ay} = \dfrac{p}{2} - \dfrac{q}{2}(\uparrow)$，$F_B = \dfrac{p}{2} + 3q(\uparrow)$，，$F_D = \dfrac{3q}{2}(\uparrow)$

25. $F_{Ax} = -\dfrac{p}{2} + \dfrac{1}{4}qa(\rightarrow)$，$F_{Ay} = -\dfrac{p}{2} + \dfrac{1}{4}qa(\uparrow)$，$F_{Bx} = \dfrac{p}{2} + \dfrac{1}{4}qa(\leftarrow)$，$F_{By} = \dfrac{p}{2} + \dfrac{3}{4}qa(\uparrow)$

26. $F_{Ax} = 8\text{kN}(\rightarrow)$，　$F_{Ay} = 4\text{kN}(\uparrow)$，　$M_A = 22\text{kN}\cdot\text{m}$（顺时针）

27. $F_{Ax} = \dfrac{M}{b} - P(\rightarrow)$，$F_{Ay} = qa(\uparrow)$，$M_A = P(a+b) + \dfrac{qa^2}{2} - \dfrac{Ma}{b}$（逆时针）

28. $F_{Ax} = 20\text{kN}(\leftarrow)$，$F_{Ay} = 1.25\text{kN}(\downarrow)$，$F_{Bx} = 20\text{kN}(\uparrow)$，$F_{By} = 11.25\text{kN}(\uparrow)$

29. (a) $F_C = F_D = 0$，$F_{Ax} = 100\text{kN}(\leftarrow)$，$F_{Ay} = 80\text{kN}(\downarrow)$，$F_B = 120\text{kN}(\uparrow)$

(b)　$F_D = 15\text{kN}$，$F_{Ax} = 50\text{kN}(\rightarrow)$，$F_{Ay} = 25\text{kN}(\uparrow)$，$F_B = 10\text{kN}(\downarrow)$

30. $F_{Ax} = 129.3\text{kN}(\leftarrow)$，$F_{Ay} = 0\text{kN}$，$M_A = 227.9\text{kN}\cdot\text{m}$（顺时针）

第4章 空间力系

3. $F_R = 31kN, \alpha = 80°43', \beta = 14°36, \gamma = 78°50'$

4. $F_x = \dfrac{Fa}{\sqrt{a^2+b^2+c^2}}, F_y = \dfrac{Fb}{\sqrt{a^2+b^2+c^2}}, F_z = \dfrac{-Fc}{\sqrt{a^2+b^2+c^2}}$

$M_x(\boldsymbol{F}) = -\dfrac{Fbc}{\sqrt{a^2+b^2+c^2}}, M_y(\boldsymbol{F}) = 0, M_z(\boldsymbol{F}) = -\dfrac{Fba}{\sqrt{a^2+b^2+c^2}}$

5. $F_1 = -F, F_2 = 0, F_3 = F, F_4 = 0, F_5 = -F, F_6 = 0$

6. (a) $x_c = 0mm, y_c = 149.41mm$ (b) $x_c = 19.74mm, y_c = 39.74mm$

7. (a) $x_c = -19.05mm, y_c = 0mm$ (b) $x_c = 0mm, y_c = 64.55mm$

第5章 摩 擦

7. $F = 733.3kN$

8. $f_{Bs} > 0.64$

9. (1) $F = \dfrac{f_s\cos\theta + \sin\theta}{\cos\theta - f_s\sin\theta}W$ (2) $F = \dfrac{-f_s\cos\theta + \sin\theta}{\cos\theta + f_s\sin\theta}W$

10. $b \leqslant 11cm$

11. $f_s = 0.223$

12. $M = 300N \cdot m$

第6章 平面结构的几何组成及静定桁架的内力计算

4. (a)体系为几何不变体系、无多余约束   (b)体系为几何不变体系、无多余约束   (c)瞬变体系   (d)体系为几何不变体系、无多余约束   (e)几何可变体系
(f)体系为几何不变体系、无多余约束

5. (a) 1、4、7、10、13   (b) 3、4、5、9

6. $F_1 = 0, F_2 = F_3 = -F, F_4 = 0, F_5 = \sqrt{2}F$

7. $F_3 = 100kN, F_4 = 400kN, F_5 = -300\sqrt{2}kN, F_6 = -200kN$

第8章 轴向拉伸与压缩

9. $G_{AB} = 20MPa$(压应力), $G_{BC} = 40MPa$(压应力), $G_{CD} = 20MPa$(压应力)

10. $\sigma_{max} = 1.1MPa$(下段)

11. $[F] = 68.67kN$

12. (1) $\sigma_{AC} = 81.5MPa < [\sigma]$, 满足强度要求, 安全 (2) $d \geqslant 19.02mm$, AC 杆的直径取为 20mm
(3) $A \geqslant 284\ mm^2$, 查表可选 50×3 号等边角钢。

["

从上图得出结果：$F_{NAB} = 6000\mathrm{N}$，$F_{NBC} = -2000\mathrm{N}$，$F_{NCD} = 3000\mathrm{N}$

理论值为：$F_{NAB} = 6\mathrm{kN}$，$F_{NBC} = -2\mathrm{kN}$，$F_{NCD} = 3\mathrm{kN}$

杆的变形图

ANSYS 分析的变形结果：$\Delta l = 0.65000 \times 10^{-4}\mathrm{m}$。

理论值为：$\Delta l = 6.5 \times 10^{-3}\mathrm{mm}$

16. $F = 11.54\mathrm{kN}$

17. $\delta_C = \dfrac{3Fl}{8EA}$

18. $\left. \begin{aligned} F_A &= F_{N\,AC} = \dfrac{F}{3} \\ F_B &= F_{N\,BC} = \dfrac{2F}{3} \end{aligned} \right\}$（轴力图略）

19. $\sigma_1 = \dfrac{3E_1 F}{E_1 A_1 + 4E_2 A_2}$，$\sigma_2 = \dfrac{6E_2 F}{E_1 A_1 + 4E_2 A_2}$

第 9 章 剪 切

3. $d \geqslant 17.8\mathrm{mm}$，查机械手册，最后采用直径为 20mm 的标准圆柱销钉

4. $d \geqslant 32.6\mathrm{mm}$

5. $l = 53.3\mathrm{mm}$

6. $\tau = 0.952\mathrm{MPa}$，$\sigma_{bs} = 7.4\mathrm{MPa}$

7. $\tau = 79.6\text{MPa} < [\tau]$

8. $[F] = 94.3\text{kN}$

9. $\tau = 136.8\text{MPa} < [\tau], \sigma_{bs} = 171.9\text{MPa} < [\sigma_{bs}], \sigma = 159.4\text{MPa} < [\sigma]$,满足强度要求,安全

11. $F \geq 177\text{N}, \tau = 17.6\text{MPa}$

第10章 扭 转

8. $\tau_b = 509.6\text{MPa}, \tau_a = \tau_c = 1019.1\text{MPa}$

9. $\dfrac{D_2}{D_1} = 1.192$

10. (1) $M_{max} = 1273.4\text{N·m}$ (2) 将轮1和轮3的位置对调,,$M_{max} = 954.9\text{N·m}$ 对轴的受力有利

11. $\tau = 39.5\text{MPa} < [\tau]$,满足强度要求,安全

12. (1) $d_1 \geq 23.7\text{mm}$ (2) $D_2 \geq 28.2\text{mm}$ (3) $\dfrac{G_{实}}{G_{空}} = 1.97$

13. $\tau_{max}^{AB} = 63.7\text{MPa} < [\tau]$,满足强度要求,安全

14. $\varphi_{AC} = -0.13$ 弧度

15. $\tau_{max} = 48.5\text{MPa} < [\tau]$,满足强度要求;$\theta_{max} = 1.737°/\text{m} < [\theta]$,满足刚度要求,安全

16. (1) $m_0 = 9.75\text{N·m/m}$, (2) 危险截面为 A 截面:$M_{max} = 389.9\text{N·m}, \tau_{max} = 17.76\text{MPa} < [\tau]$ 满足强度要求,安全 (3) $\varphi_{AB} = 0.148$ 弧度

第11章 弯曲变形

13. (a) $|F_{smax}| = qa, |M_{max}| = qa^2$ (b) $|F_{smax}| = \dfrac{5}{4}qa, |M_{max}| = qa^2$

(c) $|F_{smax}| = \dfrac{5}{4}qa, |M_{max}| = \dfrac{1}{2}qa^2$ (d) $|F_{smax}| = 4\text{kN}, |M_{max}| = 3\text{kN·m}$

(e) $|F_{smax}| = 15\text{kN}, |M_{max}| = 40\text{kN·m}$

14. $\dfrac{M_a}{M_b} = \sqrt{2}$

15. $M = 7.225\text{kN·m}$

16. $a = 1.385\text{m}$

17. $h \geq 416\text{mm}, b \geq 277\text{mm}$

18. $P = 56.9\text{kN}$

19. $M_{max} = 1.34\text{kN·m}, \sigma_{max} = \sigma_c = 63.2\text{MPa}$

20. $b = 510\text{mm}$

21. $P = 44.1\text{kN}$

22. $\sigma_{tmax} = 26.4\text{MPa} < [\sigma_t], \sigma_{cmax} = 52.8\text{MPa} < [\sigma_c]$,满足强度要求,安全;若载荷不变,但将⊤形截面倒置成为⊥形,不合理。

23. $\sigma_{max} = 142\text{MPa}, \tau_{max} = 18.1\text{MPa}$

24. $P = 3.75\text{kN}$

25. $a = 0.207l$

26. (a) $w_1(x) = -\dfrac{P}{EI_z}\left(\dfrac{x^3}{6} - \dfrac{5}{2}a^2x + \dfrac{7}{2}a^3\right)$ $(0 \leqslant x \leqslant a)$

$w_2(x) = -\dfrac{P}{EI_z}\left[\dfrac{x^3}{6} + \dfrac{1}{6}(x-a)^3 - \dfrac{5}{2}a^2x + \dfrac{7}{2}a^3\right]$ $(a \leqslant x \leqslant 2a)$

$w_{\max} = w_A = -\dfrac{7Pa^3}{2EI_z},\ \theta_A = \dfrac{5Pa^2}{2EI_z},\ w_C = -\dfrac{7Pa^3}{6EI_z}$

(b) $w_1(x) = -\dfrac{ql}{EI_z}\left[\dfrac{1}{12}\left(\dfrac{3}{4}l-x\right)^3 - \dfrac{9}{64}l^2x + \dfrac{9}{256}l^3\right]$ $\left(0 \leqslant x \leqslant \dfrac{l}{2}\right)$

$w_2(x) = -\dfrac{q}{EI_z}\left[\dfrac{1}{24}(l-x)^4 - \dfrac{7}{48}l^3x + \dfrac{5}{128}l^4\right]$ $\left(\dfrac{l}{2} \leqslant x \leqslant l\right)$

$w_{\max} = w_B = -\dfrac{41ql^4}{384EI_z},\ \theta_B = -\dfrac{7ql^3}{48EI_z},\ w_C = -\dfrac{7ql^4}{192EI_z}$

27. 在 BC 段: $\left(0 \leqslant x \leqslant \dfrac{l}{2}\right)$ $\theta_1(x) = -\dfrac{qx}{24EI_z}(27l^2 - 18lx + 4x^2)$ $w_1(x) = -\dfrac{qx^2}{48EI_z}(27l^2 - 12lx + 2x^2)$

在 CA 段: $\left(\dfrac{l}{2} \leqslant x \leqslant l\right)$ $\theta_2(x) = -\dfrac{ql}{48EI_z}(l^2 + 48lx - 24x^2)$ $w_2(x) = \dfrac{ql}{384EI_z}(l^3 - 8l^2x - 192lx^2 +$

$64x^3)$ $w_A = -\dfrac{45ql^4}{128EI_z},\ \theta_A = -\dfrac{25ql^3}{48EI_z}$

28. (a) $w_C = -\dfrac{ql^2a(7l+12a)}{24EI_z},\ \theta_C = -\dfrac{ql^2(7l+24a)}{24EI_z}$

(b) $w_C = -\dfrac{Fl^3}{12EI_z},\ \theta_A = -\dfrac{19Fl^2}{48EI_z},\ \theta_B = \dfrac{11Fl^2}{48EI_z}$

29. $\theta(x) = -\dfrac{Px}{2EI_z}(x-2a)\ (0 \leqslant x \leqslant a)$

$w(x) = -\dfrac{Px^2}{6EI_z}(x-3a)\ (0 \leqslant x \leqslant a)$

$\theta_B = \theta_C = -\dfrac{Pa^2}{2EI_z},\ w_B = w_C + \theta_C(l-a) = -\dfrac{Pa^2}{6EI_z}(3l-a)$

30. (a) $w_A = -\dfrac{Pl^3}{6EI_z},\ \theta_B = -\dfrac{9Pl^2}{8EI_z}$

(b) $w_A = -\dfrac{ql^4}{36EI_z},\ \theta_B = \dfrac{67ql^3}{648EI_z}$

31. $\theta_B = -\dfrac{ql^3}{4EI_z},\ w_A = -\dfrac{5ql^4}{24EI_z}$

32. $w_{\max} = 3.7\text{mm} < [w] = \dfrac{8.7 \times 10^3}{510}\text{mm} = 17.1\text{mm}$, 满足刚度要求, 安全

33. $F_{By} = \dfrac{9M_0}{8l}(\uparrow),\ F_{Ay} = \dfrac{9M_0}{8l}(\downarrow),\ M_A = \dfrac{M_0}{8}$

第 12 章 应力状态与强度理论

11. $\sigma = \dfrac{32m_2}{\pi d^3}, \tau = \dfrac{16m_1}{\pi d^3}$

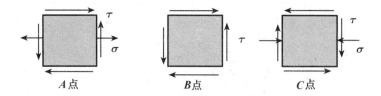

12. （a）$\sigma_\alpha = 35\text{MPa}, \tau_\alpha = 60.6\text{MPa}$　（b）$\sigma_\alpha = 70\text{MPa}, \tau_\alpha = 0\text{MPa}$　（c）$\sigma_\alpha = 62.5\text{MPa}$, $\tau_\alpha = 21.7\text{MPa}$

13. （1）　（a）$\sigma_1 = 57\text{MPa}$，$\sigma_2 = 0, \sigma_3 = -7\text{MPa}, \alpha_0 = -19.33°$

（b）$\sigma_1 = 11.23\text{MPa}$，$\sigma_2 = 0, \sigma_3 = -71.23\text{MPa}, \alpha_0 = -38°59'$

（c）$\sigma_1 = 39\text{MPa}$，$\sigma_2 = 0, \sigma_3 = -89\text{MPa}, \alpha_0 = 19.33°$

（2）　（a）$\tau_{\max} = 32\text{MPa}$；（b）$\tau_{\max} = 41.23\text{MPa}$；（c）$\tau_{\max} = 64\text{MPa}$

15. $\sigma_1 = 120$，　$\sigma_2 = 20$，　$\sigma_3 = 0$；　$\alpha_0 = -30°$

16. （1）$\sigma_1 = 160\text{MPa}, \sigma_2 = 75MPa, \tau_{\max} = 75\text{MPa}$

（2）$\sigma_\alpha = 131.3\text{MPa}, \tau_\alpha = -32.5\text{MPa}$

17. （1）$\sigma_\alpha = -45.2\text{MPa}, \tau_\alpha = 7.7\text{MPa}$　（2）$\alpha_0 = 32.9°$, $\sigma_1 = 109.3\text{MPa}, \sigma_2 = 0\text{MPa}$, $\sigma_3 = -42.6\text{MPa}$

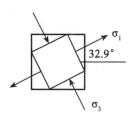

18. $\sigma_1 = 52.17\text{MPa}, \sigma_2 = 50\text{MPa}, \sigma_3 = -42.17\text{MPa}$

$\sigma_{r1} = \sigma_1 = 52.17\text{MPa}$，　$\sigma_{r2} = \sigma_1 - \mu(\sigma_2 + \sigma_3) = 52.17 - 0.3(50 - 42.17) = 49.82\text{MPa}$

$\sigma_{r3} = \sigma_1 - \sigma_3 = 94.34\text{MPa}$，　$\sigma_{r4} = \dfrac{\sqrt{2}}{2} \cdot \sqrt{(\sigma_1 - \sigma_2)^2 + (\sigma_2 - \sigma_3)^2 + (\sigma_3 - \sigma_1)^2} = 93.27\text{MPa}$

19. $\sigma_1 = \sigma_2 = -29.6\text{MPa}, \sigma_3 = -60\text{MPa}$；$\varepsilon_1 = \varepsilon_2 = 0, \varepsilon_3 = -5.78 \times 10^{-4}\text{MPa}$

20. $\sigma_{r1} = \sigma_1 = 22.7\text{MPa} < [\sigma_t]$；$\sigma_{r2} = 26.1\text{MPa} < [\sigma_t]$，满足强度要求

第 13 章 组 合 变 形

1. 7 倍

5. 16 号槽钢

6. $\sigma_{max}^- = 5.297MPa, \sigma_{max}^+ = 5.097MPa$

8. $\sigma_{r3} = 116.8MPa < [\sigma] = 160MPa$,满足强度要求,安全

9. $\sigma_{r3} = 91.1MPa < [\sigma] = 135MPa$,满足强度要求,安全

10. (1)$d = 38.5mm$;(2)$\sigma_{r3} = 157MPa < [\sigma] = 160MPa$,满足强度要求,安全

11. $\sigma_{r4} = 144.85MPa < [\sigma] = 150MPa$,满足强度要求,安全

12. $[F] = 1.57kN$

13. $\sigma_{max} = 153.37MPa < [\sigma] = 160MPa$,满足强度要求,安全

14. $t = 2.644mm$

第 14 章 压杆的稳定计算

6. (a)$F_{cr(a)} = 2540kN$;(b)$F_{cr(b)} = 2645kN$;(c)$F_{cr(a)} = 3136kN$;$F_{cr(a)} < F_{cr(b)} < F_{cr(c)}$

7. (1)$F_{cr} = 37.8kN$;(2)$F_{cr} = 52.6kN$;(3)$F_{cr} = 268kN$

8. $F_{cr} = 357kN$

9. $[F] = 179.8kN$

10. $q_{max} = 97.2kN/m$

11. $n = 2.11 > [n_{st}] = 1.8$,安全

12. (1)$F_{cr} = 118kN$(2)$n = 1.685 < [n_{st}] = 2$,不安全

13. $n = 3.08$

14. (1)压杆的临界压力:355kN;(2)$b/h = 0.525$

15. $[F] = 37kN$

16. $n = 5.18 > [n_{st}] = 5$,安全

参 考 文 献

［1］哈尔滨工业大学理论力学教研室．理论力学（Ⅰ）(第7版)［M］．北京：高等教育出版社，2009.

［2］刘延柱，杨海兴，朱本华．理论力学(第2版)［M］．北京：高等教育出版社，2001.

［3］［美］W. A. 纳什．材料力学．赵志岗译［M］．北京：科学出版社，2002.

［4］孙训方，方孝淑，关来泰．材料力学(Ⅰ)（第2版）［M］．北京：高等教育出版社，2009.

［5］刘鸿文，材料力学(Ⅰ)（第5版）［M］．北京：高等教育出版社，2011.

［6］单辉祖，谢传锋．工程力学静力学与材料力学［M］．北京：高等教育出版社，2004.

［7］龙驭球，包世华．结构力学1：基本教程(第2版)［M］．北京：高等教育出版社，2006.